東洋數學大系 XI

九一集 上

차종천 편

敎友社

역자서문

「구일집(九一集)」은, 내용의 체제, 수준, 분량으로 볼 때, 얼마 남아있지 않은 조선시대 산학서 가운데 대표적인 수작으로 손꼽힌다. 저자 홍정하(洪正夏, 1684-?)는 숙종때 산학교수를 지냈던 인물로서, 「주학입격안(籌學入格案)」에 따르면, 그는 부조 대대로 산학을 가업으로 이어온 남양 홍씨 집안 출신이며, 외조부도 산학교수를 지냈고, 장인 또한 산학훈도였던 것으로 드러난다. 특히 외조부 경연(慶演)은 바로 「묵사집산법(默思集算法)」과 「상명수결(詳明數訣)」의 저자로서 흔히 조선 중기 최대의 수학자로 일컬어지는 경선징(慶善徵, 1616-?)의 조카이다. 이러한 가족사 때문에 「구일집」은 어쩌면 그 자체로서 일종의 가족 문화자본의 발현과도 같은 성격을 지닌다고 할 수 있을 것이다.

이 책은 모두 아홉 권으로 이루어져 있으며, 서두의 목차에 명기된 것처럼, 처음 여덟 권에 수록된 문제 수만 해도, 473개에 이르는데, 9권의 “잡록”에 실려 있는 것까지 합치면, 총 512개를 헤아리는 방대한 내용을 담고 있다. 더욱이 내용 면에서도 천원술, 방정술과 같은 산학의 고급 기법들을 풍부히 활용하고 있어서 지금까지 제대로 알려지지 않았던 조선시대 산학의 성격을 파악하기 위해서는 다른 무엇보다 우선하여 분석해야 할 대상으로 판단되었다. 그러나 방대한 분량은 물론이고 곳곳에서 진부하리 만치 되풀이되는 산가지 계산으로 인해, 게다가 다른 고전들에 대한 작업도 동시에 추진했던 관계상 당초 예상한 만큼 번역작업이 수월하게 진행되지는 못했다. 돌이켜 보면, 역자가 이 책의 번역에 착수한 것이 2003년 초여름이었으니, 결국 마감까지 꼬박 두 해가 걸린 셈이다.

역자는 동양수학의 고전들을 번역하고 해부해보고자 하는 이러한 일련의 작업들을 추진해오는 과정에서 언제나 그것들이 동양수학의 전체상은 물론, 동시에, 중국, 한국, 일본 3국의 나라별 특성까지 잘 드러내 줄 수 있는 가장 핵심적이고도 대표적인 고전들로 꾸며져야 한다는 점에 주력했으며, 그 결과 다음과 같은 15권을 기획하여 **"동양수학대계(東洋數學大系)"**라는 이름으로 묶기로 했다.

I.	「算數書」, 算經十書 上(「九章算術」, 「周髀算經」)
II.	算經十書 下(「海島算經」, 「孫子算經」, 「五曹算經」, 「張邱建算經」, 「夏侯陽算經」)
III-IV.	「夢溪筆談」, 「數書九章」
V.	「楊輝算法」
VI-VII.	「四元玉鑑」, 「算學啓蒙」
VIII.	「算法統宗」
IX.	「梅氏叢書輯要」, 「割圓密率捷法」, 李善蘭
X.	「默思集算法」, 「九數略」, 「籌解需用」
XI-XII.	「九一集」
XIII.	和算選集(「塵劫記」, 關孝和, 安島直圓, 和田 寧)
XIV.	Smith and Mikami, 「日本數學史(A History of Japanese Mathematics)」
XV.	동양수학사의 흐름, 총색인

따라서 이 15권이 모두 완성되게 되면, 우리나라를 포함한 동아시아 문명권에서 누천년의 역사를 통하여 발달시켜온 소중한 수학적 업적의 진면목이 당연히 살아있는 전통으로 소생하여 우리 모두의 값진 문화자산으로 활용될 수 있을 것으로 믿어 의심치 않는 것이다.

이제 이 「구일집」을 포함해서 「산수서」, “산경십서” 가운데 7종(「구장산술」, 「주비산경」, 「해도산경」, 「손자산경」, 「오조산경」, 「장구건산경」, 「하후양산경」), 「양휘산법」, 그리고 스미스와 미카미의 「일본수학사」 등을 커버하는 총 6권을 동양수학대계의 일환으로 우선 상재(上梓)하게 되니, 역자로서는, 비록 그 동안 가급적 혼자 힘으로 버텨오려고는 했으나, 감사를 올려야 할 분들이 한둘이 아니다. 특히 수학교육학회, 과학사학회, 수학사학회, 과학기술사학회의 여러 학계 선배·동학과 맺어온 교류는 역자의 전통수학 천착을 위해서 큰 힘이 되어주었지만, 유감스럽게도 도움 받은 분들을 일일이 거명하는 것이 물리적으로 불가능해 안타깝게 생각한다. 개인적으로는, 동양수학과 관련하여 이만큼이나마 성과물을 만들어 내게 된 것에 대해 새삼스럽게 아내와 더불어 자축하고 싶다. 그가 이 여러모로 부족한 인간에게는 언제나 궁극적인 후원자인 까닭이다. 한편, 2003년 가을부터 1년간 연구년을 보낸 도쿄대와 캠브리지대로부터 받은 지원은 재직중인 성균관대로부터 받은 지원과 더불어 몰아치기 번역에 돌입하는 것을 가능케 해주었다. 또한, 역자로 하여금 이 작업에 본격적으로 매달릴 수 있도록 흔쾌한 출판 승낙과 격려를 해주신 교우사 오판근 사장께도 깊은 감사를 드린다. 마지막으로, 역자는 우리 문화의 수학적 뿌리를 되돌아보고자 하는 많은 분들께 「구일집」을 비롯한 동양 전통수학의 주요저작들에 대한 이 역주작

업이 조금이나마 소용 닫기를 바라마지 않으며, 앞으로 여러 전문가들의 고견과 비판을 받아서 점차 개선해 나갈 수 있기를 기약해 본다.

2006년 6월
북한산자락 한구석 서실에서
차종천

일러두기

이하에서 적용된 역주의 원칙은 다음과 같은 구체적인 실례--7권의 세 번째 문제([369])로 등장하는--를 통해서 알아보도록 하겠다.

[369] 정사각형과 원형의 밭이 각각 하나씩 있는데, 두 넓이의 합이 3,952보이다. 정사각형의 대각선과 원지름이 같다고 한다. 원지름과 정사각형의 한 변은 각각 얼마인가?

답 : 원지름과 정사각형의 대각선이 각각 56보, 정사각형의 한 변 40보.

풀이법에 따라서 그림의 $\begin{array}{cc} 49 & 4 \\ 25 & 3 \end{array}$과 같이 산가지를 늘어놓고, 분자를 분모들과 서로 곱하면, 지름 제곱 147개, 대각선 제곱 100개가 나오며, 서로 더하면, 247이 되는데, 왼쪽에 놓아둔다. 분모를 서로 곱하면, 196이 되고, 넓이의 합과 곱하면, 774,592보가 되는데, 실로 삼고, 왼쪽에 놓아둔 247을 우로 삼아서 $\begin{array}{c} -774592 \\ 0 \\ 247 \end{array}$ 과 같이 하여 평방법으로 근을 구하면, 원지름 56보가 나오고, 대각선의 길이도 역시 마찬가지이며, 5를 곱하고 7로 나누면, 정사각형의 한 변이 나와서 문제에 들어맞는다.

주해 대각선이자 원지름인 길이를 x라고 하면, 두 넓이의 합은

$$\left(\frac{5}{7}x\right)^2+3\left(\frac{x}{2}\right)^2$$

$$=\left(\frac{25}{49}+\frac{3}{4}\right)x^2=\frac{25\times4+49\times3}{49\times4}x^2=\frac{247}{196}x^2=3952,$$

$$f(x)=247x^2-774592$$

$$=247(x^2-3136)=247(x-56)(x+56)=0$$

으로 표시되며, 이는 곧 풀이법의 계산과정과 일치한다. $f(x)$의 그래프는 다음과 같다.

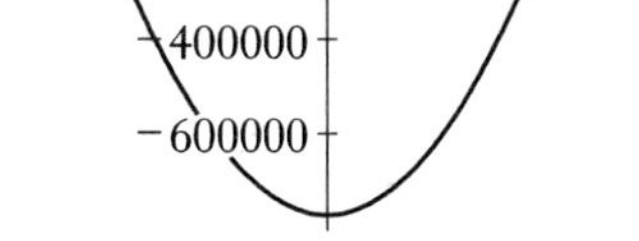

> 今有方,圓田各一段,共積三千九百五十二步. 只云,方斜與圓徑適等. 問圓徑,方面各若干?
>
> 答曰,圓徑,方斜各五十六步,方面四十步.
>
> 法曰,依圖布算 $\begin{matrix} 49 & 4 \\ 25 & 3 \end{matrix}$,母互乘子,得徑自乘一百四十七段,斜自乘一百段,相併,得二百四十七,寄左. 乃分母相乘,得百九十六,以乘以共積,得七十七萬四千五百九十二步,爲實,以寄左二百四十七爲隅,以平方開之 $\begin{matrix} -774592 \\ 0 \\ 247 \end{matrix}$,得圓徑五十六步,斜長亦同,就五之七而一,得方面,合問.

1. 문제별로 우리말 번역을 먼저 싣고, 주해나 그래프가 마련된 경우에는 그 다음에 오도록 하였으며, 마지막에 원문을 덧붙이는 순서를 밟았다.
2. 문제번호는 일련번호를 [] 부호 속에 넣어 표시하였으며, 주해는 **주해** 표시 다음에 덧붙이도록 하였다.
3. 풀이법 가운데 포함된 산가지 표시들은--인쇄의 편의를 위하여--원문과 번역을 막론하고 모두 아라비아 숫자로 변환하여 나타냈다.
4. 주로 낱말 뜻과 관련된 주석들은 필요시 각주로 처리하였다.
5. 또한, 번역, 주해, 해설을 통해서 이용된 문헌들의 출처는 참고문헌을 통하여 제시하도록 하였다.

차 례

하권 차례

구일집 (제6~9권)

구일집 九一集(上)

제1~5권

卷之一

縱橫乘除門 十九問
異乘同除門 八問
田畝形段門 二十九問
折變互差門 十六問
商功修築門 八問

卷之二

貴賤差分門 二十二問
差等均配門 十八問
貴賤反率門 三問

卷之三

之分齊同門 六問
物不知總門 十三問
盈不足術門 十三問

卷之四

方程正負門 十四問
毬隻解隱門 九問
缶瓶堆垛門 十九問
倉囤積粟門 二十六問

卷之五

句股互隱門 七十八問
望海島術門 六問

卷之六

開方各術門上 五十八問

卷之七

開方各術門中 六十六問

卷之八

開方各術門下 四十二問

卷之九

雜錄

구일집 범례(「九一集」凡例)

3:7의 비율로 나누기(三七差分)

두 숫자 사이에서는 3 : 7, 세 숫자 사이에서는 9 : 21 : 49가 된다. ○각각의 비율을 더하여 나눗수를 삼아서 나뉨수를 나눠주면, 비율 1 단위가 나오며, 각각의 비율로 곱해주면, 문제에 들어맞는다.

풀이법에 따라서, 1을 놓고, 7을 곱해서 나눗수로 삼고, 둘째 자리는 한 번 곱해서 머리자리의 비율을 삼고, 셋째 자리는 두 번 곱해서 머리자리의 비율을 삼고, 넷째 자리는 세 번 곱해서 머리자리의 비율을 삼고, 아홉째 자리는 여덟 번 곱해서 머리자리의 비율을 삼으니, 머리자리에서 차례대로 3인7귀하면, 각각의 비율이 나온다.

풀이법에 따라서, 1을 놓고, 3을 곱해서 나눗수로 삼고, 둘째 자리는 한 번 곱해서 끝자리의 비율을 삼고, 셋째 자리는 두 번 곱해서 끝자리의 비율을 삼고, 넷째 자리는 세 번 곱해서 끝자리의 비율을 삼고, 아홉째 자리는 여덟 번 곱해서 끝자리의 비율을 삼으니, 끝자리에서 차례대로 3귀7인하면, 각각의 비율이 나온다.

二位者㊂㊆,三位者㊈二十一四十九. ○乃併各衰爲法,除實,得一衰,以乘各衰,合問.

法置一以七爲法,二位則一次乘之,爲首位衰,三位則二次乘之,爲首位衰,四位則三次乘之,爲首位衰,九位則八次乘之,爲首位衰,於首位衰,次次三因七歸,得各衰.

一法置一以三爲法,二位則一次乘之,爲末位衰,三位則二次乘之,爲末位衰,四位則三次乘之,爲末位衰,九位則八次乘之,爲末位衰,於末位衰,次次三歸七因,亦得各衰.

여러 숫자 이름에 대한 설명

$$\text{중반}=\frac{1}{2},\ \text{소반}=\frac{1}{3},$$
$$\text{태반}=\frac{2}{3},\ \text{약반}=\frac{1}{4},$$
$$\text{강반}=\frac{3}{4}.$$

주해 "중반"과 "태반"은 오늘날 우리말에서도 자주 쓰이는 표현이지만, 일반적으로 그 의미가 정확히 이해되고 있지는 못하다고 여겨진다. 그 밖의 나머지 표현들은 그나마 더 이상 통용되지 않고 있으나, 과거에 삼등분, 사등분을 흔히 하던 흔적으로서 일단 눈여겨볼 가치는 충분할 것이다.

明異名訣

中半,二分之一　　少半,三分之一
太半,三分之二　　弱半,四分之一
强半,四分之二

원주율에 대한 설명(明釋圓法)

예로부터 내려오는 원주율(고법원율)

둘레 3자지름 1자

유휘의 새로운 비율(유휘신술)

둘레 157자 지름 50자

조충지의 정밀한 원주율(충지밀률)

둘레 22자 지름 7자

유지의 비율(지술원법)

둘레 100자 지름 32자

「주비산경」의 원주율(주비원술)

둘레 25자 지름 8자

古法圓率

周三尺 徑一尺

劉徽新術[1]

周一百五十七尺 徑五十尺

沖之密率[2]

周二十二尺 徑七尺

智術圓法[3]

周一百尺 徑三十二尺

周髀圓術

周二十五尺 徑八尺

풀이법에 따라서 지름으로 둘레를 구하기 위해서는 지름을 놓고, 둘레의 비율(주법)을 곱한 다음, 지름의 비율(경법)로 나누면, 둘레가 나온다.

주해 충지밀률의 둘레의 비율과 지름의 비율을 예로 든다면, 각각 22와 7이므로 지름을 R이라고 할 때, 이 공식은 다음과 같은 관계를 나타낸다.

$$R \times 22 \div 7 = \pi R$$

法以徑求周,置徑數,以其周法乘之,以其徑法除之,得周數.

둘레로 지름을 구하기 위해서는 둘레의 값을 놓고, 지름의 비율을 곱한 다음, 둘레의 비율로 나누면, 지름이 나온다.

---

1) "劉徽新術"은 유휘가 정96각형과 정192각형의 넓이 계산으로부터 도출한 것으로 여겨지는 $\pi \simeq \frac{157}{50} = 3.14$라는 계산을 말한다.

2) "沖之密率"이란 조충지(祖沖之, 429-500)가 제시한 정밀한 원주율 값이라는 말이지만, 「수서율력지(隋書律曆志)」에서 $\frac{22}{7}$를 약률(約率), $\frac{355}{113}$를 밀률(密率)이라고 한 것과 차이를 드러낸다. 조충지는 남조의 송나라 때 인물로서 관직상으로는 남서주종사리(南徐州從事史) 등의 하급직에 그쳤으나, 「대명력법(大明曆法)」, 「철술(綴術)」, 「구장주(九章注)」, 「중차주(重差注)」등의 걸출한 천문·수학관련 연구를 포함해서 유교, 도교의 경전 연구, 그리고 심지어 「술이기(述異記)」와 같은 고대소설에 이르기까지 활발한 저술활동을 전개했다.

3) "智術圓法"이란 진(晉)의 유지(劉智)가 제시한 원주율이라는 뜻이다.

주해 이 공식은 앞의 공식의 역산을 나타내며, 역시 충지밀률의 둘레의 비율과 지름의 비율을 예로 들면서, 지름을 R이라고 하면, 다음과 같은 관계가 드러날 것이다.

$$\pi R \times 7 \div 22 = \frac{\pi R}{\pi} = R$$

以周求徑,置周數,以其徑法乘之,以其周法除之,得徑數.

둘레를 몇으로 나눈 것으로 지름을 구하기 위해서는 둘레에 분모를 곱해 놓고, 지름의 비율을 곱한 다음, 원주율을 늘어놓고, 분모로 곱한 것을 나눗수로 삼아서 나눠주면, 지름이 나온다.

주해 지름을 R이라고 하면, 둘레를 m으로 나눈 것은 $\frac{\pi R}{m}$로 표시될 수 있는데, 역시 충지밀률의 둘레의 비율과 지름의 비율을 예로 들 때, 이 공식은 바로 다음과 같은 관계를 나타낸다.

$$\frac{7m\pi R}{22m} \simeq R$$

以分周求徑,置周通分納子,以其徑法乘之,列周法以分母乘之,爲法除之,得徑.

지름으로 넓이를 구하기 위해서는 지름을 놓아 제곱하고, 다시 둘레의 비율을 곱하여 나뉨수로 삼은 다음, 지름의 비율을 늘어놓아 4배하여 나눗수로 삼아서 나눠주면 넓이가 나온다.

주해 넓이를 S, 지름과 반지름을 각각 R, r이라고 하고, 역시 충지밀률의 둘레의 비율과 지름의 비율을 예로 들 때, 이 공식은 다음과 같은 관계를 나타낸다.

$$\frac{22R^2}{7\times4}=\frac{\pi R^2}{4}=\pi r^2=S$$

以徑求平積,置徑自乘,又以其周法乘之,爲實,乃列其徑法四因,爲法除之,得積.

둘레로 넓이를 구하기 위해서는 둘레를 놓아 제곱하고, 다시 지름의 비율을 곱하여 나뉨수로 삼은 다음, 둘레의 비율을 늘어놓아 4배하여 나눗수로 삼아서 나눠주면, 넓이가 나온다.

주해 넓이를 S, 지름과 반지름을 각각 R, r이라고 하고, 역시 충지밀률의 둘레의 비율과 지름의 비율을 예로 들 때, 이 공식은 다음과 같은 관계를 나타낸다.

$$\frac{(\pi R)^2 \times 7}{22 \times 4} = \frac{\pi R^2}{4} = \pi r^2 = S$$

以周求平積,置周自乘,又以其徑法乘之,爲實,乃列其周法四因,爲法除之,得積.

둘레와 지름으로 넓이를 구하기 위해서는 둘레와 지름을 서로 곱하고 4로 나누면, 원의 넓이가 된다.

주해 넓이를 S, 지름과 반지름을 각각 R, r이라고 할 때, 이 공식은 다음과 같은 관계를 나타낸다.

$$\frac{\pi R \times R}{4} = \frac{\pi R^2}{4} = \pi r^2 = S$$

以周徑求平積,周徑相乘,四而一,得圓積.

지름을 몇으로 나눈 것으로 넓이를 구하기 위해서는 지름을 놓아 분모를 곱해 놓고, 제곱하고, 다시 둘레의 비율을 곱하여 나뉨수로 삼고, 분모를 늘어놓아 제곱하고, 지름의 비율을 곱한 다음, 4배하여 나눗수로 삼아서 나눠주면, 넓이가 나온다. 나누어 떨어지지 않는 것은 몇 분의 몇이라고 부르도록 한다. ○만일 나누어 떨어지지 않으면, 둘레의 비율과 지름의 비율을 서로 곱한 값으로 나누어준다.

주해 넓이를 S, 지름과 반지름을 각각 R, r이라고 하면, 지름을 m으로 나눈 것은 $\frac{R}{m}$로 표시될 수 있는데, 역시 충지밀률의 둘레의 비율과 지름의 비율을 예로 들 때, 이 공식은 다음과 같은 내용을 나타낸다.

$$\frac{(mR)^2 \times 22}{m^2 \times 7 \times 4} = \frac{\pi R^2}{4} = \pi r^2 = S$$

以分徑求半積,置徑通分納子,自之,又以其周法乘之,爲實,列分母自之,以其徑法乘之,又四因數爲法,除得積. 不滿法者,命之. ○或不滿者,其周法徑法相乘數約之.

둘레를 몇으로 나눈 것으로 넓이를 구하기 위해서는 둘레를 놓아 분모를 곱해 놓고, 제곱하고, 다시 지름의 비율을 곱하여 나뉨수로 삼고, 분모를 늘어놓아 제곱하고, 둘레의 비율을 곱한 다음, 4배하여 나눗수로 삼아서 나눠주면, 넓이가 나온다. 나누어 떨어지지 않는 것은 몇 분의 몇이라고 부르도록 한다. ○만일 나누어 떨어지지 않으면, 둘레의 비율과 지름의 비율을 서로 곱한 값으로 나누어준다.

주해 넓이를 S, 지름과 반지름을 각각 R, r이라고 하면, 둘레를 m으로 나눈 것은 $\frac{\pi R}{m}$로 표시될 수 있는데, 역시 충지밀률의 둘레의 비율과 지름의 비율을 예로 들 때, 이 공식은 다음과 같은 내용을 나타낸다.

$$\frac{(m\pi R)^2\times 7}{m^2\times 22\times 4}=\frac{\pi R^2}{4}=\pi r^2=S$$

以分周求平積,置周通分納子,自之,又以其徑法乘之,爲實,列分母自之,以其周法乘之,又四因數爲法,除得積. 不滿法者,命之. ○或不滿者,其周法徑法相乘數約之.

지름으로 부피를 구하기 위해서는 지름을 놓아 세제곱하고, 다시 둘레의 비율을 제곱하여 곱해서 나뉨수로 삼은 다음, 지름의 비율을 제곱하고, 다시 16을 곱한 값을 나눗수로 삼아서 나눠주면, 부피가 나온다.

주해 부피를 V, 지름과 반지름을 각각 R, r이라고 하고, 역시 충지밀률의 둘레의 비율과 지름의 비율을 예로 들 때, 이 공식은 다음과 같은 관계를 나타낸다.

$$\frac{R^3\times 22^2}{7^2\times 16}=\frac{\pi^2\left(\frac{R}{2}\right)^3}{2}=\frac{3\pi r^3}{2}=V$$

以徑求立積,置徑再自乘,又以其周法自之數乘之,爲實,以其徑法自之,又以十六乘之得數爲法,除之,得立積.

둘레로 부피를 구하기 위해서는 둘레를 놓아 세제곱하고, 다시 지름의 비율을 곱하여 나뉨수로 삼은 다음, 둘레의 비율을 늘어놓고, 16을 곱한 값을 나눗수로 삼아서 나눠주면, 부피가 나온다.

주해 부피를 V, 지름과 반지름을 각각 R, r이라고 하고, 역시 충지밀률의 둘레의 비율과 지름의 비율을 예로 들 때, 이 공식은 다음과 같은 관계를 나타낸다.

$$\frac{(\pi R)^3 \times 22}{7 \times 16} = \frac{\pi^2\left(\frac{R}{2}\right)^3}{2} = \frac{3\pi r^3}{2} = V$$

以周求立積,置周再自乘,又以其徑法乘之,爲實,列其周法,以十六乘之得數爲法,除之,得立積.

둘레와 지름으로 부피를 구하기 위해서는 둘레와 지름을 서로 곱하고, 4로 나누면, 넓이가 되는데, 다시 둘레를 곱하고, 다시 4로 나누면, 곧 구의 부피가 나온다.

주해 부피를 V, 지름과 반지름을 각각 R, r이라고 하고, 역시 충지밀률의 둘레의 비율과 지름의 비율을 예로 들 때, 이 공식은 다음과 같은 관계를 나타낸다.

$$\frac{\pi R^2}{4} \times \pi R \div 4 = \frac{\pi^2 R^3}{16} = \frac{3\pi r^3}{2} = V$$

以周徑求立積,周徑相乘,四而一,得平積,又以周乘之,又四而一,卽得立圓積.

지름을 몇으로 나눈 것으로 부피를 구하기 위해서는 지름을 놓아 분모를 곱해 놓고, 세제곱하고, 다시 둘레의 비율을 제곱한 수를 곱하여 나뉨수로 삼고, 분모를 늘어놓아 세제곱하고, 지름의 비율을 제곱한 수를 곱한 다음, 다시 16을 곱하여 나눗수로 삼아서 나눠주면, 부피가 나온다. 나누어 떨어지지 않는 것은 몇 분의 몇이라고 부르도록 한다. ○만일 나누어 떨어지지 않으면, 둘레의 비율의 제곱과 지름의 비율의 제곱을 서로 곱한 값으로 나누어준다.

주해 부피를 V, 지름과 반지름을 각각 R, r이라고 하면, 지름을 m으로 나눈 것은 $\frac{R}{m}$로 표시될 수 있는데, 역시 충지밀률의 둘레의 비율과 지름의 비율을 예로 들 때, 이 공식은 다음과 같은 내용을 나타낸다.

$$\frac{(mR)^3 \times 22^2}{m^3 \times 7^2 \times 16} = \frac{\pi^2 R^3}{16} = \frac{3\pi r^3}{2} = V$$

以分徑求立積,置徑通分納子,再自之,又以周法自之數乘之,爲實,列分母再自之,以其徑法自乘數乘之,又以十六乘之,爲法,除之,得積.不滿法者,命之.○或不滿者,以其周法自乘徑法自乘而相乘數約之.

둘레를 몇으로 나눈 것으로 부피를 구하기 위해서는 둘레를 놓아 분모를 곱해 놓고, 세제곱하고, 다시 지름의 비율을 곱하여 나뉨수로 삼고, 분모를 늘어놓아 세제곱하고, 둘레의 비율을 곱한 다음, 다시 16을 곱한 수를 나눗수로 삼아서 나눠주면, 부피가 나온다. 나누어 떨어지지 않는 것은 몇 분의 몇이라고 부르도록 한다. ○만일 나누어 떨어지지 않으면, 둘레의 비율과 지름의 비율을 서로 곱한 값으로 나누어준다.

주해 부피를 V, 지름과 반지름을 각각 R, r이라고 하면, 둘레를 m으로 나눈 것은 $\frac{\pi R}{m}$로 표시될 수 있는데, 역시 충지밀률의 둘레의 비율과 지름의 비율을 예로 들 때, 이 공식은 다음과 같은 내용을 나타낸다.

$$\frac{(m\pi R)^3 \times 7}{m^3 \times 22 \times 16} = \frac{\pi^2 R^3}{16} = \frac{3\pi r^3}{2} = V$$

以分周求立積,置周通分納子,再自之,又以徑法乘之,爲實,列分母再自之,又以其周法乘之,再以十六乘之得數,爲法,除實,得積. 不滿法者,以法命之. ○或不滿者,以其周法徑法相乘數約之.

제곱식에 대한 설명(明乘方式)

한 변(얼마라도 좋다)을 갑층(두 제곱이면, 곧 4층을 만들고, 세 제곱이면, 5층을 만들며, 나머지도 이에 준해서 한다.)에 놓고, 산가지 1(1단은 곧 산가지 1이고, 2단은 곧 산가지 2인데, 나머지도 모두 이에 준한다.)을 맨 아래층에 놓는다. ○갑층의 머리자리를 최하층과 곱하고, 계층에 넣어 계층을 곱하고, 임층에 넣어 임층을 곱하고, 신층에 넣는 식으로 이와 같이 하여 을층까지 이르러서 멈추면, 실적이 나온다. 다시 갑층의 머리자리를 최하층과 곱하고, 전과 같이 곱하여 더해서 병층까지 이르러서 멈추면, 병법이 나온다(곧, 방법임). 다시 갑층의 머리자리를 최하층과 곱하고, 전과 같이 곱하여 더해서 정층까지 이르러서 멈추면, 정법이 나온다(곧, 염법임). 다시 전과 같이 하면, 무법도 나오고, 기법도 나오고, 나머지도 이와 같이 하여 계층에 이르러서 멈추면, 각각 그 법이 나오는데, 각각의 법만큼 물리며(을층은 물리지 않고, 병법은 한 자리 물리고, 정법은 두 자리 물리고, 무법은 세 자리 물리고, 기법은 네 자리 물리며, 나머

지도 모두 이에 준해서 한다.), 물리는 것은 갑층의 머리자리에서 멈추도록 한다. (○

12갑
0을적
0병
0정
1무

과 같이 정육면체의 한 변 12자의 그림을 늘어놓으면,

갑
1728을적
432병법
36정법
1무

라는 세제곱 그림을 얻는다.)

置方面(幾許)於甲層(平方,則設四層,立方,設五層,餘倣此.),置一算(一段,則一算,二段,則二算,餘皆倣此.)於最下層. ○以甲層首位乘最下層,入癸層乘癸層,入壬層乘壬層,入辛層依此至乙層而止得實積. 又以甲層首位乘最下層,依前乘之加入上至丙層而止得丙法(卽,方法). 又以甲層首位乘最下層,依前乘之加入至丁層而止得丁法(卽,廉法). 又依前得戊法,得己法,餘倣此至癸層而止各得其法,乃退其各法(乙層不退,丙法退一位,丁法退二位,戊法退三位,己法退四位,餘皆倣此.),退畢而去其甲層首位.(○列立方面十二尺圖

12甲
0乙積
0丙
0丁
1戊

,得乘方圖

甲
1728乙積
432丙法
36丁法
1戊

.)

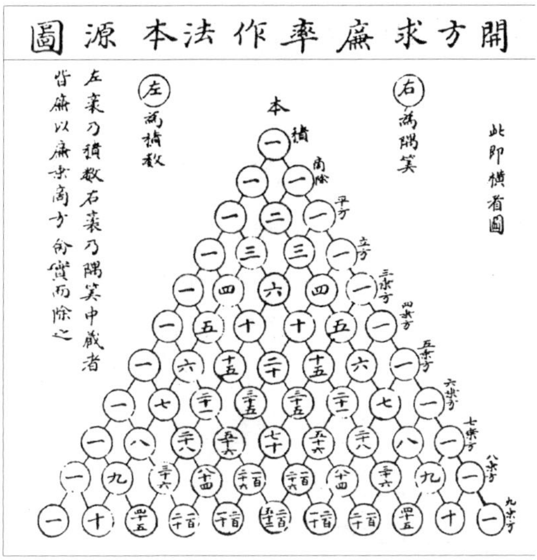
開方求廉率作法本源圖
此卽橫看圖
右爲隅筭
左爲積數
本
左衺乃積數右衺乃隅筭中藏者
皆廉以廉求商方命實而除之

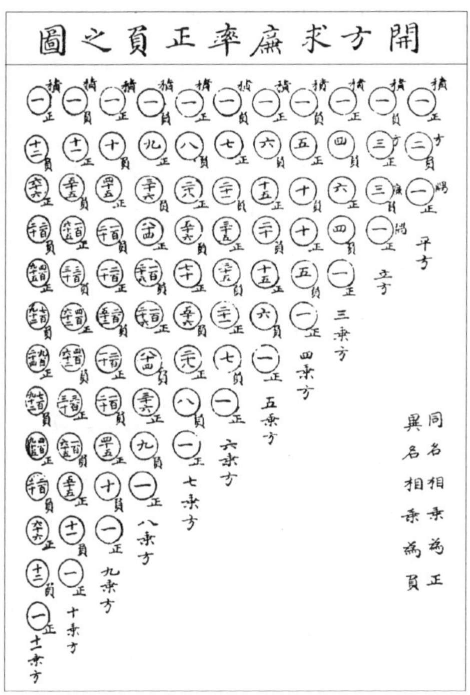
開方求廉率正負之圖
同名相乘爲正
異名相乘爲負

이항방정식(개방대종식)에 대한 설명(明開方帶從式)

평방은 변의 제곱을 적으로 삼고, 다시 변의 2배를 갑종으로 삼고, 1을 을종으로 삼는다.

입방은 변의 3제곱을 적으로 삼고, 다시 변의 제곱의 3배를 갑종으로 삼고, 다시 변의 3배를 을종으로 삼고, 1을 병종으로 삼는다.

3승방은 변의 4제곱을 적으로 삼고, 다시 변의 3제곱의 4배를 갑종으로 삼고, 다시 변의 제곱의 6배를 을종으로 삼고, 다시 변의 4배를 병종으로 삼고, 1을 정종으로 삼는다.

4승방은 변의 5제곱을 적으로 삼고, 다시 변의 4제곱의 5배를 갑종으로 삼고, 다시 변의 3제곱의 10배를 을종으로 삼고, 다시 변의 제곱의 10배를 병종으로 삼고, 다시 변의 5배를 정종으로 삼고, 1을 무종으로 삼는다.

5승방은 변의 6제곱을 적으로 삼고, 다시 변의 5제곱의 6배를 갑종으로 삼고, 다시 변의 4제곱의 15배를 을종으로 삼고, 다시 변의 3제곱의 20배를 병종으로 삼고, 다시 변의 제곱의 15배를 정종으로 삼고, 다시 변의 6배를 무종으로 삼고, 1을 기종으로 삼는다.

6승방은 변의 7제곱을 적으로 삼고, 다시 변의 6제곱의 7배를 갑종으로 삼고, 다시 변의 5제곱의 21배를 을종으로 삼고, 다시 변의 4제곱의 35배를 병종으로 삼고, 다시 변의 3제곱의 35배를 정종으로 삼고, 다시 변의 제곱의 21배를 무종으로 삼고, 다시 변의 7배를 기종으로 삼고, 1을 경종으로 삼는다.

7승방은 변의 8제곱을 적으로 삼고, 다시 변의 7제곱의 8배를 갑종으로 삼고, 다시 변의 6제곱의 28배를 을종으로 삼고, 다시 변의

5제곱의 56배를 병종으로 삼고, 다시 변의 4제곱의 70배를 정종으로 삼고, 다시 변의 3제곱의 56배를 무종으로 삼고, 다시 변의 제곱의 28배를 기종으로 삼고, 다시 변의 8배를 경종으로 삼고, 1을 신종으로 삼는다.

8승방은 변의 9제곱을 적으로 삼고, 다시 변의 8제곱의 9배를 갑종으로 삼고, 다시 변의 7제곱의 36배를 을종으로 삼고, 다시 변의 6제곱의 84배를 병종으로 삼고, 다시 변의 5제곱의 126배를 정종으로 삼고, 다시 변의 4제곱의 126배를 무종으로 삼고, 다시 변의 3제곱의 84배를 기종으로 삼고, 다시 변의 제곱의 36배를 경종으로 삼고, 다시 변의 9배를 신종으로 삼고, 1을 임종으로 삼는다.

9승방은 변의 10제곱을 적으로 삼고, 다시 변의 9제곱의 10배를 갑종으로 삼고, 다시 변의 8제곱의 45배를 을종으로 삼고, 다시 변의 7제곱의 120배를 병종으로 삼고, 다시 변의 6제곱의 210배를 정종으로 삼고, 다시 변의 5제곱의 252배를 무종으로 삼고, 다시 변의 4제곱의 210배를 기종으로 삼고, 다시 변의 3제곱의 120배를 경종으로 삼고, 다시 변의 제곱의 45배를 신종으로 삼고, 다시 변의 10배를 임종으로 삼고, 1을 계종으로 삼는다.

10승방은 변의 11제곱을 적으로 삼고, 다시 변의 10제곱의 11배를 갑종으로 삼고, 다시 변의 9제곱의 55배를 을종으로 삼고, 다시 변의 8제곱의 165배를 병종으로 삼고, 다시 변의 7제곱의 330배를 정종으로 삼고, 다시 변의 6제곱의 462배를 무종으로 삼고, 다시 변의 5제곱의 462배를 기종으로 삼고, 다시 변의 4제곱의 330배를 경종으로 삼고, 다시 변의 3제곱의 165배를 신종으로 삼고, 다시 변의 제곱의 55배를 임종으로 삼고, 다시 변의 11배를 계종으로 삼고, 1을 부갑종으로 삼는다.

11승방은 변의 12제곱을 적으로 삼고, 다시 변의 11제곱의 12배를 갑종으로 삼고, 다시 변의 10제곱의 66배를 을종으로 삼고, 다시 변의 9제곱의 220배를 병종으로 삼고, 다시 변의 8제곱의 495배를 정종으로 삼고, 다시 변의 7제곱의 792배를 무종으로 삼고, 다시 변의 6제곱의 924배를 기종으로 삼고, 다시 변의 5제곱의 792배를 경종으로 삼고, 다시 변의 4제곱의 495배를 신종으로 삼고, 다시 변의 3제곱의 220배를 임종으로 삼고, 다시 변의 제곱의 66배를 계종으로 삼고, 다시 변의 12배를 부갑종으로 삼고, 1을 부을종으로 삼는다.

주해 이 부분은 이항방정식(개방대종식)을 2차에서 12차까지 전개한 것이다. 즉, 한 변을 x라고 하면,

$$(x+1)^2 = x^2 + 2x + 1$$

$$(x+1)^3 = x^3 + 3x^2 + 3x + 1$$

$$(x+1)^4 = x^4 + 4x^3 + 6x^2 + 4x + 1$$

$$(x+1)^5 = x^5 + 5x^4 + 10x^3 + 10x^2 + 5x + 1$$

$$(x+1)^6 = x^6 + 6x^5 + 15x^4 + 20x^3 + 15x^2 + 6x + 1$$

$$(x+1)^7 = x^7 + 7x^6 + 21x^5 + 35x^4 + 35x^3 + 21x^2 + 7x + 1$$

$$(x+1)^8 = x^8 + 8x^7 + 28x^6 + 56x^5 + 70x^4 + 56x^3 + 28x^2 + 8x + 1$$

$$(x+1)^9 = x^9 + 9x^8 + 36x^7 + 84x^6 + 126x^5 + 126x^4 + 84x^3 + 36x^2 + 9x + 1$$

$$(x+1)^{10} = x^{10} + 10x^9 + 45x^8 + 120x^7 + 210x^6 + 252x^5 + 210x^4 + 120x^3 + 45x^2 + 10x + 1$$

$$(x+1)^{11} = x^{11} + 11x^{10} + 55x^9 + 165x^8 + 330x^7 + 462x^6 + 462x^5 + 330x^4 + 165x^3 + 55x^2 + 11x + 1$$

$$(x+1)^{12} = x^{12} + 12x^{11} + 66x^{10} + 220x^9 + 495x^8 + 792x^7 + 924x^6 + 792x^5 + 495x^4 + 220x^3 + 66x^2 + 12x + 1$$

로 전개된다는 것이다.

平方,面自乘爲積,又面二回爲甲從,以一爲乙從.

立方,面再自乘爲積,又面自乘三回爲甲從,又面三回爲乙從,以一爲丙從.

三乘方,面再自乘爲積,又面再自之四回爲甲從,又面自之六回爲乙從,又面四回爲丙從,以一爲丁從.

四乘方,面四次自之爲積,又面三次自之五回爲甲從,又面再自之十回爲乙從,又面自之十回爲丙從,又面五回爲丁從,以一爲戊從.

五乘方,面五次自之爲積,又面四次自之六回爲甲從,又面三次自之,又十五乘之,爲乙從,又面再自之,又二十乘之,爲丙從,又面自之,又十五乘之,爲丁從,又面六回爲戊從,以一爲己從.

六乘方,面六次自之爲積,又面五次自之七回爲甲從,又面四次自之,又二十一乘之,爲乙從,又面三次自之,又三十五乘之,爲丙從,又面再自之,又三十五乘之,爲丁從,又面自之,又二十一乘之,爲戊從,又面七回爲己從,以一爲庚從.

七乘方,面七次自之爲積,又面六次自之八回爲甲從,又面五次自之,又二十八乘之,爲乙從,又面四次自之,又五十六乘之,爲丙從,又面三次自之,又七十乘之,爲丁從,又面再自之,又五十六乘之,爲戊從,又面自之,又二十八乘之,爲己從,又面八回爲庚從,以一爲辛從.

八乘方,面八次自之爲積,又面七次自之九回爲甲從,又面六次自之,又三十六乘之,爲乙從,又面五次自之,又八十四乘之,爲丙從,又面四次自之,又一百二十六乘之,爲丁從,又面三次自之,又一百二十六乘之,爲戊從,又面再自之,又八十四乘之,爲己從,又面自之,又三十六乘之,爲庚從,又面九回爲辛從,以一爲壬從.

九乘方,面九次自之爲積,又面八次自之,又十回,爲甲從,又面七次自之,又四十五乘之,爲乙從,又面六次自之,又一百二十乘之,爲丙從,又面五次自之,又二百一十乘之,爲丁從,又面四次自之,又二百五十二乘之,爲戊從,又面三次自之,又二百一十乘之,爲己從,又面再自之,又一百二十乘之,爲庚從,又面自之,又四十五乘之,爲辛從,又面十回爲壬從,以一爲癸從.

十乘方,面十次自之爲積,又面九次自之,再以十一乘之,爲甲從,又面八次自之,再以五十五乘之,爲乙從,又面七次自之,又一百六十五乘之,爲丙從,又面六次自之,再以三百三十乘之,爲丁從,又面五次自之,再以四百六十二乘之,爲戊從,又面四次自之,再以四百六十二乘之,爲己從,又面三次自之,再以三百三十乘之,爲庚從,又面再自之,又以一百六十五乘之,爲辛從,又面自之,又以五十五乘之,爲壬從,又面以十一乘之,爲癸從,以一爲副甲從.

十一乘方,面十一次自之爲積,又面十次自之,再以十二乘之,爲甲從,又面九次自之,再以六十六乘之,爲乙從,又面八次自之,再以二百二十乘之,爲丙從,又面七次自之,再以四百九十五乘之,爲丁從,又面六次自之,再以七百九十二乘之,爲戊從,又面五次自之,再以九百二十四乘之,爲己從,又面四次自之,再以七百九十二乘之,爲庚從,又面三次自之,再以四百九十五乘之,爲辛從,又面再自之,又以二百二十乘之,爲壬從,又面自之,又以六十六乘之,爲癸從,又面以十二乘之,爲副甲從,以一爲副乙從.

「구일집」 제 1 권(「九一集」 卷之一)

남양 홍정하 지음(南陽 洪正夏 著)

○ 縱橫乘除門 十九問

[1] 쌀 575석 9말이 있는데, 한 말 값이 은 5푼이다. 은으로 치면 얼마나 되는가?

답 : 287냥 9전 5푼.

풀이법에 따라서 쌀의 총량을 놓아 곱하임수(실)로 삼고, 한 말 값 5푼을 곱수(법)로 삼아 곱하면, 문제에 들어맞는다.

> 今有米五百七十五石九斗,每斗價銀五分. 問銀若干?
> 答曰,二百八十七兩九錢五分.
> 法曰,置總米,爲實,以每斗價五分爲法,乘之,合問.

[2] 정미 98,765석이 있는데, 한 석마다 모미(예상소모량) 1말 5되를 더하기로 한다. 정미와 모미를 합하면 얼마인가?

답 : 113,579석 7말 5되.

풀이법에 따라서 쌀의 총량을 놓아 곱하임수(실)로 삼고, 정미 1석 당 소모량 1말 5되를 더한 것을 곱수(법)로 삼아 곱하면, 문제에 들어맞는다.

今有米九萬八千七百六十五石,每石加耗一斗五升. 問正耗合得若干?
答曰,一十一萬三千五百七十九石七斗五升.
法曰,置總米,爲實,本米一石加耗一斗五升爲法乘,合問.

[3] 쇠로 만든 사람 형상 12개가 있는데, 하나의 무게가 1,000석씩이다. 모두 몇 냥이나 나가겠는가?

답 : 2,304만냥.

풀이법에 따라서 쇠로 만든 사람 형상 12개를 놓아 각각의 무게 1,000석으로 곱하고, 1석 당 무게 120근을 곱한 다음, 다시 매 근당 16을 곱하면, 문제에 들어맞는다.

주해 이것은 석을 양으로 환산하는 문제이며, 1石＝120斤이고, 1斤＝16兩임을 적용하라는 것이다. 따라서 답은

$$12 \times 1000\text{石} \times 120\text{斤} \times 16\text{兩} = 23,040,000\text{냥}$$

이 된다.

今有金人[4]十二重各千石. 問該兩若干?
答曰,二千三百零四萬兩.
法曰,置金人十二重各千石乘,得一萬二千石,以一石重一百二十斤乘之,又以每斤十六兩乘之,合問.

[4] 어떤 사람이 약을 먹는데, 첫날에 한 알을 먹고, 15일이 될 때까지 매일 한 알씩 늘려간 다음, 말일이 될 때까지는 매일 한 알씩 줄이다가 그쳤다. 모두 몇 알이나 되는가?

답 : 240알.

풀이법에 따라서 15알을 놓고, 다시 15알에 하나를 더한 16알과 서로 곱하면, 문제에 들어맞는다.

주해 이 문제의 풀이 과정은

$$(1+2+\cdots+14+15)+(15+14+\cdots+2+1)=16\times 15=240$$

이 된다는 것을 나타낸다.

> 今有人食藥,初一日食一丸,日增一丸至十五日而後日減一丸至晦日而止. 問共若干?
> 答曰,二百四十丸.
> 法曰,置十五丸,又十五丸加一,得十六丸,相乘,合問.

[5] 쌀 1되가 있는데, 첫날부터 30일까지 매일 배로 늘려나갔다. 모두 얼마나 되는가?

답 : 17,137,418석 2말 4되.

풀이법에 따라서 1되를 놓아 잇달아 5일 동안 배로 늘리면, 32되

---

4) "금인(金人)"은 일종의 동상(銅像) 같은 것으로 여겨진다.

가 되고, 제곱하면, 1,024되(10일 동안 얻은 수량)가 되며, 이 수를 놓아 제곱하면, 1,048,576되(20일 동안 얻은 수량)가 되는데, 이 수를 놓아 1,024되를 곱하면, 문제에 들어맞는다.

> 今有米一升,自初一日,日增一倍,倍至三十日. 問共得若干?
> 答曰,一千七十三萬七千四百十八石二斗四升.
> 法曰,置一升遞倍至五日,乃得三十二升自乘,得一千零二十四升(此十日所得數),因置此數自乘,得一百零四萬八千五百七十六升(此二十日所得),因置此數以一千零二十四升乘之,合問.

[6] 은 345냥이 있는데, 세 사람으로 하여금 나누게 하였다. 각사 얼마씩 얻겠는가?

답 : 115냥.

풀이법에 따라서 은의 양을 놓아 나뉨수로 삼고, 세 사람을 나눗수로 삼아서 나눠주면, 문제에 들어맞는다.

> 今有銀三百四十五兩,令三人分之. 問各得若干?
> 答曰,一百一十五兩.
> 法曰,置銀爲實,以三人爲法而一,合問.

[7] 군인 1,600명이 군량미 2,400석을 나누려고 한다. 한 사람 당 얼마씩 얻겠는가?

답 : 1석 5말.

풀이법에 따라서 군량미를 놓아 나뉨수로 삼고, 군인들의 수를 나눗수로 삼아서 나눠주면 문제에 들어맞는다.

> 今有軍兵一千六百名分粮二千四百石. 問每名若干?
> 答曰,一石五斗.
> 法曰,置粮爲實,以軍數爲法,除之,合問.

[8] 정미와 모미를 합해서 3,022석 5말 2되 7홉 7석이 있다. 모미는 4석 7말당 2말 4되 2홉을 더한다고 한다. 정미와 모미는 각각 얼마나 되는가?

답 : 113,579석 7말 5되.

풀이법에 따라서 쌀의 총량을 놓아 곱하임수(실)로 삼고, 원래의 쌀 1석 당 소모량 1말 5되를 더한 것을 곱수(법)로 삼아 곱하면, 문제에 들어맞는다.

> 今有米正耗併三千二十二石五斗二升七合二夕. 只云,每四石七斗帶耗二斗四升二合. 問正耗各若干?
> 答曰,正米二千八百七十四石五斗二升,耗米一百四十八石七合二夕.
> 法曰,置總米,爲實,本米一石加耗一斗五升爲法乘,合問.

[9] 물건이 있는데, 큰 저울이 없어서 작은 저울로 무게를 달려고 했더니 미치지 못하였다. 원래의 추 무게는 1근 9냥이었으며, 따로 무게 1근 4냥 짜리 추를 덧붙였더니, 무게가 66근으로 나왔다. 실제 무게는 얼마인가?

답 : 118근 12냥 8전.

풀이법에 따라서 나온 무게를 놓아 냥으로 환산하면, 1,056냥이 되는데, 두 추를 합한 무게 45냥으로 곱하여 나뉨수를 삼고, 추의 무게 25냥을 나눗수로 삼아서 나눠주면 실제 무게가 나오는데 근으로 환산하면, 문제에 들어맞는다.

주해 이 문제에서 물건의 무게를 잰 관칠값과 추의 무게는 반비례의 관계에 있으므로 물건의 실제 무게는

$$\frac{(66\times16)\times((16+9)+(16+4))}{16+9}=\frac{1056\times45}{25}$$

$$=\frac{9504}{5}=118\text{근 }12\text{냥 }8\text{전}$$

으로 계산된다.

今有物,因無大秤,以小称稱之不及. 只云,其原錘重一斤九兩,今加別錘重一斤四兩,稱得六十六斤.
問實重若干?
答曰,一百一十八斤十二兩八錢.
法曰,置共稱重通兩,得一千五十六兩,以兩錘合重數四十五兩乘之爲實,以錘重二十五兩爲法,除之,得實重作斤,合問.

[10] 원래의 저울로 물건을 달았더니 8근 2냥이었는데 원래의 추를 잃어버리고 말았다. 원래의 추 무게는 1근 9냥이었으며 따로 무게 1근 4냥 짜리 추를 덧붙였더니 무게가 66근으로 나왔다. 원래의 추 무게는 얼마인가?

답 : 1근 11냥 $3\frac{30}{130}$ 전.

풀이법에 따라서 나온 무게를 놓아 냥으로 환산하면, 1,056냥이 되는데, 두 추를 합한 무게 45냥으로 곱하여 나뉨수를 삼고, 추의 무게 25냥을 나눗수로 삼아서 나눠주면 실제 무게가 나오는데 근으로 환산하면 문제에 들어맞는다.

今有原称稱物八斤二兩,因失本錘. 今欲買錘配秤不知輕重,乃將別錘重二斤五兩稱之原物只得六斤.
問原錘重若干?
答曰,原錘重一斤十一兩三錢一百三十分錢之三十.
法曰,置後錘稱物通之,得九十六兩,以別錘三十七兩乘之爲實,以原物通之,得一百三十兩爲法,除之,不盡三命之,合問.

[11] 어떤 사람이 능 비단 1필 11자를 빌렸는데, 너비가 1자 8치였다. 이제 갚으려고 하니 원래와 같은 물건이 없어서 너비 2자 5치 짜리로 갚게 되었다. 돌려줘야 할 길이는 얼마나 되겠는가(한 필은 35자이다)?

답 : 33자 1치 2푼.

풀이법에 따라서 능 비단의 길이를 자로 환산하면, 46자가 되는데, 원래의 너비 1자 8치로 곱해서 나뉨수로 삼고, 지금의 너비 2자 5치를 나눗수로 삼아서 나눠주면 문제에 들어맞는다.

> 今有人借綾一疋一十一尺,濶一尺八寸. 今將欲還而無本色, 今還濶二尺五寸. 問還長若干(匹法三十五尺)?
> 答曰,三十三尺一寸二分.
> 法曰,置綾通尺納子,得四十六尺,以原濶一尺八寸乘之,爲實,以今濶二尺五寸爲法,除之,合問.

[12] 어떤 사람이 은 55냥을 빌려주게 되었는데, 한 냥 당 월리가 2푼 5리이다. 며칠이 지나야 원금과 이자가 같아지겠는가?

답 : 40개월.

풀이법에 따라서 빌려준 은을 놓아 2푼 반으로 곱하면, 1냥 3전 7푼 반이 되는데, 나눗수로 삼고, 원래의 은을 놓아 나뉨수로 삼아서 나눗수로 나눠주면 문제에 들어맞는다.

> 今有人貸銀五十五兩,每兩月利二分五釐. 問本利幾何日而適等?
> 答曰,四十箇月.
> 法曰,置貸銀,以二分半乘之,得一兩三錢七分半爲法,乃列本銀爲實,以法,除之,合問.

[13] 어떤 사람이 은을 빌려주었는데, 매 90냥마다 월리가 2냥이다. 이제 은 6,969냥 6전을 세 달 12일이 지나서 돌려주었다. 원금과 이자는 각각 얼마인가?

답 : 원금 6,480냥, 이자 489냥 6전.

풀이법에 따라서 $3\frac{1}{4}$ 개월을 놓아 2냥으로 곱한 값을 90냥에 더하면 모두 96냥 8전이 되는데, 나눗수로 삼고, 다시 함께 돌려준 은을 놓아 90냥을 곱해서 나뉨수로 삼아서 나눗수로 나눠주면 원금이 나오고, 원리금 합계에서 빼주면 이자가 나와서 문제에 들어맞는다.

今有人貸銀每九十兩月利二兩. 今共還銀六千九百六十九兩六錢經三箇月十二日. 問本利各若干?
答曰,本銀六千四百八十兩,利銀四百八十九兩六錢.
法曰,置三箇月四分,以二兩乘之,得數加入九十兩共九十六兩八錢爲法,又置共還銀,以九十兩乘之,爲實,以法,除之,得本銀,以減總銀,得利銀,合問.

[14] 은 684냥에 대하여 $\frac{1}{9}$ 의 관세를 징수 당한 것을 포함해서 이미 100냥의 세금을 물게 되었는데, 부가소득액(첩득전)이 16관 440문이다. 세금 1냥이 적용된 과세표준액은 얼마인가?

답 : 685문.

풀이법에 따라서 원래의 은을 놓아 9로 나누면, 76냥이 되는데, 100냥에서 뺀 나머지 24냥을 나눗수로 삼는다. 첩득전을 나뉨수로 삼아서 나눗수로 나눠주면, 문제에 들어맞는다.

주해 은 684냥에 대한 $\frac{1}{9}$ 관세는 76냥인데 세금 총액 100냥과의 차액인 24냥으로 첩득전을 나눠준 값이 곧 양가전이 된다.

今有銀六百八十四兩,出關稅之九而取一已稅了一百兩,却貼得錢[5)]十六貫四百四十文. 問兩價錢[6)]若干?

答曰,六百八十五文.

法曰,置銀,以九而一,得七十六兩,以減於一百兩,餘二十四兩,爲法. 置貼得錢爲實,以法除之,合問.

[15] 객이 갖고 있는 은에서 먼저 $\frac{1}{10}$ 의 세금을 취하고, 그 다음에 $\frac{1}{30}$ 의 세금을 취했더니, 거둔 세금의 합계가 650냥이었다. 원금은 얼마인가?

답 : 5,000냥.

풀이법에 따라서 세금 액수 650을 놓아 나뉨수로 삼고, 1전 3푼을 나눗수로 삼아서 나눠주면(1전 3푼은 1냥에 대한 세금이다. 1냥에 대해서 선세 $\frac{1}{10}$ 을 내니, 곧 1전이다. 1냥에서 1전을 빼면, 곧 9전이 되는데, 그로부터 다음 세금 $\frac{1}{30}$ 을 내니, 곧 3푼이 된다. 두 세금의 합은 1전 3푼인 것이다.), 문제에 들어맞는다.

---

5) "첩득전(貼得錢)"은 부가소득액을 가리키는 것으로 여겨진다.

6) "양가전(兩價錢)"은 "세금 1냥을 물린 과표액"이라는 뜻이다.

今有客持銀先稅十分取一,次稅三十分取一,今共稅了六百五十兩. 問元持銀若干?
答曰,五千兩.
法曰,置稅銀六百五十,爲實,以一錢三分爲法,除之(一錢三分者,一兩之稅也. 盖一兩先稅十分之一,則一戔[7]也. 其一兩內減一錢,則九錢於內次稅三十分之一,則三分也. 兩稅合一錢三分.),合問.

[16] 객이 갖고 있는 은에서 먼저 $\frac{1}{30}$의 세금을 취하고, 그 다음에 $\frac{3}{50}$의 세금을 취했다. 낸 세금은 모두 $456\frac{20}{30}$냥이다. 원래의 은은 얼마인가?

답 : 5,000냥.

풀이법에 따라서 세금의 합산액을 놓아 분모를 곱하면, 13,700이 되는데 나뉨수로 삼고, 2냥 7전 4푼을 나눗수로 삼아서 나눠주면(2냥 7전 4푼은 30냥에 대한 선세가 $\frac{1}{30}$이므로, 곧 1냥이고, 30냥에서 선세 1냥을 빼면, 곧 29냥이 남으니, 이것이 나머지 29냥인데, 다시 그 다음에 $\frac{3}{50}$의 세금을 취하니, 곧 1냥 7전 4푼이 되어, 두 차례 세금을 합산하면, 모두 2냥 7전 4푼이 되니, 이것이 30냥에 대한 두 세금의 액수인 것이다.), 문제에 들어맞는다.

주해 이 문제와 바로 다음 두 문제는 서로 역산 관계에 놓여 있다.

---

7) "戔"은 "錢"을 가리킨다.

今有客持銀,先稅三十分取一,次稅五十分取三. 今共稅了四百五十六兩三十分兩之二十. 問原銀若干?

答曰,五千兩.

法曰,置共稅銀,通分納子,得一萬三千七百,爲實,以二兩七錢爲法,除之(二兩七戔四分者,假令三十兩先稅三十分之一稅,則一兩也,其三十兩內減先稅一兩,則餘二十九兩,以此餘二十九兩,又次稅五十分取三,則一兩七戔四分也,先後合稅,則共二兩七戔四分,此三十兩兩稅之數也.),合問.

[17] 객이 갖고 있는 5,000냥에서 먼저 $\frac{1}{30}$의 세금을 취하고, 그 다음에 $\frac{3}{50}$의 세금을 취했다. 세금과 남은 은은 얼마인가?

답 : 세금 $456\frac{20}{30}$냥, 남은 은 $4543\frac{10}{30}$냥.

풀이법에 따라서 5,000냥을 놓아 2냥 7전 4푼을 곱하면, 13,700냥이 나오는데, 30을 나눗수로 삼아서 나눠주되, 나누어 떨어지지 않는 것을 몇 분의 몇이라고 부르면 세금이 나온다. 다시 5,000냥을 놓아 27냥 2전 6푼을 곱하면, 136,300냥이 나오는데, 다시 30을 나눗수로 삼아서 나눠주되, 나누어 떨어지지 않는 것을 몇 분의 몇이라고 부르면, 남은 은이 나온다(2냥 7전 4푼으로 곱한 것은 원래의 은 30냥에 대한 두 차례 세금 합산액의 비율이다. 27냥 2전 6푼으로 곱한 것은 원래의 은 30냥에서 두 차례 세금 합산액을 뺀 남은 은의 비율이다.).

> 今有客持銀五千兩,先稅三十分取一,次稅五十分取三. 問其稅銀及餘銀各若干?
> 答曰,其稅銀四百五十六兩三十分兩之二十,餘銀四千五百四十三兩三十分兩之一十.
> 法曰,置五千兩,以二兩七戔四分乘之,得一萬三千七百兩,以三十爲法而一,不滿法者,命之,得稅銀. 又置五千兩,以二十七兩二錢六分乘之,得一十三萬六千三百兩,却以三十爲法而一,不滿法者,命之,得餘銀(盖以二兩七戔四分乘之者乃元銀三十兩爲率先後合稅是也. 以二十七兩二錢六分乘之者乃元銀三十兩爲率先後合稅減後餘數也.).

[18] 객이 갖고 있는 은에서 먼저 $\frac{1}{30}$의 세금을 취하고, 그 다음에 $\frac{3}{50}$의 세금을 취했더니, 남은 은이 $4543\frac{10}{30}$냥이었다. 원금은 얼마인가?

답 : 5,000냥.

풀이법에 따라서 남은 은을 놓아 분모를 곱하고, 다시 50을 곱해서 나뉨수로 삼고, 세금으로 내지 않은 29와 47을 서로 곱하면, 1,363이 되는데, 나눗수로 삼아서 나눠주면, 문제에 들어맞는다.

다른 풀이법에 따라서 은을 놓아 분모를 곱하고, 27냥 2전 6푼으로 나눠줘도 역시 답이 나온다.

> 今有客持銀先稅三十分取一,次稅五十分取三,餘銀四千五百四十三兩三十分兩之一十. 問元銀若干?
> 答曰,五千兩.
> 法曰,置餘銀,通分納子,又以五十乘之,爲實,以不稅者二十九,四十七相乘,得一千三百六十三爲法而一,合問.
> 一法,置銀,通分納子,以二十七兩二錢六分除,亦得.

[19] 한 변이 1촌인 입방 금은 16냥의 무게가 나간다. 지금 한 변이 9푼 짜리 입방 금이 있다. 몇 냥이나 나가겠는가?

답 : 11냥 6전 6푼 4리.

풀이법에 따라서 9푼을 놓아 세제곱하면, 729푼이 되고, 16냥을 곱하면, 11,664푼이 되는데, 나뉨수로 삼으며, 다시 1촌 짜리 금을 놓아 통분하면, 10푼이 되고, 세제곱하면, 1,000푼이 되는데, 나눗수로 삼아서 나눠주면, 무게가 나와 문제에 들어맞는다.

今有立方金一寸重十六兩. 只有金立方九分. 問幾兩?
答曰,一十一兩六錢六分四釐.
法曰,置九分,再自乘,得七百二十九分,又以十六兩乘之,得一萬一千六百六十四分,爲實,又列一寸金通分,得十分,再自乘,得一千分,爲法,除之,得重,合問.

○異乘同除門 八問

[20] 쌀 58석 4말로 은 43냥 8전을 살 수 있다. 지금 쌀 17석 2말이 있다. 은으로 치면 얼마나 되는가?

답 : 12냥 9전.

풀이법에 따라서 지금 갖고 있는 쌀을 놓아 43냥 8전을 곱하면, 753냥 3전 6푼이 되는데, 원래의 쌀 58석 4말로 나눠주면, 문제에 들어맞는다.

今有米五十八石四斗,糴銀四十三兩八錢. 只有米一十七石二斗. 問該銀若干?

答曰,一十二兩九錢.

法曰,置只有米,以四十三兩八錢乘之,得七百五十三兩三錢六分,却以原米五十八石四斗除之,合問.

[21] 비단 322필이 있는데, 7필 값이 은 5냥이다. 은으로 치면 모두 얼마나 되는가?

답 : 230냥.

풀이법에 따라서 비단의 총량을 놓아 5냥을 곱해서 나뉨수로 삼고, 7필로 나눠주면, 문제에 들어맞는다.

今有羅三百二十二匹,每七匹價銀五兩. 問該銀若干?

答曰,二百三十兩.

法曰,置總羅,以五兩乘之爲實,以七匹除之,合問.

[22] 갑이 은 96냥, 을이 은 84냥을 출자해서 함께 180냥을 운영하다가 30냥의 손실을 입었다. 각각의 손실액은 얼마나 되는가?

답 : 갑 16냥, 을 14냥.

풀이법에 따라서, 갑의 은을 놓아 30냥을 곱하면, 2,880냥이 되고, 180냥으로 나누면, 갑의 손실액 16냥이 나오며, 다시 을의 은을 놓아 30냥을 곱하면, 2,520냥이 되고, 180냥으로 나누면, 을의 손실액 14냥이 나와서 문제에 들어맞는다.

> 今有甲出銀九十六兩,乙出銀八十四兩,共一百八十兩營運,折了三十兩. 問各折若干?
> 答曰,甲一十六兩,乙一十四兩.
> 法曰,置甲銀,以三十兩乘之,得二千八百八十兩,以一百八十兩除之,得甲折銀一十六兩,又列乙銀以三十兩乘之,得二千五百二十兩,却以一百八十兩除之,得乙折銀一十四兩,合問.

[23] 갑과 을이 은 180냥을 공동출자해서 연말까지 함께 운영했더니, 갑은 112냥, 을은 98냥을 벌게 되었다. 각각의 출자 원금은 얼마나 되는가?

답 : 갑 96냥, 을 84냥.

풀이법에 따라서 갑이 번 은을 놓아 공동출자액 180냥으로 곱해서 나뉨수로 삼고, 갑과 을이 번 은의 합계 210을 나눗수로 삼아서 나누면, 갑의 원금이 나오며, 그것을 공동출자액에서 빼주면, 을의 원금이 나와서 문제에 들어맞는다.

> 今有甲乙共出銀一百八十兩,營運至年終而分之,甲得一百一十二兩,乙得九十八兩. 問各人本銀若干?
> 答曰,甲九十六兩,乙八十四兩.
> 法曰,置甲得銀,以共出銀一百八十兩乘之,爲實,以甲乙得銀共二百一十,爲法,除之,得甲銀,以減共出銀,得乙,合問.

[24] 차를 한 대 고용해서 600근을 싣고 500리를 가는데, 은 3냥 7전 5푼을 주게 되어 있다. 또 무게 180근을 덧붙여서 800리를 가려고 한다. 은을 얼마나 주어야 되는가?

답 : 갑 7냥 8전.

풀이법에 따라서 원래의 무게를 놓아 덧붙인 무게를 더하면, 모두 780근이 되고, 원래의 운임을 곱하고, 다시 800리를 곱하면, 2,340,000냥이 되는데, 나뉨수로 삼고, 별도로 원래의 무게 600근을 놓아 원래의 거리 500리를 곱하면, 300,000이 되는데, 나눗수로 삼아서 나눠주면, 문제에 들어맞는다.

今有雇車一兩[8],載重六百斤,行道五百里,與銀三兩七錢五分,且添重一百八十斤,行八百里. 問與銀若干?

答曰,七兩八錢.

法曰,置元重加添重共七百八十斤,以元價乘之,再以八百里乘之,得二百三十四萬兩爲實,別置元重六百斤,以元道五百里乘之,得三十萬爲法,除之,合問.

[25] 어떤 사람이 쌀 1석을 지고, 20보를 걸어서 하루에 60번을 왕복하였다. 이제 쌀 1석 2말을 지고, 25보씩 걷게 되어 있다. 하루에 몇 번 왕복하게 될 것인가?

답 : 40번 왕복한다.

풀이법에 따라서 먼저 진 무게 1석을 놓아 20보를 곱하고, 다시 왕복 60번을 곱하면, 1,200이 되는데, 나뉨수로 삼고, 별도로 지금 지

8) "兩"은 "輛"의 뜻으로 쓰였다.

는 무게 1석 2말을 놓아 25보를 곱하면, 30이 되는데, 나눗수로 삼아서 나눠주면, 문제에 들어맞는다.

> 今有人負米一石,行二十步,日六十返. 今負米一石二斗,行二十五步. 問日幾返?
> 答曰,日四十返.
> 法曰,置先負米一石,以行二十步乘之,又以六十返乘之,得一千二百爲實,別置今負米一石二斗,以二十五步乘之,得三十爲法,除之,合問.

[26] 빈차는 하루에 60리를 가고, 짐을 실은 차는 하루에 40리를 간다. 이제 곡식을 싣고, 창고까지 사흘 동안에 2번 왕복한다. 거리는 얼마나 되는가?

답 : 36리.

풀이법에 따라서 빈차와 짐차의 리수를 서로 곱하고, 다시 3일을 곱하면, 7,200리가 되는데, 나뉨수로 삼고, 별도로 빈차와 짐차의 리수를 더하여 왕복 2번을 곱하면, 200이 되는데, 나눗수로 삼아서 나눠주면, 문제에 들어맞는다.

> 今有空車日行六十里,重車日行四十里. 今載穀至倉三日二返. 問途路遠近若干?
> 答曰,三十六里.
> 法曰,置空車,重車里數相乘,又以三日乘之,得七千二百里爲實,併空車,重車里數,以二返乘,得二百爲法除,合問.

[27] 옛날의 활에서는 한 보가 5자이었는데, 현재의 활에서는 그것을 고쳐서 4자 8치가 되었다. 이제 옛날 활의 100보를 현재 활의 기준으로 고치려고 한다. 현재의 활로는 얼마나 되는가?

답 : 92보 1푼 6리.

풀이법에 따라서 현재 활의 4자 8치를 놓아 제곱하고, 다시 100보를 곱하면, 3,304가 되는데, 나뉨수로 삼고, 별도로 옛날 활의 5자를 제곱하면, 25가 되는데, 나눗수로 삼아서 나눠주면, 문제에 들어맞는다.

今有古弓每步五尺,以今弓校之,則乃四尺八寸. 今只有古弓一百步,以今弓改量. 問今弓若干?
答曰,九十二步一分六釐.
法曰,置今弓四尺八寸,自乘,又以一百步乘之,得三千三百○四爲實,別置古弓五尺自乘,得二十五爲法,除之,合問.

○田畝形段門 二十九問

[28] 정사각형 밭(방전)이 있는데, 한 변의 길이가 49보이다. 넓이는 얼마인가?

답 : 2,401보(무로 환산하면, 10무 1보에 해당한다).

풀이법에 따라서 한 변을 놓아 제곱하면, 넓이가 나오는데, 무의 비율인 240보로 나눠주면, 문제에 들어맞는다.

今有方田,自方四十九步. 問共積若干?

答曰,二千四百零一步(該畝一十畝一步).

法曰,置方,自之,爲田積,以畝法二百四十步除,合問.

[29] 정사각형 밭이 있는데, 맞은 편 두 꼭지점 사이의 대각선의 길이가 28보이다. 넓이는 얼마인가?

답 : 392보.

풀이법에 따라서 대각선을 놓아 제곱하면, 784보가 나오는데, 반으로 나눠주면, 문제에 들어맞는다.

今有方田,兩隅斜去各二十八步. 問積若干?

答曰,三百九十二步.

法曰,置斜,自乘,得七百八十四步,折半,合問.

[30] 직사각형 밭(직전)이 있는데, 길이가 72보, 너비가 36보이다. 넓이는 얼마인가?

답 : 2,592보.

풀이법에 따라서 길이를 놓고, 너비로 곱해주면, 문제에 들어맞는다.

今有直田,長七十二步,濶三十六步. 問積若干?

答曰,二千五百九十二步.

法曰,置長,以濶乘之,合問.

[31] 이등변삼각형 밭(규전)이 있는데, 높이가 55보, 밑변이 32보이다. 넓이는 얼마인가?

답 : 880보.

풀이법에 따라서 높이를 놓고, 밑변으로 곱한 다음, 반으로 나눠주면, 문제에 들어맞는다.

今有圭田,中長五十五步,下濶三十二步. 問積若干?

答曰,八百八十步.

法曰,置長,以濶乘之,折半,合問.

[32] 마름모꼴 밭(사전)이 있는데, 가운데 길이가 60보, 가운데 너비가 32보이다. 넓이는 얼마인가?

답 : 960보.

풀이법에 따라서 높이를 놓고, 너비로 곱한 다음, 반으로 나눠주면, 문제에 들어맞는다.

주해 문제의 “사전”을 그래프로 나타내면, 다음과 같다.

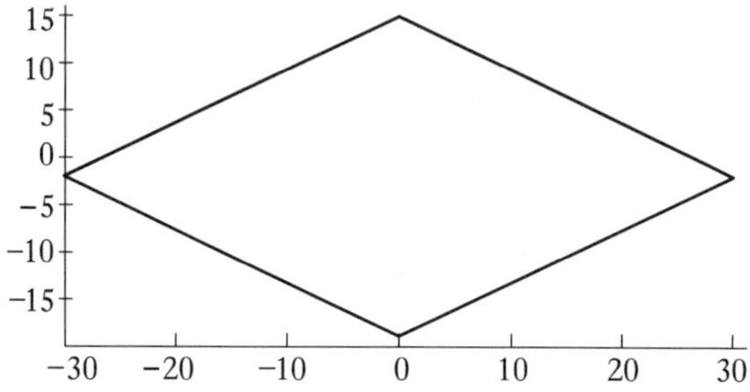

今有梭田,中長六十步,中廣三十二步. 問積若干?

答曰,九百六十步.

法曰,置長,以濶乘之,折半,合問.

[33] 사다리꼴 밭(제전)이 있는데, 아랫변이 8보, 윗변이 6보, 높이가 12보이다. 넓이는 얼마인가?

답 : 84보.

풀이법에 따라서 양 너비를 더하여 반으로 나누면 7이 나오는데, 길이로 곱해주면 문제에 들어맞는다(사전의 넓이를 구하는 법과 같다).

주해 문제의 “제전”을 그래프로 나타내면, 다음과 같다.

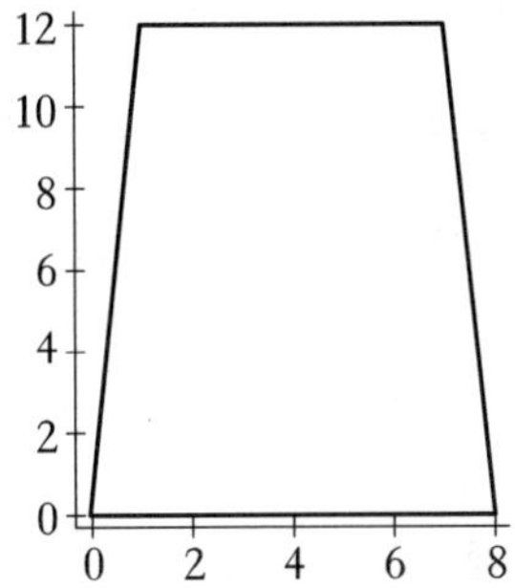

今有梯田,大頭八步,小頭六步,長一十二步. 問積若干?

答曰,八十四步.

法曰,倂兩廣折半,得七,以長乘之,合問(斜田法同).

[34] 네 변이 서로 다른 밭이 있는데, 동쪽 길이가 60보, 서쪽 길이가 50보, 남쪽 너비가 40보, 북쪽 너비가 30보이다. 넓이는 얼마인가?

답 : 1,925보.

풀이법에 따라서 동서의 길이들을 더하여 반으로 나누고, 또 남북의 너비들을 더하여 반으로 나눈 다음, 서로 곱해주면, 문제에 들어맞는다.

주해 "사부등전"의 넓이를 S, 동서 변을 a, b, 남북 변을 c, d라고 할 때, $S=\frac{a+b}{2}\times\frac{c+d}{2}$라고 밝히고 있는 풀이법의 공식은 「오조산경」 "전조"의 14번째 문제와 「하후양산경」의 "보수가 같지 않음에 대한 논의(論步數不同)"에서도 발견되지만, 실제로 정확한 값은, $p=\dfrac{a+b+c+d}{2}$, α=마주보는 두 각의 평균이라고 할 때, 다음과 같은 공식으로 표시된다(Gullberg, 1997 : 445를 참조).

$$S=\sqrt{(p-a)(p-b)(p-c)(p-d)-abcd\cos^2\alpha}$$

이제 이 공식에 구체적인 a, b, c, d 값을 대입하면,

$$S=f(\alpha)=\sqrt{3600000(1-\cos^2\alpha)}$$

라는 함수를 얻게 되며, 그것을 그래프로 나타내면 다음과 같다.

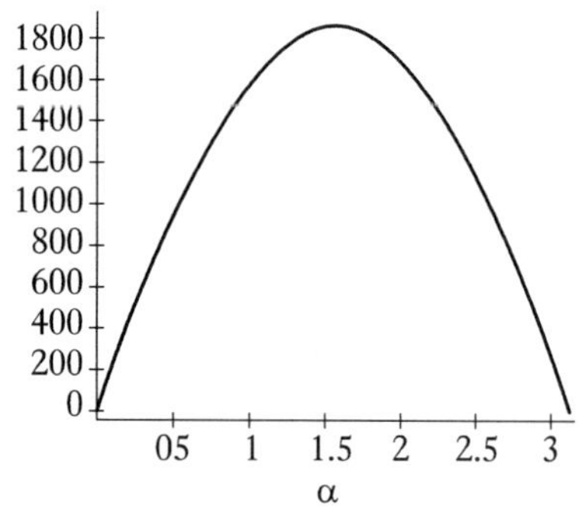

이 함수의 최대값은 $f(\pi/2)=600\sqrt{10}\simeq1897.37$ 보^{2}로 나타나 답과 풀이법에서 말하는 1925 보^{2}가 과다추정된 것임을 시사해준다. 한편, 여현정리를 이용하여 이 때의 남서쪽 꼭지점과 남동쪽 꼭지점의 내각을 알아보면, 각각 1.62345, 1.33793호도(radian)로 나타나며, 더 나아가 편의상 남쪽 변을 x축에 붙인 채 남서쪽 꼭지점을 원점에 맞추면, 전체적으로 도형의 모습은 다음과 같이 나타난다.

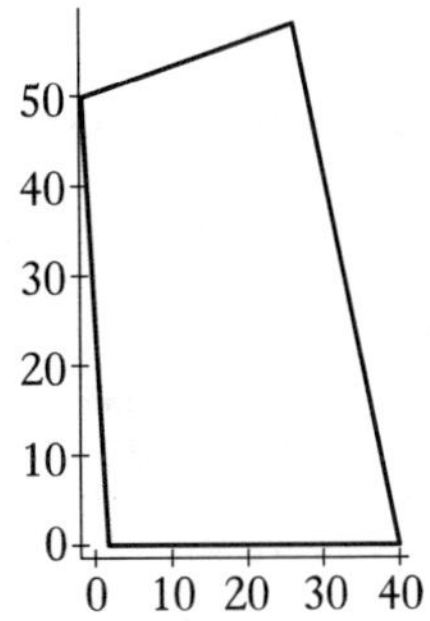

今有四不等田,東長六十步,西長五十步,南濶四十步,北濶三十步. 問積若干?

答曰,一千九百二十五步.

法曰,東西長併,折半,又南北廣併,折半,相乘,合問.

[35] 원형 밭을 예로부터 내려오는 원주율로 계산하니, 둘레가 72보, 지름이 24보이다. 넓이는 얼마인가?

답 : 432보.

풀이법에 따라서 둘레와 지름을 서로 곱한 다음, 4로 나눠주면, 넓이가 나와서 문제에 들어맞는다(원전, 구전, 오전의 넓이를 구하는 법도 모두 이와 마찬가지이다).

다른 풀이법에 따라서 둘레를 놓아 제곱하고, 다시 지름의 비율 1을 곱하면, 5,184가 나오는데, 나뉨수로 삼고, 별도로 둘레의 비율 3을 놓아 4를 곱하면, 12가 되는데, 나눗수로 삼아서 나눠줘도 역시 넓이가 나온다.

또 다른 풀이법에 따라서, 지름을 놓아 제곱하고, 다시 둘레의 비율 3을 곱하여 나뉨수로 삼고, 별도로 지름의 비율 1을 놓아 4를 곱하면, 4가 되는데, 나눗수로 삼아서 나눠줘도 역시 넓이가 나온다.

今有古圓田,周七十二步,徑二十四步. 問積若干?
答曰,四百三十二步.
法曰,周徑相乘爲實,四而一,得積,合問(畹田,丘田,磝田[9]法皆倣此).
一法,置周自乘,又以徑法一乘之,得五千一百八十四爲實,別列周法三,以四因,得十二爲法,除之,亦得積.
一法,置徑自乘,又以周法三乘之爲實,別列徑法一,以四因,得四爲法,除之,亦得積.

[36] 원형 밭을 유휘가 제시한 원주율로 계산하니, 둘레가 314보, 지름이 100보이다. 넓이는 얼마인가?
답 : 785보.

풀이법에 따라서 둘레와 지름을 서로 곱한 다음, 4로 나눠주면, 넓이가 나와서 문제에 들어맞는다.

다른 풀이법에 따라서 둘레를 놓아 제곱하고, 다시 지름의 비율 50을 곱하여 나뉨수로 삼고, 별도로 둘레의 비율 157을 놓아 4를 곱하면, 628이 되는데, 나눗수로 삼아서 나눠줘도 역시 넓이가 나온다.

또 다른 풀이법에 따라서 지름을 놓아 제곱하고, 다시 둘레의 비율 157을 곱하여 나뉨수로 삼고, 별도로 지름의 비율 50을 놓아 4를 곱하

9) "오전(磝田)"의 "磝"자는 돌 많은 높은 산을 가리킨다.

면, 200이 되는데, 나눗수로 삼아서 나눠줘도 역시 넓이가 나온다.

今有徽圓田,周三百一十四步,徑一百步. 問積若干?
答曰,七百八十五步.
法曰,周徑相乘爲實,四而一,得積,合問.
一法,置周自乘,又以徑法五十乘之,爲實,別列周法一百五十七,以四因,得六百二十八爲法,除之,亦得積.
一法,置徑自乘,又以周法一百五十七乘之爲實,別列徑法五十,以四因,得二百爲法,除之,亦得積.

[37] 원형 밭을 조충지가 제시한 정밀한 원주율로 계산하니, 둘레가 44보, 지름이 14보이다. 넓이는 얼마인가?

답 : 154보.

풀이법에 따라서 둘레와 지름을 서로 곱한 다음, 4로 나눠주면, 넓이가 나와서 문제에 들어맞는다.

다른 풀이법에 따라서 둘레를 놓아 제곱하고, 다시 지름의 비율 7을 곱하면, 13,552가 되는데, 나뉨수로 삼고, 별도로 둘레의 비율 22를 놓아 4를 곱하면, 88이 되는데, 나눗수로 삼아서 나눠줘도 역시 넓이가 나온다.

또 다른 풀이법에 따라서 지름을 놓아 제곱하고, 다시 둘레의 비율 22를 곱하여 나뉨수로 삼고, 별도로 지름의 비율 7을 놓아 4를 곱하면, 28이 되는데, 나눗수로 삼아서 나눠줘도 역시 넓이가 나온다.

今有密圓田,周四十四步,徑一十四步. 問積若干?

答曰,七百八十五步.

法曰,周徑相乘爲實,四而一,得積,合問.

一法,置周自乘,又以徑法七乘之,得一萬三千五百五十二爲實,別列周法二十二,以四因,得八十八爲法,除之,亦得積.

一法,置徑自乘,又以周法二十二乘之爲實,別列徑法七,以四因,得二十八爲法,除之,亦得積.

[38] 호시전이 있는데, 현의 길이가 12보, 너비가 4보이다. 넓이와 원지름은 얼마인가?

답 : 넓이 32보, 원지름 13보.

풀이법에 따라서 현과 시를 더하고, 반으로 나누면, 8보가 나오는데, 시의 너비로 곱해주면 문제에 들어맞는다(복월전도 마찬가지이다).

다른 풀이법에 따라서 현을 놓아 반으로 나누어 제곱하고, 시로 나눈 다음, 다시 시를 더하면, 원지름이 나온다.

또 다른 풀이법에 따라서 현을 놓아 반으로 나누어 제곱하고, 또 시를 제곱한 다음, 두 수를 더하여 나뉨수를 삼고, 시로 나눠주어도 역시 원지름이 나온다.

주해 동양수학에서 오랜 세월동안 견지되어온 호시전의 넓이(A)를 구하는 공식은, 시를 b, 현을 c, 그리고 넓이를 A라고 할 때,

$$A = \frac{bc + b^2}{2} = \frac{b(b + c)}{2}$$

가 된다는 것인데(李儼, 1937: 143, 李兆華: 45, 周瀚光·孔國平, 1994: 34를 참조), 이 풀이법들도 정확히 그 공식을 따르고 있다.

> 今有弧矢田,弦長十二步,濶[10]四步. 問積及圓中徑若干?
> 答曰,積三十二步,圓中徑一十三步.
> 法曰,倂弦矢折半,得八步,以矢濶乘之,得積合問(覆月田同).
> 一法,置弦,半之,自乘,以矢除之,又加矢得圓中徑也.
> 一法,置弦,半之,自乘,又矢自乘,二位倂之,爲實以矢除之,亦得圓中徑也.

[39] 삼사전이 있는데, 큰 변이 18보, 가운데 변이 12보, 작은 변이 9보, 가운데 높이가 6보이다. 넓이는 얼마인가?

답 : 54보.

풀이법에 따라서 큰 빗변을 놓아 가운데 높이를 곱하고, 반으로 나눠주면, 문제에 들어맞는다(다른 풀이법에 따라서 가운데 변과 작은 변을 서로 곱해서 반으로 나눠줘도 역시 넓이가 나온다).

> 今有三斜田,大斜一十八步,中斜一十二步,小斜九步,中股長六步. 問積若干?
> 答曰,五十四步.
> 法曰,置大斜以中股乘之,折半,合問(一法,中斜,小斜相乘,折半,亦得).

---

10) "濶"은, 풀이법에 "矢濶"이라고 표현했듯이, "矢"를 가리킨다.

[40] 삼각형 밭(삼각전)이 있는데, 세 변이 각각 21보씩이다. 넓이는 얼마인가?

답 : 189보.

풀이법에 따라서, 21보를 놓아 6을 곱하고, 7로 나누면, 높이 18보가 되는데, 서로 곱해서 반으로 나눠주면, 문제에 들어맞는다(우각전도 마찬가지이다).

주해 정삼각형의 넓이를 구하는 이 문제의 풀이법에서 특히 주목할 만한 점은 높이와 변의 비 $\frac{\sqrt{3}}{2}$의 근사값으로 $\frac{6}{7}$을 이용하고 있다는 것이다.

今有三角田,三面各二十一步. 問積若干?

答曰,一百八十九步.

法曰,置二十一步,六因七歸,得中長一十八步,相乘,折半,合問(牛角田同).

[41] 눈썹 모양의 밭(미전)이 있는데, 위의 둘레가 16보, 아래 둘레가 12보, 가운데 두께(경)가 6보이다. 넓이는 얼마인가?

답 : 42보.

풀이법에 따라서 위아래 둘레를 더하여 반으로 나눈 다음, 다시 두께를 반으로 나누어 서로 곱해주면, 문제에 들어맞는다(우각전도 마찬가지이다).

今有眉田,上周十六步,下周十二步,徑六步. 問積若干?

答曰,四十二步.

法曰,併上下周,折半,又徑折半,相乘合問(牛角田同).

[42] 쇠뿔 모양의 밭(우각전)이 있는데, 가운데 길이가 15보, 너비가 6보이다. 넓이는 얼마인가(형태가 미전을 반으로 나눈 것과 같다)?

답 : 45보.

풀이법에 따라서 길이를 놓아 너비와 곱하고, 반으로 나눠주면, 문제에 들어맞는다.

今有牛角田,中長十五步,濶六步. 問積若干(形如半眉)?

答曰,四十五步.

法曰,置長以濶乘之,折半,合問.

[43] 남형전이 있는데, 가운데 길이가 20보, 너비가 8보이다. 넓이는 얼마인가?

답 : 96보.

풀이법에 따라서, 길이를 놓아 너비의 반을 더하고, 반으로 나눈 다음(12보가 된다), 너비를 곱해주면, 문제에 들어맞는다(형태가 호시전 둘을 합친 것과 같다).

주해 위의 풀이법은 남형전의 넓이(A'라고 하자)가

$$A' = \frac{(b+c)}{2} \times 2b = b(b+c)$$

가 된다는 것인데, 아닌 게 아니라, $A' = 2A$로서 호시전의 넓이 공식이 일관적으로 적용되었음을 알 수 있다.

今有欖形田,中長二十步,濶八步. 問積若干?
答曰,九十六步.
法曰,置長加半濶,折半(得十二步),以濶乘之,合問(形如二弧矢田).

[44] 요고전이 있는데 양 마구리가 각각 8보, 가운데 너비가 16보, 길이가 20보이다. 넓이는 얼마인가?

답 : 240보.

풀이법에 따라서 양 마구리의 너비를 더하여 반으로 나눈 다음, 가운데 너비를 더하고, 길이의 반으로 곱해주면, 문제에 들어맞는다(형태가 사다리꼴 밭 둘을 합친 것과 같다).

다른 풀이법에 따라서 가운데 너비를 두 배하고, 양 마구리에 더해서 길이로 곱한 다음 4로 나눠줘도 역시 넓이가 나온다.

주해 문제의 도형을 그래프로 나타내면 다음과 같다.

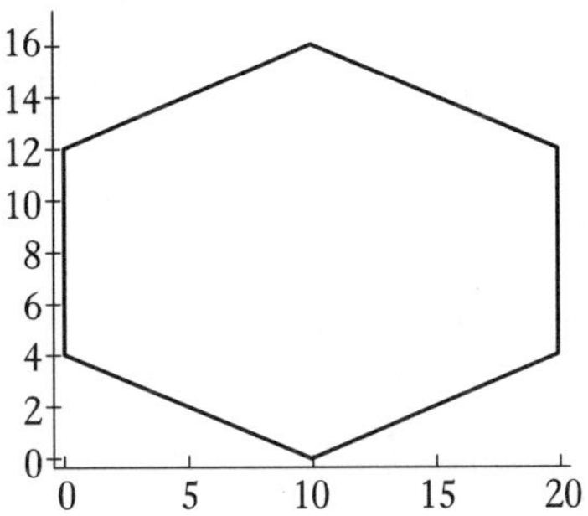

今有腰鼓田[11],兩頭各八步,中廣一十六步,長二十步. 問積若干?
答曰,二百四十步.
法曰,併兩頭廣,折半,加中廣,以半長乘,合問(形如二梯田).
一法,倍中廣,加入兩廣,以長乘之,就以四歸,亦得積.

[45] 곡척전이 있는데, 내곡이 26보, 외곡이 38보, 양쪽 마구리의 너비가 12보이다. 넓이는 얼마인가?

답 : 384보.

풀이법에 따라서 내곡을 놓아 외곡을 더하면, 모두 64보가 되며, 너비의 반 6보로 곱해주면, 문제에 들어맞는다.

다른 풀이법에 따라서 내곡을 놓아 반으로 나누고, 너비로 곱하면, 156보가 되고, 외곡의 절반을 놓아 너비로 곱하면, 228보가 되니, 두 값을 더해도 역시 넓이가 나온다.

---

11) "요고전(腰鼓田)"은 허리가 잘록한 장구 모양의 밭을 말하는데, 이 문제의 밭은 오히려 허리가 튀어나온 형태이므로 "고전(鼓田)"이라고 했어야 맞는다.

今有曲尺田,內曲二十六步,外曲三十八步,兩頭各廣一十二步.
問積若干?
答曰,三百八十四步.
法曰,置內曲,加外曲,共六十四步,以半廣六步乘之,合問.
一法,置內曲,折半,以廣一十二步乘之,得一百五十六步,別置外曲折半,以廣一十二步乘之,得二百二十八步,二位併之,亦得.

[46] 전령전이 있는데, 동서의 길이가 각각 6보, 가운데 길이가 8보, 너비가 4보이다. 넓이는 얼마인가?

답 : 28보.

풀이법에 따라서 가운데 길이를 두 배하고 두 길이의 절반을 더하고, 너비의 반으로 곱해주면, 문제에 들어맞는다(전괄전의 넓이를 구하는 법도 이와 마찬가지이다).

今有箭翎田[12],東西各長六步,中長八步,濶四步. 問積若干?
答曰,二十八步.
法曰,倍中長,併兩長折半,以半濶乘之,合問(箭筈田[13]法倣此).

[47] 구고전과 호시전이 결합된 밭이 있는데, 밑변과 높이가 각각 20보라고 한다. 넓이는 얼마인가?

12) "전령전(箭翎田)"은 화살 깃털 모양의 밭을 가리킨다.
13) "전괄전(箭筈田)"은 화살 시위에 끼게 되어 있는 오늬 모양의 밭을 가리킨다.

답 : 300보.

풀이법에 따라서 밑변을 두 배하여 제곱하고, 다시 3을 곱하고 4로 나눈 다음, 4로 나눠주면, 문제에 들어맞는다.

다른 풀이법에 따라서 밑변을 놓아 반으로 나누면, 10보가 되고, 다시 10보를 3배하면, 30이 되는데, 그것들을 서로 곱해줘도 역시 넓이가 나온다.

今有句股弧矢合併田一段. 只云,句股各二十步. 問積若干?
答曰,三百步.
法曰,置句,倍之,自乘,又三因四歸,就以四而一,合問.
一法,置句,折半,得十步,又十步三因,得三十步,相乘,亦得.

[48] 정삼각형의 높이와 변의 비를 $\frac{6}{7}$으로 잡으려는데, 정육각형 밭(정육면칠육각전)의 한 변이 21보이다. 넓이는 얼마인가?

답 : 1,134보.

풀이법에 따라서, 한 변을 놓아 두 배하면, 42가 되고, 거기서 반변 10보 5푼을 빼면, 31보 5푼이 남는데, 왼쪽에 놓아두고, 다시 한 변을 6으로 곱하고 7로 나눈 다음, 두 배하면, 36이 되는데, 왼쪽에 놓아둔 것과 곱하면, 넓이가 나와서 문제에 들어맞는다.

주해 이 도형은 이름 자체가 매우 생소하며, 따라서 그 뜻도 상당한 정도까지는 불확실하다. 그러나 앞서 문제 [40]에서도 시

사된 바와 같이 정3각형의 변과 높이의 비를 $\frac{\sqrt{3}}{2} \simeq \frac{6}{7}$ 으로 잡는다면, 이 문제를 정6각형의 넓이를 구하라는 뜻으로 충분히 간주할 수 있을 것이며, 더욱이 그 결과가 풀이법의 계산과 전혀 상충되지 않는 것으로 나타난다.

$$\frac{21\times21\times\frac{6}{7}}{2}\times6=1134$$

이 정육각형을 외접원과 더불어 그래프로 나타내면, 다음과 같다.

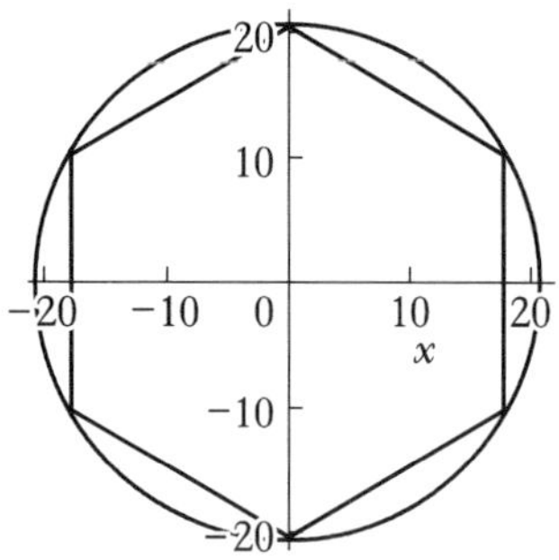

今有正六面七六角田[14],每面二十一步. 問積若干?

答曰,一千一百三十四步.

法曰,置一面,倍之,得四十二,內減半面十步五分,餘三十一步五分,寄左,又一面六因七歸,倍之,得三十六,以乘寄左,得積,合問.

14) "정육면칠육각전(正六面七六角田)"이라는 도형의 이름은 오늘날의 독자들에게는 매우 어리둥절한 것이 아닐 수 없다. 여기서는 일단 이 문제를 정6각형

[49] 정4각형의 변과 대각선의 비율인 5:7이 적용된 팔각전(방오사칠팔각전)이 있으며 그 한 변의 너비가 21보라고 하자. 넓이는 얼마인가?

답 : 2,160보.

풀이법에 따라서 너비 21보를 놓아 6을 곱해서 길이를 삼고, 두 배하여 너비를 삼아서 서로 곱하면, 5,292보가 되는데, 2.45개로 나눠주면, 문제에 들어맞는다.

다른 풀이법에 따라서, 너비 21보를 놓아 5를 곱하고 7로 나누면, 15보가 되고, 두 배하면, 30보가 되며, 너비에 덧붙이면, 모두 51보가 되는데(이것은 정사각형의 전체 길이이다), 그것을 제곱하고, 다시 너비를 제곱한 다음, 두 수를 서로 빼줘도 역시 넓이가 나온다.

주해 이 문제도 바로 앞 문제와 마찬가지로 정확한 뜻을 헤아리기 어려운 이름의 도형에 관한 것이다. 그러나 잠정적으로 여기서 해석한 바와 같은 도형의 넓이를 구하라는 뜻으로 간주하면, 그 넓이는 한 변이 51인 정사각형에서 중심을 공유하며 한 변이 21인 정사각형을 뺀 것과 같게 나타나며, 풀이법과도 일치함을 볼 수 있다.

$$\frac{(21+51)\times 15}{2}\times 4 = 51^2 - 21^2 = 2160$$

을 6등분했을 때 생기는 정3각형의 변과 높이의 비를 $\frac{\sqrt{3}}{2} \simeq \frac{6}{7}$으로 잡아서 바로 그 정6각형의 넓이를 구하라는 문제로 간주하려고 하지만, 혹은 실제로 높이가 밑변의 $\frac{6}{7}$인 이등변삼각형들로 이루어진 정6각뿔 모양의 표면적을 구하라는 것일 수도 있다.

이 정팔각형을 외접원과 더불어 그래프로 나타내면, 다음과 같다.

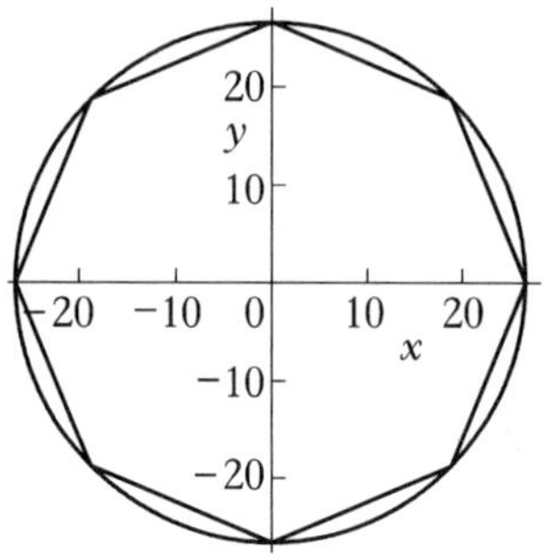

今有方五斜七八角田[15],每面濶二十一步. 問積若干?

答曰,二千一百六十步.

法曰,副置濶二十一步,六之爲長,倍之爲濶,相乘,得五千二百九十二步,以二箇四分半[16]除之,合問.

一法,置濶二十一步,五因七歸,得一十五步,倍之,得三十步,加入濶,共五十一步(此方田全長數),自乘,又濶自乘,二數相減,亦得.

[50] 환전이 있는데, 바깥 둘레가 72보, 안 둘레가 42보이다. 옛날 비율, 유휘의 비율, 그리고 조충지의 정밀한 비율에 따른 세 원의 넓이는 각각 얼마인가?

---

15) "방오사칠팔각전(方五斜七八角田)"이라는 도형의 이름 역시 매우 생소하며, 그 의미를 단정짓기가 쉽지는 않다. 여기서는 그것을 "정4각형의 변과 대각선의 비율인 5:7이 적용된 팔각전," 즉 "한 변이 51인 정사각형의 각 변을 아랫변으로 하고 그 위에 윗변이 21이고 높이가 15인 등변 사다리꼴이 놓여진 형태의 팔각형"으로 간주하려고 한다.

16) "二箇四分半"은 2.45개를 가리킨다.

답 : 옛날 비율에 따른 넓이 285보, 유휘의 비율에 따른 넓이 $272\frac{46}{157}$보, 정밀한 비율에 따른 넓이 $272\frac{1}{22}$보.

풀이법에 따라서 안팎 둘레를 서로 빼서 반으로 나누면, 15보가 되는데, 세 값으로 늘려서 각각의 지름 비율(옛날의 지름 비율 1, 유휘의 지름 비율 50, 정밀한 지름 비율 7)을 곱하고, 각각의 둘레 비율(옛날의 둘레 비율 3, 유휘의 둘레 비율 157, 정밀한 둘레 비율 22)로 나눠주면, 밭의 지름(옛날의 밭 지름 5보, 유휘의 밭 지름 $4\frac{122}{157}$보, 정밀한 밭 지름 $4\frac{17}{22}$보)이 나오고, 다시 두 둘레를 서로 더한 것을 늘어놓아 반으로 나누면, 57이 되는데, 각각의 밭 지름을 곱하면, 곧 각각의 넓이가 나와서 문제에 들어맞는다(또한 유휘의 비율과 정밀한 비율은 분모로 곱해서 분자와 더하고, 각각 두 둘레를 서로 더한 것의 절반 값으로 곱한 다음, 각각 분모로 나눠주면, 곧 넓이가 나온다.).

주해 문제의 환전을 그래프로 나타내면 다음과 같다.

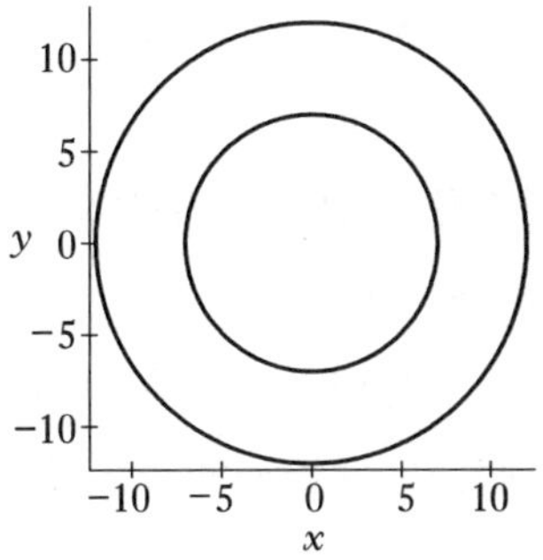

今有環田,外周七十二步,內周四十二步. 問古,徽,密三圓積各若干?

答曰,古積二百八十五步,徽積二百七十二步一百五十七分步之四十六,密積二百七十二步二十二分步之一.

法曰,內外周相減,折半,得十五步,張三位各以其徑法(古徑法一,徽徑法五十,密徑法七)乘之,以其周法(古周法三,徽周法一百五十七,密周法二十二)除之,得田徑(古田徑五步,徽田徑四步一百五十七分步之一百二十二,密田徑四步二十二分步之十七),別列二周相併,折半,得五十七,以乘各其田徑,卽得各積,合問(且徽密田徑通分納子,各以二周相併折半數乘之,各以分母除之,卽得.).

[51] 환전이 있는데, 넓이가 255보이다. 밭의 지름은 5보라고 한다. 두 둘레는 얼마인가?

답 : 바깥 둘레 66보, 안 둘레 36보.

풀이법에 따라서 넓이를 늘어놓아 4를 곱하면, 1,020보가 되고, 다시 밭의 지름을 늘어놓아 두 배하고, 제곱하여 3을 곱하면, 300보가 되는데, 두 값을 서로 뺀 나머지 720을 나뉨수로 삼고, 다시 두 변의 밭 지름 10보를 늘어놓아 두 배하고, 3을 곱하면, 60이 되는데, 나눗수로 삼아서 나뉨수를 나눠주면, 연못의 지름 12보가 나오며, 3을 곱하면, 안 둘레가 나온다.

다른 풀이법에 따라서 넓이를 늘어놓아 4를 곱하고, 다시 밭의 지름을 늘어놓아 두 배하고, 제곱하여 3을 곱한 다음, 두 값을 서로 더하면, 1,320이 되는데, 나뉨수로 삼고, 다시 두 변의 지름을 늘어놓아 두 배하고, 3을 곱하면, 60이 되는데, 나눗수로 삼아서 나뉨수를 나눠주면, 전체의 지름 22보가 나오며, 3을 곱하면, 바깥 둘레가 나온다.

今有環田,積二百五十五步. 只云,田徑五步. 問二周各若干?
答曰,外周六十六步,內周三十六步.
法曰,列積,四因,得一千二十步,又列田徑,倍之,自乘,三因,得三百步,二位相減,餘七百二十爲實,別列兩邊田徑十步,倍之,三因,得六十爲法,除實,得池徑,一十二步,三之,爲內周.
一法,列積,四因,又田徑,倍之,自乘,三因,二位相倂,得一千三百二十爲實,別列兩邊徑,倍之,三因,得六十爲法,除實,得全徑,二十二步,三之,爲外周.

[52] 환전이 있는데, 넓이가 255보이다. 안팎 둘레를 서로 더한 값이 102보라고 한다. 안팎 둘레는 얼마인가?

답 : 바깥 둘레 66보, 안 둘레 36보.

풀이법에 따라서 넓이를 늘어놓아 12를 곱하면, 3,060이 되는데, 나뉨수로 삼고, 두 둘레를 더한 값 102보를 나눗수로 삼아서 나눠주면, 둘레의 사이 30보가 나오고, 서로 더한 값에 덧붙이면, 모두 132보가 되는데, 반으로 나누면, 바깥 둘레가 나온다.

다른 풀이법에 따라서 넓이를 늘어놓아 나뉨수로 삼고, 두 둘레를 더한 값의 절반인 51보로 나눗수를 삼아서 나눠주면, 밭의 지름 5보가 나오는데, 두 배하고, 3을 곱하면, 두 둘레의 차이 30보가 나오며, 서로 더한 값에서 뺀 나머지 72보를 반으로 나누면, 안 둘레가 나온다.

今有環田,積二百五十五步. 只云,內外二周相併,得一百二步. 問內外周各若干?

答曰,外周六十六步,內周三十六步.

法曰,列積,十二之,得三千六十爲實,以二周相併數一百二步爲法,除之,得周較三十步,加入於相併數,共得一百三十二步,半之,得外周.

一法,列積爲實,以二周相併數折半,得五十一步爲法,除之,得田徑五步,倍之,三因,得二周相差三十步,以減相併數,餘七十二步,半之,得內周.

[53] 환전이 있는데, 넓이가 255보이다. 안팎 둘레를 서로 뺀 값이 30보라고 한다. 안팎 둘레는 얼마인가?

답 : 바깥 둘레 66보, 안 둘레 36보.

풀이법에 따라서 넓이를 늘어놓아 분모로 곱해서 분자와 더하면, 5,985가 되는데, 나뉨수로 삼고, 합의 절반인 57을 나눗수로 삼아서 나누면, 105가 되고, 다시 분모 22로 나누면, 밭의 지름 $4\frac{17}{22}$보가 나오며, 분모로 곱해서 분자와 더한 다음, 두 배하면, 210이 되고, 지름의 비율 7로 나누면, 두 둘레의 차이 30이 나와서 합의 절반에 더해주면, 바깥 둘레가 나오며, 차이를 빼면, 곧 안 둘레가 된다.

今有環田,積二百五十五步.　只云,內外二周相減,得三十步.問內外周各若干?

答曰,外周六十六步,內周三十六步.

法曰,列積,通分納子,得五千九百八十五爲實,以和折半,得五十七爲法,除之,得一百五,又以分母二十二除之,得田徑四步二十二分步之十七,乃通分納子,倍之,得二百一十,以徑法七除之,得二周相差三十,以加和折半,得外周,內減差,卽內周.

[54] 조충지의 밀률로 계산되는 환전이 있는데, 넓이가 $192\frac{1}{2}$보이다. 밭의 지름은 $3\frac{1}{2}$보라고 한다. 안팎 둘레는 얼마인가?

답 : 바깥 둘레 66보, 안 둘레 44보.

풀이법에 따라서 넓이를 늘어놓아 28을 곱하면, 5,390이 되고, 다시 밭의 지름을 늘어놓아 두 배하고, 제곱하면, 49가 되고, 다시 둘레의 비율 22를 곱하면, 1,078이 되며, 많은 데서 적은 것을 빼주면, 4,312가 남는데, 나뉨수로 삼고, 다시 두 변의 밭 지름 7보를 늘어놓아 두 배하고, 다시 둘레의 비율로 곱하면, 308이 되는데, 나눗수로 삼아서 나눠주면, 연못의 지름이 나오며, 둘레의 비율을 곱하고, 지름의 비율로 나누면, 안 둘레가 나온다.

今有密環田,積一百九十二步半. 只云,田徑三步半. 問內外周各若干?

答曰,外周六十六步,內周四十四步.

法曰,列積,以二十八乘之,得五千三百九十,又列田徑,倍之,自乘,得四十九,又周法二十二乘之,得一千七十八,以少減多,餘四千三百十二爲實,列兩邊田徑七步,倍之,又以周法乘之,得三百八爲法,除之,得池徑,以周法乘之,以徑法除之,得內周.

[55] 조충지의 밀률로 계산되는 환전이 있는데, 넓이가 $272\frac{1}{22}$ 보이다. 안팎 둘레를 서로 더한 값이 114보라고 한다. 안팎 둘레는 얼마인가?

답 : 바깥 둘레 72보, 안 둘레 42보.

풀이법에 따라서 넓이를 늘어놓아 분모로 곱해서 분자와 더하면, 5,985가 되는데, 나뉨수로 삼고, 다시 합을 늘어놓아 반으로 나누면, 57이 되는데, 나눗수로 삼아서 나눠주면, 105가 나오고, 다시 분모 22로 나누면, 밭의 지름 $4\frac{17}{22}$ 보가 나오며, 분모로 곱해서 분자와 더하여 두 배하면, 210이 되는데, 지름의 비율 7로 나눠주면, 두 둘레의 차이 30이 나와서 합의 절반에 더하면(합을 더하고, 반으로 나누면?), 바깥 둘레가 나오며, 차이를 빼면, 곧 안 둘레가 된다.

今有密環田,積二百七十二步二十二分步之一. 只云,內外二周相併,得一百一十四步. 問內外周各若干?

答曰,外周七十二步,內周四十二步.

法曰,列積,通分納子,得五千九百八十五爲實,以和折半,得五十七爲法除之,得一百五,又以分母二十二除之,得田徑四步二十二分步之十七,乃通分納子,倍之,得二百一十,以徑法七除之,得二周相差三十,加和折半,得外周,內減差,卽內周.

[56] 조충지의 밀률로 계산되는 환전이 있는데, 넓이가 $272\frac{1}{22}$ 보이다. 안팎 둘레를 서로 뺀 값이 30보라고 한다. 안팎 둘레는 얼마인가?

답 : 바깥 둘레 72보, 안 둘레 42보.

풀이법에 따라서, 넓이를 늘어놓아 분모로 곱해서 분자와 더하여 나뉨수로 삼고, 다시 차이를 늘어놓아 반으로 나누면, 15가 되는데, 지름의 비율 7을 곱하고, 둘레의 비율 22로 나누면, 밭의 지름 $4\frac{17}{22}$ 보가 나오며, 분모로 곱해서 분자와 더하면, 105가 되는데, 나눗수로 삼아서 나눠주면, 두 둘레를 서로 더해서 반으로 나눈 값 57보가 나오는데, 두 배로 하고, 차이의 반을 더하면, 바깥 둘레가 나오며, 차이를 빼면, 곧 안 둘레가 된다(유휘의 비율로 계산하는 것도 역시 마찬가지이다.).

今有密環田,積二百七十二步二十二分步之一. 只云,內外周相減,得三十步. 問內外周各若干?
答曰,外周七十二步,內周四十二步.
法曰,列積,通分納子爲實,又列差折半,得一十五,以徑法七乘之,以周法二十二除之,得田徑四步二十二分步之十七,通分納子,得一百五爲法,除之,得二周相倂折半數五十七步,倍之,加差折半,得外周,內減差,卽內周(徽法亦同).

○折變互差門 十六問

[57] 능 비단 3필은 나 비단 4필에 해당한다. 능 비단 한 필 값이 4냥인데, 지금 나 비단 72필이 있다. 모두 얼마 어치나 되겠는가?
답 : 216냥.

풀이법에 따라서 능 한 필 값 4냥을 놓아 능 3필로 곱하면, 12냥이 나오는데, 나 비단의 총량을 곱해서 나뉨수로 삼고, 나 비단 4필로 나눠주면, 문제에 들어맞는다.

今有綾三匹,折羅四匹. 只有綾匹價四兩,今却有羅七十二匹. 問直銀若干?
答曰,二百一十六兩.
法曰,置綾匹價四兩,以綾三匹乘之,得十二兩,以乘總羅爲實,以羅四匹除之,合問.

[58] 은 787냥 5전으로 양과 돼지를 사려고 하는데, 돼지를 양보다 두 배 많이 사야 된다고 하며, 양 한 마리 값은 1냥 5전, 돼지 한 마리 값은 2냥 4전이다. 각각 얼마나 사게 되겠는가?

답 : 돼지 250마리, 600냥, 양 125마리, 187냥 5전.

풀이법에 따라서 은을 놓아 나뉨수로 삼고, 돼지 값을 두 배하여 양 값에 더하면, 6냥 3전이 되는데, 나눗수로 삼아서 나눠주면, 양의 마리 수가 나오고, 두 배하면, 돼지의 마리 수가 나오며, 각각의 단가를 곱하면, 문제에 들어맞는다.

今有銀七百八十七兩五錢,買羊猪議要一分羊,二分猪,羊隻價一兩五錢,猪隻價二兩四錢. 問各若干?
答曰,猪二百五十口,價六百兩,羊一百二十五口,價一百八十七兩五錢.
法曰,置銀爲實,倍猪價併羊價,得六兩三錢爲法,除之,得羊數,倍之,得猪數,各以其價乘之,合問.

[59] 은 1,500냥으로 능, 나, 견 비단을 사려고 하는데, 능, 나, 견 비단의 비율은 1:2:3으로 해야 하며, 한 필 값이 능 비단은 3냥 6전, 나 비단은 2냥 4전, 견 비단은 1냥 2전이다. 세 물품을 얼마나 사게 되겠는가?

답 : 능 125필, 450냥, 나 250필, 600냥, 견 375필, 450냥.

풀이법에 따라서, 은을 놓아 나뉨수로 삼은 다음, 나 비단 값을 2배하고, 견 비단 값을 3배하고, 능 비단 값에 더하면, 12냥이 나오는데, 나눗수로 삼아서 나눠주면, 능의 수량이 나오고, 두 배하면, 나의 수량이 나오며, 3배하면, 견의 수량이 나와서 문제에 들어맞는다.

今有銀一千五百兩,買綾羅絹,須要綾一,羅二,絹三,其綾匹價三兩六錢,羅匹價二兩四錢,絹匹價一兩二錢. 問三色各若干?
答曰,綾一百二十五匹,價四百五十兩,羅二百五十匹,價六百兩,絹三百七十五匹,價四百五十兩.
法曰,置銀爲實,二之羅價,三之絹價,併入綾價,得十二兩,爲法,除之,得綾數,倍之,得羅數,三之,得絹數,合問.

[60] 쌀 1,750석이 있는데, 한 섬 값이 은 1냥 3전이며, 배를 고용하여 실으려면, 한 석 당 운임(각가)이 1전인데, 은이 없어서 쌀에서 헐어내어 갚기로 하였나. 주미와 각미는 각각 얼마나 되겠는가?
답 : 주미 1,625석, 각미 125석.

풀이법에 따라서 쌀을 놓아 한 섬 값으로 곱해서 나뉨수로 삼고, 다시 한 섬 값을 각가에 더하면, 모두 1냥 4전이 되는데, 나눗수로 삼아서 나눠주면, 주미의 수량이 나오며, 전체 쌀의 수량에서 빼주면, 각미의 수량이 나와서 문제에 들어맞는다.

今有米一千七百五十石,每石價銀一兩三錢,雇舡裝載每石脚價一錢,因無存銀,於米內扣出折還. 問主脚米[17]各若干?
答曰,主米一千六百二十五石,脚米一百二十五石.
法曰,置米,以每石價乘之,爲實,却以石價併入脚價,共一兩四錢爲法,除之,得主米,以減於總米,得脚米,合問.

[61] 족색금(순금) 35냥 2전이 있는데, 8색금(금 함량이 8할인 합금)으로 만들려고 한다. 넣어야 될 은은 얼마나 되는가?

답 : 8냥 8전.

풀이법에 따라서 금을 놓아 8색으로 나누면, 44냥이 되고, 전체 금 무게를 빼면, 문제에 들어맞는다.

> 今有足色金三十五兩二錢,欲爲八色金[18]. 問入銀若干?
> 答曰,八兩八錢.
> 法曰,置金,以八色除之,得四十四兩,內減總金,合問.

[62] 족색금 4냥, 9색금 5냥, 8색금 6냥, 7색금 7냥, 6색금 6냥, 5색금 2냥이 있는데, 합쳐서 녹이려고 한다. 전체적으로 금의 함량은 어떻게 되겠는가?

답 : 7.6색.

풀이법에 따라서 9색금 5냥을 9배하고, 8색금을 8배, 7색금을 7배, 6색금을 6배, 5색금을 5배해서 족색금에 더하면, 모두 22냥 8전이 되는데, 나뉨수로 삼고, 다시 이 여러 종류의 금(각색금) 무게들을 모두 더하면, 30냥이 되는데, 나눗수로 삼아서 나눠주면, 문제에 들어맞는다.

---

17) "脚米"는 운임(각가)으로 지불하는데 쓰인 쌀을 말한다.

18) "足色金"은 순금(24K)을 가리키며, "八色金"은 금의 함량이 전체 무게의 8할인 합금(즉, 19.2K)을 가리킨다.

주해 이 문제는 함량이 다른 여러 종류의 금을 녹였을 때의 함량을 묻는 문제로서 각색금에 들어있는 금의 총량을 합금 전체의 무게로 나눠준 비율이

$$\frac{4+5\times0.9+6\times0.8+7\times0.7+6\times0.6+2\times0.5}{4+5+6+7+6+2}=\frac{22.8}{30}=7.6$$

할이 된다는 것이다.

今有足色金四兩,九色金五兩,八色六兩,七色七兩,六色六兩,五色二兩,併而同鍊. 問成色若干?
答曰,七六色[19].
法曰,置九色金五兩九因,八色八因,七色七因,六色六因,五色五因,併入足色金,共得二十二兩八錢爲實,又併各色金,共得三十兩爲法,除之,合問.

[63] 은 90냥이 있는데, 8색금 6냥, 7색금 6냥과 교환된다. 두 합금들은 한 냥 당 은 몇 냥에 해당되는가?

답 : 8색금 8냥, 7색금 7냥.

풀이법에 따라서 은의 총량을 나뉨수로 삼은 다음, 6냥을 늘어놓아 8색금과 곱하면, 4냥 8전이 나오고, 7색금과 곱하면, 4냥 2전이 나와서 두 값을 더하면, 모두 9냥이 되는데, 나눗수로 삼아서 나뉨수

19) "七六色"은, 실제로 따져보면, "76색"이 아니라 "7.6색"을 뜻하는 것으로 드러난다.

를 나눠주면, 10냥(이것은 족색금 1냥에 해당되는 은의 양이다)이 나오는데, 각색금(8색, 7색)을 곱하면, 한 냥에 해당되는 은의 양이 나와서 문제에 들어맞는다.

今有銀九十兩,換八色金六兩,七色金六兩. 問二色金每兩直銀若干?
答曰,八色直八兩,七色直七兩.
法曰,置銀爲實,列六兩,以八色乘之,得四兩八錢,以七色乘之,得四兩二錢,二位倂之,共得九兩爲法,除實,得一十兩(此足色金一兩之直),以各色金(八色,七色)乘之,得每兩直,合問.

[64] 비단 5,400필이 있는데, 말을 부려서 운반하려고 한다. 양마는 세 마리가 500필을 싣고, 노마는 여섯 마리가 400필을 실으며, 노마가 양마보다 두 배 많다고 한다. 양마와 노마는 각각 얼마나 되는가?
답 : 양마 18마리, 노마 36마리.

풀이법에 따라서 양마 3필을 400으로 곱한 다음, 두 배하면, 2,400이 되고, 별도로 노마 6필을 500으로 곱하면, 3,000이 되며, 두 값을 서로 더하면, 5,400이 되는데, 나눗수로 삼고, 양마 3 마리와 노마 6 마리를 서로 곱하면, 18이 되고, 비단의 총수량과 곱하여 나뉨수로 삼아서 나눗수로 나눠주면, 양마의 수가 나오는데, 두 배하면, 노마의 수가 나와서 문제에 들어맞는다.

今有絹五千四百匹,欲雇馬運之. 只云,良馬三匹載五百匹,駑馬六匹載四百匹,駑倍於良. 問良駑各若干?

答曰,良馬一十八匹,駑馬三十六匹.

法曰,置良馬三匹,以四百乘而倍之,得二千四百,別置駑馬六匹,,以五百乘之,得三千,乃二數相併,得五千四百,爲法,却以良三駑六相乘,得十八,以乘總絹爲實,以法除之,得良馬,倍之,卽駑馬,合問.

[65] 비단 251,640자가 있는데, 마군과 보군에게 나눠주려고 한다. 마군은 6인마다 184자를 주고, 보군은 7인마다 96자를 준다고 한다. 각각 얼마나 되는가?

답 : 마・보군 각각 5,670인, 마군에게 지급된 비단 173,880자, 보군에게 지급된 비단 7,760자.

풀이법에 따라서 마군 6인을 놓아 보군에게 지급된 비단으로 곱하면, 576자가 되고, 다시 보군 7인을 놓아 마군에게 지급된 비단으로 곱하면, 1,288자가 되며, 두 값을 더하면, 1,864가 되는데, 나눗수로 삼고, 6과 7을 서로 곱하면, 42가 되고, 비단의 총수량과 곱하면, 10,568,880자가 되는데, 나뉨수로 삼아서 나눗수로 나눠주면, 군인수가 나오는데, 184자를 곱하고, 6으로 나눠주면, 마군에게 지급된 비단이 나오고, 96자를 곱하고, 7로 나눠주면, 보군에게 지급된 비단이 나와서 문제에 들어맞는다.

今有絹二十五萬一千六百四十尺,分給馬步軍. 只云,馬軍六人給一百八十四尺,步軍七人給九十六尺. 問各若干?
答曰,馬步軍各五千六百七十人,馬絹十七萬三千八百八十尺,步絹七萬七千七百六十尺.
法曰,置馬軍六人,以步絹乘之,得五百七十六尺,又列步軍七人,以馬絹乘之,得一千二百八十八尺,二位併,得一千八百六十四,爲法,却以六七相乘,得四十二,以乘總絹,得一千五十六萬八千八百八十尺,爲實,以法除之,得軍數,乃以一百八十四尺乘之,六歸,得馬絹,又以九十六尺乘之,七歸,得步絹,合問.

[66] 병사 6,948인이 있는데, 옷감으로 쓸 비단을 지급하려고 하며, 3인마다 저고리 감 비단 70자를 주고, 4인마다 치마감 비단 50자를 준다고 한다. 비단의 총 수량과 각각은 얼마나 되는가?
답 : 비단의 총 수량 248,970자, 저고리 감 비단 162,120자, 치마 감 비단 6,850자.

풀이법에 따라서 3인을 50자와 곱하고, 4인을 70자와 곱해서 두 수를 더하면, 430이 되며, 전체 병사 수와 곱해서 나뉨수로 삼고, 3과 4를 서로 곱하면, 12가 되는데, 나눗수로 삼아서 나눠주면, 비단의 총 수량이 나온다. 별도로 병사 수를 놓고, 7을 곱하고, 3으로 나눠주면, 저고리 감 비단이 나오고, 5를 곱하고, 4로 나눠주면, 치마감 비단이 나와서 문제에 들어맞는다.

今有兵士六千九百四十八人,欲給衣絹,每三人支衫絹七十尺,每四人給裙絹五十尺. 問總絹及各若干?
答曰,共絹二十四萬八千九百七十尺,衫絹十六萬二千一百二十尺,裙絹八萬六千八百五十尺.
法曰,以三人互乘五十尺,四人互乘七十尺,二數併,得四百三十,以乘總兵爲實,却以三四相乘,得一十二,爲法,除之,得總絹. 別置兵士七因三歸,得衫,五因四歸,得裙,合問.

[67] 군량미 40,431석 4말이 있는데, 군인들에게 나눠주려고 한다. 마군은 6인마다 53말을 주고, 수군은 7인마다 54말을 주며, 보군은 9인마다 55말을 주려고 하는데, 마군, 수군, 보군의 비율은 1:2:3이어야 된다고 한다. 각각 얼마나 되는가?

답 : 마군 9,492인, 수군 18,984인, 보군 28,476인.

풀이법에 따라서 53말을 놓아 6인, 9인으로 곱하면, 3,339가 되고, 다시 54말을 놓아 6인, 9인으로 곱하고, 두 배하면, 5,832가 되며, 다시 55말을 놓아 6인, 7인으로 곱하고, 3으로 곱하면, 6,930이 되는데, 세 값을 더해서 얻어진 16,101을 나눗수로 삼고, 6, 7, 9를 서로 곱한 378을 군량미의 총량과 곱하여 나뉨수로 삼아서 나눗수로 나눠주면, 마군 수가 나오고, 두 배하면, 수군 수가 나오며, 3을 곱하면, 보군 수가 나와서 문제에 들어맞는다.

今有粮四萬四百三十一石四斗,分給軍人. 只云,馬軍六人給五十三斗,水軍七人給五十四斗,步軍九人給五十五斗,須要一分馬,二分水,三分步. 問各若干?
答曰,馬軍九千四百九十二人,水軍一萬八千九百八十四人,步軍二萬八千四百七十六人.
法曰,置五十三斗,以七人九人乘之,得三千三百三十九,又列五十四斗,以六人九人乘而倍之,得五千八百三十二,又列五十五斗,以六人七人乘而三之,得六千九百三十,倂三位,得一萬六千一百一,爲法,却以六七九相乘,得三百七十八,以乘總粮爲實,以法除之,得馬軍,倍之,爲水軍,三之,爲步軍,合問.

[68] 일찍이 빌린 은이 91,000냥인데, 이제 돌려주려고 하지만, 은이 없어서 능과 나를 7:8의 비율로 해서 갚으려고 하며, 능 비단은 7필에 54냥이고, 나 비단은 9필에 53냥이다. 각각 얼마나 되겠는가?
답 : 능 6,300필, 48,600냥, 나 7,200필, 42,400냥.

풀이법에 따라서 54냥을 놓아 9필을 곱하고, 다시 7분을 곱하면, 3,402가 되고, 다시 53냥을 놓아 7필을 곱하고, 다시 8분을 곱하면, 2,968이 되며, 두 수를 더하면, 6,370이 되는데, 나눗수로 삼은 다음, 별도로 7필과 9필을 서로 곱하면, 63이 되고, 전체 은의 총량을 곱해서 나뉨수로 삼아서 나눗수로 나눠주면, 900필이 나오는데, 7을 곱하면, 능의 수량이 나오고, 8을 곱하면, 나의 수량이 나오며, 각각의 가격을 곱하고, 필의 비율로 나눠주면, 문제에 들어맞는다.

今有曾貸銀九萬一千兩,今將欲還而無銀兩,乃還七分綾八分羅,其綾七匹價五十四兩,羅九匹價五十三兩. 問各若干?

答曰,綾六千三百匹,價四萬八千六百兩,羅七千二百匹,價四萬二千四百兩.

法曰,置五十四兩,以九匹乘之,又七分因之,得三千四百二,又列五十三兩,以七匹乘之,又八分因之,得二千九百六十八,二位併得六千三百七十,爲法,別以七匹,九匹相乘,得六十三,以乘總銀爲實,以法除之,得九百匹,七因得綾,八因得羅,各以其價乘之,匹率除之,合問.

[69] 은 330냥으로 말, 소, 양 세 종류를 사려고 하는데, 말, 소, 양의 비율은 4:5:6으로 하려고 하며, 가격은 말 6필에 20냥이고, 소 9두에 24냥, 양 15마리에 25냥이다. 세 종류 각각은 얼마나 되겠는가?

답 : 말 36필, 120냥, 소 45두, 120냥, 양 54마리, 90냥.

풀이법에 따라서, 20냥을 놓아 9두, 15마리를 곱하고, 4배하면, 10,800이 되고, 다시 24냥을 놓아 6필, 15마리를 곱하고, 5배하면, 10,800이 되며, 다시 25냥을 놓아 6필, 9두를 곱하고, 6배하면, 8,100이 되는데, 세 수를 더해서 얻은 29,700을 나눗수로 삼은 다음, 별도로 6, 9, 15를 서로 곱하면, 810이 되고, 전체 은의 총량을 곱해서 나뉨수로 삼아서 나눗수로 나눠주면, 9(이것은 비율의 1이다)가 나오는데, 4를 곱하면, 말의 수가 나오고, 5를 곱하면, 소의 수가 나오고, 6을 곱하면, 양의 수가 나오며, 각각의 가격을 곱하고, 마리 수로 나눠주면, 문제에 들어맞는다.

今有銀三百三十兩,買馬牛羊三色,議要四分馬,五分牛,六分羊,其馬六匹價二十兩,牛九頭價二十四兩,羊十五隻價二十五兩. 問三色價各若干?
答曰,馬三十六匹,價一百二十兩,牛四十五頭,價一百二十兩,羊五十四隻價九十兩.
法曰,置二十兩,以九頭,十五隻乘之,四因,得一萬八百,又列二十四兩,以六匹,十五隻乘之,五因,得一萬八百,又列二十五兩,以六匹,九頭乘之,六因,得八千一百,併三位,得二萬九千七百,爲法,別以六,九,十五相乘,得八百一十,以乘總銀爲實,以法除之,得九(此一分也),四因得馬,五因得牛,六因得羊,各以本價乘之,隻數除之,合問.

[70] 은 72냥을 5인이 나누게 하였다. 갑은 을보다 8냥 많고, 을은 병보다 6냥 많고, 병은 정보다 5냥 많고, 정은 무보다 3냥 많게 한다고 한다. 각각 얼마나 되겠는가?

답 : 갑 27냥, 을 19냥, 병 13냥, 정 8냥, 무 5냥.

풀이법에 따라서, 정이 무보다 많은 액수를 놓아 4배하면, 12가 되고, 병이 정보다 많은 액수를 놓아 3배하면, 15가 되고, 을이 병보다 많은 액수를 놓아 2배하면, 12가 되고, 갑이 을보다 많은 액수를 놓아 1배하면, 8이 되는데, 네 수를 더하면, 47냥이 나오며, 전체 은에서 뺀 나머지 25냥을 나뉨수로 삼고, 5로 나누면, 무의 은이 나오는데, 차례대로 차이를 더해주면, 문제에 들어맞는다.

다른 풀이법에 따라서 갑이 을보다 많은 액수를 놓아 4배하면, 32가 되고, 을이 병보다 많은 액수를 놓아 3배하면, 18이 되고, 병이 정보다 많은 액수를 놓아 2배하면, 10이 되고, 정이 무보다 많은 액수를 놓아 1배하면, 3냥이 되는데, 네 수를 더하면, 모두 63냥이 나오며, 전체 은에 더해서 얻은 135냥을 나뉨수로 삼고, 5로 나눠줘도 역시 갑의 은이 나온다.

또 다른 풀이법에 따라서, 각각의 차이인 정 3냥, 병 8냥, 을 14냥, 갑 22냥을 늘어놓고, 모두 더하면, 47냥이 나오며, 전체 은에서 뺀 나머지를 나뉨수로 삼고, 5로 나누어도 역시 무의 은이 나온다.

今有銀七十二兩,令五人分之. 只云,甲多乙八兩,乙多丙六兩,丙多丁五兩,丁多戊三兩. 問各若干?

答曰,甲二十七兩,乙一十九兩,丙一十三兩,丁八兩,戊五兩.

法曰,置丁多戊,四因,得十二,丙多丁,三因,得十五,乙多丙,二因,得十二,甲多乙,一之,得八,四併之,共得四十七兩,以減於總銀,餘二十五兩爲實,以五歸之,得戊銀,次次加差,合問.

一法,置甲多乙,四之,得三十二兩,乙多丙,三之,得十八兩,丙多丁,二之,得十兩,丁多戊,一之,得三兩,四位併之,共得六十三兩,加入總銀,得一百三十五兩爲實,以五歸之,亦得甲銀.

一法,列各差丁三兩,丙八兩,乙十四兩,甲二十二兩,併得四十七兩,以減於總銀,餘爲實,五歸,亦得戊銀.

[71] 겉곡식 3석 5말은 쌀 1석 5말로 바꿀 수 있으며, 쌀 5말 5되로는 술 8말을 담그는데, 이제 술 28석 8말을 담근다. 겉곡식은 얼마나 써야 되는가?

답 : 겉곡식 46석 2말.

풀이법에 따라서, 술 28석 8말을 놓아 겉곡식 3석 5말을 곱하고, 다시 쌀 5말 5되를 곱하여 나뉨수로 삼고, 다시 바꾼 쌀 1석 5말을 늘어놓고, 술을 담근 8말을 곱하면, 12가 되는데, 나눗수로 삼아서 나눠주면, 문제에 들어맞는다.

今有粟三石五斗,變米一石五斗,每米五斗五升造酒八斗. 今造酒二十八石八斗. 問用粟若干?

答曰,粟四十六石二斗.

法曰,置酒二十八石八斗,以粟三石五斗乘之,又以米五斗五升乘之,爲實,別列變米一石五斗,以造酒八斗乘之,得十二爲法,除之,合問.

[72] 어떤 사람이 겉곡식 889석 4말 7되 5홉을 세금으로 바치려고 한다. 겉곡식 한 말은 쌀 6되, 이삭 8되에 해당되는데, 원래의 겉곡식으로만 내는 대신에 모름지기 세 종류의 양을 똑 같이 바쳐야 한다고 한다. 각각 얼마나 되겠는가?

답 : 각각 227석 1말.

풀이법에 따라서 전체 겉곡식을 놓아 3을 곱하면, 2,668석 4말 2되 5홉이 되는데, 11말 7되 5홉을 나눗수로 삼아서 나눠주면(나눗수로 삼은 것은 쌀 3말이 겉곡식 5말에 해당되고, 이삭 3말이 겉곡식 3말 7되 5홉에 해당되며, 원래 겉곡식이 3말이므로 세 수를 더하면, 11말 7되 5홉이 나오기 때문이다), 문제에 들어맞는다.

今有人欲納粟八百八十九石四斗七升五合. 只云,每粟一斗準米六升,稷八升折粟一斗,本粟一斗止納一斗[20],須令三色適等納之.問各若干?
答曰,各二百二十七石一斗.
法曰,置共粟,三之,得二千六百六十八石四斗二升五合,以十一斗七升五合爲法,除之(爲法者米三斗,準粟五斗,稷三斗,準粟三斗七升五合,本粟三斗,併三位,得十一斗七升五合),合問.

○商功修築門 八問

[73] 굳은 땅(견지)의 부피가 12자이다. 판 땅(천지)과 흙(양토)은 각각 얼마나 되는가?
답 : 판 땅 16자, 흙 20자.

풀이법에 따라서 굳은 땅의 부피를 놓아 5를 곱하고 3으로 나누면, 흙이 나오고, 다시 굳은 땅을 놓아 4를 곱하고 3으로 나누면, 판 땅이 나와서 문제에 들어맞는다.

今有堅地積一十二尺. 問穿地,壤土各若干?
答曰,穿地一十六尺,壤土二十尺.
法曰,置堅地積,五因三歸,得壤土,又堅地四因三歸,得穿地,合問.

20) "本粟一斗止納一斗"는 "원래의 겉곡식 1말로 1말을 내지 않고," 즉 "원래의 겉곡식으로만 내지 않고"의 뜻이다.

[74] 강을 여는데, 길이가 2,500자, 윗 너비가 18자, 아래 너비가 12자, 깊이가 9자이며, 하루에 인부 한 명이 300자를 연다. 인부를 얼마나 써야 되는가?

답 : 연인원 1,125명.

풀이법에 따라서 위아래 너비를 더하여 반으로 나누고, 길이를 곱하고, 다시 깊이를 곱하여 나뉨수를 삼고, 300자를 나눗수로 삼아서 나눠주면, 문제에 들어맞는다.

今有開河,長二千五百尺,上廣十八尺,下廣十二尺,深九尺,每日一工開三百尺. 問用工若干?

答曰,一千一百二十五工.

法曰,併上下廣,折半,以長乘之,再以深乘之爲實,以三百尺爲法,除之,合問.

[75] 해자를 여는데, 윗 너비가 14자, 아래 너비가 18자, 깊이가 8자, 길이가 3,600자이며, 하루에 인부 한 명이 144자를 판다. 지금 인부 400명을 쓰고 있다. 며칠이면 여는 것을 마치겠는가?

답 : 8일만에 여는 것을 마친다.

풀이법에 따라서 위아래 너비를 더하여 반으로 나누고, 길이를 곱하고, 다시 깊이를 곱하여 나뉨수를 삼고, 별도로 인부 400명을 놓아 144자를 곱하면, 57,600이 되는데, 나눗수로 삼아서 나눠주면, 문제에 들어맞는다.

今有開濠[21],上廣一十四尺,下廣一十八尺,深八尺,長三千六百尺,每人日穿一百四十四尺. 今用人夫四百名. 問幾日開畢?
答曰,八日開畢.
法曰,併上下廣,折半,以長乘之,再以深乘之爲實,別置人夫四百名,以一百四十四尺乘之,得五萬七千六百爲法,除之,合問.

[76] 정사각대가 있는데, 윗변이 6자, 아랫변이 8자, 높이가 12자이다. 부피는 얼마인가?

답 : 592자.

풀이법에 따라서 윗변을 제곱하고, 아랫변을 제곱하고, 위아래변을 서로 곱한 다음, 세 값을 더하면, 148이 되고, 높이를 곱하면, 1,776이 되는데, 나뉨수로 삼고, 3으로 나눠주면, 부피가 나와서 문제에 들어맞는다.

今有方臺,上方六尺,下方八尺,高一十二尺. 問積若干?
答曰,五百九十二尺.
法曰,上方自乘,下方自乘,上下方相乘,併三位,共得一百四十八,以高乘之,得一千七百七十六爲實,就以三而一,得積,合問.

21) "호(濠)"는 성 둘레에 판 못인 해자를 말한다.

[77] 원형 대가 있는데, 윗 둘레가 6자, 아래 둘레가 8자, 높이가 12자이다. 부피는 얼마인가?

답 : $49\frac{12}{36}$ 자.

풀이법에 따라서 윗 둘레를 제곱하고, 아래 둘레를 제곱하고, 위 아래 둘레를 서로 곱한 다음, 세 값을 더하고, 높이를 곱하여 나뉨수로 삼고, 36으로 나눠주면, 문제에 들어맞는다.

주해 이 원형 대를 그래프로 나타내면, 다음과 같다(단, 작도의 편의상 각지게 표시된 점에 대해서는 양해를 구한다).

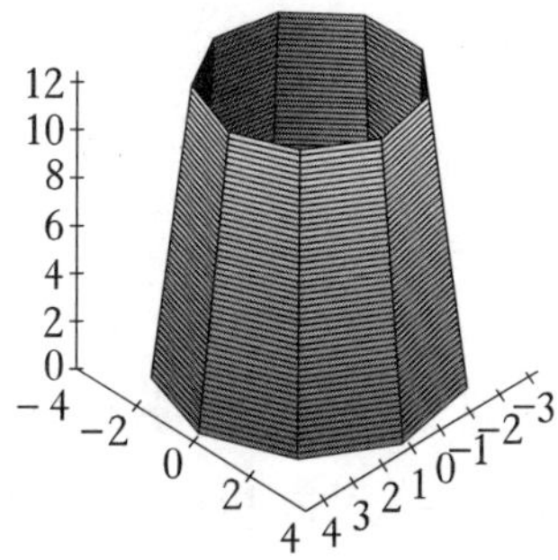

今有圓臺,上周六尺,下周八尺,高一十二尺. 問積若干?
答曰,四十九尺三十六分尺之一十二.
法曰,上周自乘,下周自乘,上下周相乘,併三位,又以高乘之爲實,以三十六除之,合問.

[78] 정사각뿔이 있는데, 아랫변이 18자, 높이가 12자이다. 부피는 얼마인가?

답 : 1,104자.

풀이법에 따라서 아랫변을 제곱하고, 다시 높이를 곱해서 나뉨수로 삼고, 3으로 나눠주면, 문제에 들어맞는다.

今有方錐,下方一十八尺,高一十二尺. 問積若干?

答曰,一千一百四尺.

法曰,下方自乘,又以高乘之爲實,以三歸之,合問.

[79] 원뿔이 있는데, 아래 둘레가 72자, 높이가 32자이다. 지름과 둘레 사이의 예로부터 내려오는 원주율과 유휘와 조충지가 제시한 원주율에 따르면, 부피는 얼마인가?

답 : 1,104자.

풀이법에 따라서 아래 둘레를 제곱하고, 다시 높이를 곱하고, 또한 각각의 지름 비율(옛날의 지름 비율 1, 유휘의 지름 비율 50, 조충지의 지름 비율 7)로 곱해서 나뉨수로 삼고, 별도로 각각의 둘레 비율(옛날의 둘레 비율 3, 유휘의 둘레 비율 157, 조충지의 둘레 비율 22)을 늘어놓아 12를 곱한 값을 나눗수로 삼아서 나눠주면, 각각의 부피가 나와서 문제에 들어맞는다.

주해 이 원뿔을 그래프로 나타내면, 다음과 같다(단, 작도의 편의상 각지게 표시된 점에 대해서는 양해를 구한다).

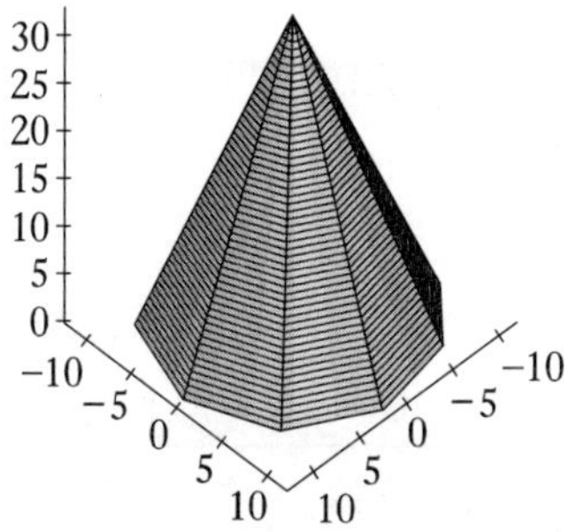

今有圓錐,下周七十二尺,高三十二尺. 古,徽,密積若干?
答曰,古積四千六百八尺,徽積四千四百二尺一千八百八十四分尺之一千三十二,密積四千三百九十八尺二百六十四分尺之一百四十四.
法曰,置下周自乘,又以高乘之,再以各其徑法(古徑法一,徽徑法五十,密徑法七)乘之爲實,別列各其周法(古周法三,徽周法一百五十七,密周法二十二),以十二乘之得數爲法,除之,得各積,合問.

[80] 직사각대 1개소를 세웠는데, 윗 너비가 4자, 길이가 10자, 아래 너비가 9자, 길이가 15자, 높이가 9자이다. 부피는 얼마인가?
답 : 750보.

풀이법에 따라서 윗 길이의 두 배를 아래 길이에 더하고, 윗 너비와 곱하면, 140자가 나오고, 아래 길이의 두 배를 윗 길이에 더하고, 아래 너비와 곱하면, 360자가 나와서 두 값을 더하면, 500자가 되는데, 높이를 곱해서 나뉨수로 삼고, 6으로 나눠주면, 문제에 들어맞는다.

今有築直臺一所,上廣四尺,長一十尺,下廣九尺,長一十五尺,高九尺. 問積若干?

答曰,七百五十步.

法曰,倍上長,加下長,以上廣乘之,一百四十尺,別倍下長,加上長,以下廣乘之,三百六十尺,二數併之,得五百尺,以高乘之爲實,以六歸之,合問.

「구일집」 제 2 권(「九一集」 卷之二)

남양 홍정하 지음(南陽 洪正夏 著)

○ 貴賤差分門 二十二問

[81] 복숭아와 오얏 100개가 있는데, 합산한 값이 272문이다. 복숭아 한 개 값은 4문, 오얏의 한 개 값은 2문이라고 한다. 복숭아와 오얏의 개수와 값은 각각 얼마인가?

답 : 복숭아 36개, 144문, 오얏 64개, 128문.

풀이법에 따라서 복숭아와 오얏을 합친 수를 놓아 오얏의 단가 2문을 곱하면, 200이 되고, 합산한 값에서 빼면, 나머지가 72문이 되는데, 나뉨수로 삼으며, 복숭아와 오얏의 단가를 서로 뺀 나머지 2문을 나눗수로 삼아서 나누면, 복숭아의 수가 나오고, 합친 수량에서 뺀 나머지가 오얏의 수가 되는데, 각각 그 단가를 곱해주면, 문제에 들어맞는다.

今有桃李一百箇,共價二百七十二文. 只云,桃一箇價四文,李一箇價二文. 問桃李及價各若干?
答曰,桃三十六箇,價一百四十四文,李六十四箇,價一百二十八文.
法曰,置桃李共數,以李價二文乘之,得二百,以減共價,餘七十二文,爲實,以桃李價相減,餘二文爲法,除之,得桃,以減共數,餘爲李也,各以其價乘之,合問.

[82] 은 987냥이 있는데, 능 비단 70필과 나 비단 50필을 함께 살 수 있다. 능 비단 한 필의 값은 나 비단 한 필의 값보다 9전 비싸다고 한다. 각각의 필가는 얼마인가?

답 : 능 필가 8냥 6전, 나 필가 7냥 7전.

풀이법에 따라서 라 비단을 놓아 보다 많은 9전을 곱하면, 45냥이 되고, 원래의 은에 더하면, 모두 1,032냥이 되는데, 나뉨수로 삼으며, 능라 비단 모두의 수량 120필을 나눗수로 삼아서 나누면, 능 필가가 나오며, 많은 값을 빼주면, 곧 나 필가가 되어 문제에 들어맞는다.

주해 능 필가를 x라고 하면,

$$70x + 50(x - 0.9) = 987,$$

$$120x = 1032,$$

$$\therefore\ x = 8.6$$

으로 드러나는데, 정확히 풀이법에서 추구한 계산과정과 일치한다.

今有銀九百八十七兩,共買綾七十匹,羅五十匹. 只云,綾匹價比羅匹價多九錢. 問各匹價若干?
答曰,綾匹價八兩六錢,羅匹價七兩七錢.
法曰,置羅,以多九錢乘之,得四十五兩,加入原銀,共得一千三十二兩,爲實,以綾羅共數一百二十匹,爲法除之,得綾匹價,內減多數,卽羅匹價,合問.

[83] 말 7필과 노새 9필이 있는데, 그 값이 서로 같다. 노새 한 마리 값(필가)은 말 한 마리 값보다 8냥이 모자란다고 한다. 각각의 필가는 얼마인가?

답 : 말 36냥, 노새 28냥.

풀이법에 따라서 노새 아홉 마리를 놓아 8냥으로 곱하면, 72가 되는데, 나뉨수로 삼고, 말과 노새의 마리 수를 서로 뺀 나머지 2를 나눗수로 삼아서 나누면, 말의 필가가 나오고, 거기서 모자라는 값을 뺀 나머지가 노새의 필가가 나와서 문제에 들어맞는다.

今有馬七匹騾[22]九匹,其價適等. 只云,騾匹價比馬匹不及八兩. 問各價若干?
答曰,馬匹價三十六兩,騾匹價二十八兩.
法曰,置騾九,以八兩乘之,得七十二兩,爲實,以馬騾相減,餘二爲法,除之,得馬匹價,內減不及,得騾匹價,合問.

[84] 양마는 하루에 120리를 가고, 노마는 하루에 75리를 가는데, 노마가 9일 먼저 떠났다. 양마는 며칠 걸려서 따라잡겠는가?

답 : 15일.

풀이법에 따라서 9일을 놓아 양마가 하루에 가는 거리로 곱하여 나뉨수로 삼고, 양마와 노마가 하루에 가는 거리를 서로 뺀 나머지 45를 나눗수로 삼아서 나누면, 노마가 가는 일수가 나오고, 거기서 9일을 빼면, 문제에 들어맞는다.

今有良馬日行一百二十里,駑馬日行七十五里,今駑馬先行九日. 問良馬幾日追及?
答曰,一十五日.
法曰,置九日,以良馬行里乘之,爲實,以良駑馬日行相減,餘四十五里爲法,除之,得駑馬原日,內減九日,合問.

[85] 갑, 을 두 사람의 걷는 속도가 다른데, 을이 먼저 30리를 떠난 다음, 갑이 80리를 좇아갔으나, 20리를 미치지 못하여 거듭 좇아가게 되었다. 몇 리나 가야 따라잡겠는가?

답 : 160리.

풀이법에 따라서 미치지 못한 20리를 놓아 갑이 좇아간 80리로 곱하면, 160리가 되는데, 나뉨수로 삼고, 이미 간 30리를 늘어놓고, 거기서 미치지 못한 20리를 뺀 나머지 10리를 나눗수로 삼아서 나눠주면, 문제에 들어맞는다.

---

22) “라(騾)”는 수나귀와 암말(驢父馬母)의 교배종인 노새를 뜻한다.

今有甲乙二人行步不等,先令乙已去三十里,後令甲追去八十里,不及二十里,仍復追之. 問幾里可及?
答曰,一百六十里.
法曰,置不及二十里,以甲追去八十里乘之,得一百六十里爲實,列已行三十里,內減不及二十里,餘十里爲法,除之,合問.

[86] 서울에서 내주까지는 1,400리인데, 말은 내주에서 출발하여 서울을 향하여 하루에 70리씩 가고, 사람은 서울을 떠나 내주로 하루에 60리씩 간다. 사람과 말은 며칠이 지나면 서로 만나게 되는가?
답 : 사람은 480리를 가고, 말은 560리를 간다.

풀이법에 따라서 1,400리를 놓아 나뉨수로 삼고, 사람과 말이 하루에 가는 거리 130리를 나눗수로 삼아서 나누면, 8일이 나오며, 각각 하루에 가는 거리를 곱해주면, 문제에 들어맞는다.

今有自京至萊州一千四十里,馬泛萊州向京日行七十里,人泛京師向州日行六十里. 問人馬幾日相會?
答曰,人行四百八十里,馬行五百六十里.
法曰,置一千四十里,爲實,倂人馬日行數,得一百三十里,爲法除之,得八日,以乘各其日行數,合問.

[87] 갑, 을 두 사람이 함께 일어나 길을 떠났다. 하루에 갑은 85리를 가고, 을은 65리를 간다. 갑과 을이 각각 며칠을 가야 같은 거리

를 가겠는가?

답 : 갑이 13일, 을이 17일을 가면, 모두 1,105리를 간다.

풀이법에 따라서, 갑이 하루에 가는 거리 85리와 을이 하루에 가는 거리 65리를 놓아 약수를 구하면, 5가 되는데, 나눗수로 삼고, 별도로 85리를 늘어놓고, 나눗수 5로 나눠주면, 17일이 나오는데, 이것이 을이 가야할 일수이고, 또 65리를 늘어놓고, 나눗수 5로 나눠주면, 13일이 나오는데, 이것이 갑이 가야할 일수이며, 이어서 각각의 일수를 늘어놓아 하루에 가는 거리로 곱해주면, 각각의 총 거리는 1,105리가 되어 문제에 들어맞는다.

주해 이 문제로부터 문제 [89]까지의 세 문제는 모두 최소공배수를 구하는 문제이다.

今有甲乙二人,同起程. 甲日行八十五里,乙日行六十五里. 問甲乙所行各幾日而行里適等?
答曰,甲一十三日,行一千一百五里,乙一十七日,行一千一百五里.
法曰,置甲日行八十五里,乙日行六十五里,約之,得五,爲法,別列八十五里,以法五除之,得十七日,此乙之日也,又列六十五里,以法五除之,得十三日,此甲之日也,乃列各日,以其日行乘之,各得其里數一千一百五里,合問.

[88] 갑, 을, 병 세 사람의 걷는 속도가 달라서, 하루에 갑은 45리, 을은 40리, 병은 35리를 간다. 각각 며칠을 가야 같은 거리를 가겠는가?

답 : 갑이 56일, 을이 63일, 병이 72일을 가면, 모두 2,520리를 간다.

풀이법에 따라서 세 사람이 하루에 가는 거리들을 놓아 공약수를 구하면, 5가 되고, 45리를 나눠주면, 9가 되는데, 갑의 분모로 삼고, 40리를 나눠주면, 8이 되는데, 을의 분모로 삼고, 35리를 나눠주면, 7이 되는데, 병의 분모로 삼으며, 왼쪽 줄에 늘어놓은 다음, 다시 각자 하루에 가는 거리를 오른쪽 줄에 늘어놓고 $\begin{array}{cc}9 & 45\\ 8 & 40\\ 7 & 35\end{array}$, 왼쪽 줄과 오른쪽 줄을 교차시켜서 곱하면, 모두 2,520리씩 나오는데, 이것이 바로 서로 같아지는 거리이며, 각자 하루에 가는 거리로 나눠주면, 각각의 소요일수가 나온다.

今有甲乙丙三人行步不等,甲日行四十五里,乙日行四十里,丙日行三十五里. 問幾日而所行里數相等?

答曰,甲五十六日,行二千五百二十里,乙六十三日,行二千五百二十里,丙七十二日,行二千五百二十里.

法曰,列三人日行數,互相約之,得五,以除四十五里,得九,爲甲分母,以除四十里,得八,爲乙分母,以除三十五,得七,爲丙分母,乃列於左行,又列各人日行於右行 $\begin{array}{cc}9 & 45\\ 8 & 40\\ 7 & 35\end{array}$,以左行互乘右行三位各得二千五百二十里,此相等之數,各以日行除之,得各日.

[89] 소, 말, 노새, 당나귀를 사려고 하는데, 마리 당 가격이 소는 18냥, 말은 12냥, 노새는 9냥, 당나귀는 6냥이다. 네 종류를 각각 몇 마리씩 사야 그 값이 같아지겠는가?

답 : 소 2마리, 말 3마리, 노새 4마리, 당나귀 6마리를 사면, 각각의 값은 모두 36냥이 된다.

풀이법에 따라서, 네 종류의 가격을 각각 늘어놓아 교차적으로 약수를 구하면, 3이 되는데, 나눗수로 삼아서 각각의 단가를 나눠주면, 소 6, 말 4, 노새 3, 당나귀 2가 되는데, 왼쪽 줄에 늘어놓고, 다시 각각의 단가를 오른쪽에 늘어놓은 다음 $\begin{matrix}6 & 18\\4 & 12\\3 & 9\\2 & 6\end{matrix}$, 왼쪽 줄과 오른쪽 줄의 네 값을 교차적으로 곱해주면, 각각 432냥이 나오며, 그것을 나눔수로 삼아서 각각 단가로 나눠주면, 소 24, 말 36, 노새 48, 당나귀 72가 나오는데, 이것들 역시 공약수로서 다시 네 수에 대하여 교차적으로 약수를 구하면(나눠어지지 않는 것은 그대로 둔다), 12가 나오는데, 나눗수로 삼아서, 소 24를 나누면, 소 2마리가 나오고, 말 36을 나누면, 말 3마리가 나오고, 노새 48을 나누면, 노새 4마리가 나오고, 당나귀 72를 나누면, 당나귀 6마리가 나오며, 432냥을 나누면, 네 종류는 모두 36냥이라는 같은 값이 나와서 문제에 들어맞는다.

今有欲買牛馬騾驢[23]而其牛隻價十八兩,馬隻價十二兩,騾隻價九兩,驢隻價六兩. 問四色幾隻之價適等?

答曰,牛二,馬三,騾四,驢六,各價皆三十六兩.

法曰,各列四色價,互相約之,得三爲法,以除各價,得牛六馬四騾三驢二,乃列於左行,又列各價於右行 $\begin{matrix}6 & 18\\4 & 12\\3 & 9\\2 & 6\end{matrix}$,以左行互乘右行四位各得四百三十二兩,爲實,各以其價除之,得牛二十四,馬三十六,騾四十八,驢七十二,此亦等數,又四位,互相約之(不能約者置之),得十二,乃爲法,以除牛二十四,得牛二,以除馬三十六,得馬三,以除騾四十八,得騾四,以除驢七十二,得驢六,以除四百三十二兩,得四色等價三十六兩,合問.

[90] 금 15냥으로 구슬, 은, 옥을 합쳐서 101냥 샀다. 금 1전으로 구슬은 5전, 은은 7전, 옥은 9전을 산다고 한다. 세 종류를 얼마씩이나 샀는가?

답 : 구슬은 30냥 어치로서 금 6냥에 해당하고, 은은 35냥 어치로서 금 5냥에 해당하며, 옥은 36냥 어치로서 금 4냥에 해당한다.

풀이법에 따라서 금의 총량을 놓아 3으로 나누면, 5냥이 되고, 은의 교환비율을 기준으로 삼아서 매 전당 7전을 곱하면, 은의 수량이 나와서 물건들의 총량에서 빼면, 66냥이 남으며, 별도로 금의 총량을 놓아 거기서 은 값 5냥을 빼면, 10냥이 남고, 구슬 5전으로 곱하면, 50냥이 되며, 66냥에서 빼면, 16냥이 남는데, 나뉨수로 삼은 다음, 구슬과 옥을 서로 뺀 4전을 나눗수로 삼아서 나눠주면, 옥 값 4냥이 나오고, 다시 10냥에서 빼면, 6냥이 남는데, 구슬 값으로 삼아서 매 전당 사는 개수를 곱해주면, 문제에 들어맞는다.

今有金十五兩,共買珠銀玉一百一兩. 只云,每金一錢買珠,則五錢,銀則七錢,玉則九錢. 問三色併價若干?

答曰,珠三十兩,價金六兩,銀三十五兩,價金五兩,玉三十六兩,價金四兩.

法曰,置總金,三歸,得五兩,約銀爲中[24],以每戔每七錢乘,得銀數,以減總物,餘六十六兩,別置總金,內減銀價五兩,餘十兩,以珠五戔乘,得五十兩,以減於六十六兩,餘十六兩,爲實,珠玉相減四錢爲法,除之,得玉價四兩,又減於十兩,餘六兩,爲珠價,各以每戔買數乘之,合問.

23) "려(驢)"는 당나귀를 뜻한다.

[91] 은 999냥으로 능라를 합쳐서 1,000필을 샀다. 능 9필 값은 11냥이고, 나 7필 값은 4냥이라고 한다. 각각 얼마나 되겠는가?

답 : 능은 657필이며 값은 803냥이고, 나는 343필이며, 196냥이다.

풀이법에 따라서 9필을 놓아 4냥으로 곱하면, 36이 되고, 다시 7필을 21냥으로 곱하면, 77이 되는데, 많은 데서 적은 것을 뺀 나머지 41을 장법으로 삼은 다음, 다시 은의 총량을 늘어놓고, 7필과 9필을 서로 곱한 63과 곱하면, 62,937이 되고, 별도로 1,000필을 늘어놓고, 36(만일 먼저 나를 구하면, 곧 77을 먼저 쓴다)으로 곱하면, 36,000이 되며, 많은 데서 적은 것을 뺀 나머지 26,937을 나뉨수로 삼아서 장법으로 나눠주면, 능의 필수가 나오고, 전체 수량에서 빼면, 나의 필수가 나와서 문제에 들어맞는다.

今有銀九百九十九兩,共買綾羅一千匹. 只云,綾九匹價一十一兩,羅七匹價四兩. 問各若干?

答曰,綾六百五十七匹,價八百三兩,羅三百四十三匹,價一百九十六兩.

法曰,置九匹,以四兩乘,得三十六,又七匹二十一兩乘之,得七十七,以少減多,餘四十一,爲長法,又列總銀,以七匹九匹相乘,得六十三,乘之,得六萬二千九百三十七,別列一千匹,以三十六(若先求羅,則先用七十七)乘之,得三萬六千,以少減多,餘二萬六千九百三十七,爲實,以長法除之,得綾,以減總數,得羅,合問.

24) "約銀爲中"이라는 말은 "은의 교환비율--즉, '금 1전=은 7전'이라는--을 기준으로 삼는다"는 뜻으로 여겨진다.

[92] 돈 45문으로 복숭아와 오얏을 사려고 하며, 복숭아는 9개에 7문이고, 오얏은 6개에 4문인데, 복숭아와 오얏의 개수의 비가 3 : 1이 되게 하려고 한다. 복숭아와 오얏은 각각 몇 개나 되며, 그 값은 얼마인가?
답 : 복숭아는 45개로서 35문 어치이며, 오얏은 15개로서 10문 어치이다.

풀이법에 따라서 복숭아 값 7문을 놓아 오얏 6개로 곱하고 다시 3으로 곱하면, 126이 되고, 다시 오얏 값 4문을 놓아 복숭아 9개를 곱하면, 36이 되는데, 두 수를 더한 162를 나눗수로 삼은 다음, 다시 돈의 총액을 늘어놓고, 9개와 6개로 곱하면, 2,430이 되는데, 나뉨수로 삼아서 나눗수로 나눠주면, 오얏 15개가 나오고, 3배하면, 복숭아 45개가 나오며, 그것들로 각각의 값을 구하면, 문제에 들어맞는다.

今有錢四十五文,欲買桃李而其桃九箇價七文,李六箇價四文,須令三停桃,一停李[25]. 問桃李及各價若干?
答曰,桃四十五箇,價三十五文,李一十五箇,價一十文.
法曰,置桃價七文,以李六乘之,再以三之,得一百二十六,又置李價四文,以桃九乘之,得三十六,二數併得一百六十二,爲法,別置總錢,以九箇六箇乘之,得二千四百三十,爲實,以法除之,得李一十五箇,三因,得桃四十五箇,以求各價,合問.

[93] 갑, 을 두 사람이 있는데, 갑이 을에게 "내가 너의 나이 8살을 취하면, 네 나이보다 한 배가 많다"고 말하고, 을은 갑에게 "내가 그

25) "三停桃,一停李"라고 한 것은 "복숭아와 오얏의 개수의 비가 3:1"이 된다는 뜻이다.

대의 나이 8살을 취하면, 그대와 나이가 같아진다"고 말하였다. 각각의 나이는 얼마인가?

답 : 갑 56세, 을 40세.

풀이법에 따라서 8살을 놓아 갑의 비율 7과 곱하면, 갑의 나이가 되고, 을의 비율 5와 곱하면, 을의 나이가 되어(갑의 비율이 7이고 을의 비율이 5일 때, 갑이 을의 1을 취하면, 곧 갑 8, 을 4가 되므로, 2배이고, 을이 갑의 1을 취하면, 곧 을 6, 갑 6이 되므로, 같아진다) 문제에 들어맞는다.

今有甲乙二人,甲謂乙曰,我取汝年八歲,則多於汝一倍,乙謂甲曰,我取汝年八歲,則比汝適等. 問各若干?
答曰,甲五十六歲,乙四十歲.
法曰,置八歲,以甲七分乘,得甲年,以乙五分乘,得乙年(甲七乙五者,皆甲取乙一,則乃甲八乙四,故一倍也,乙取甲一,則乃乙六甲六,故適等也.),合問.

[94] 삼형제의 첫째, 둘째, 셋째(곤 · 중 · 계)가 있는데, 첫째가 셋째에게 "네 나이는 내 나이의 $\frac{3}{4}$이고, 둘째의 나이는 내 나이의 $\frac{5}{6}$로서 너보다 네 살 위"라고 말하였다. 각각의 나이는 얼마인가?

답 : 첫째 48세, 둘째 40세, 셋째 36세.

풀이법에 따라서 6을 갑의 비율, 5를 을의 비율로 삼고, 별도로 6을 늘어놓아 3을 곱하고 4로 나눠주면, 4.5가 되는데, 병의 비율로 삼으며, 다시 을의 비율에서 병의 비율을 뺀 나머지 5로 4를 나누면,

8이 나오는데, 각각의 비율을 곱해주면, 문제에 들어맞는다.

다른 풀이법에 따라서 갑, 을, 병의 비율을 각각 6, 5, 4.5로 늘어 놓고, 네 살을 곱하고, 두 배해도, 역시 답이 나온다.

주해 풀이법 본문 가운데 "을의 비율에서 병의 비율을 뺀 나머지 5"라고 한 것은 "을의 비율 5에서 병의 비율 4.5를 뺀 0.5"라는 의미이다. 풀이법의 내용은 첫째, 둘째, 셋째를 순서대로 갑, 을, 병이라고 할 때, 갑 : 을 = 6 : 5라고 놓으면, 갑 : 병 = 4 : 3 = 6 : 4.5가 되고, 따라서 갑 : 을 : 병 = 6 : 5 : 4.5가 되는데, $x(5-4.5) = 0.5x = 4$를 충족시키는 x의 값이 8이 되므로 삼형제의 나이가 결정된다는 것이다.

今有昆仲季三人,昆謂季曰,汝年紀比我四分之三,二第年紀比我六分之五,多於汝四歲. 問各年若干?

答曰,昆四十八歲,仲四十歲,季三十六歲.

法曰,以六分爲甲衰,以五分爲乙衰,別列六分,四歸三因,得四分半爲丙衰,又乙衰內減丙衰,餘五,以除四歲,得八爲法,以乘各衰,合問.

一法,列甲六分,乙五分,丙四分半,各以四歲乘而倍之,亦得.

[95] 갑, 을, 병 세 사람이 함께 은을 나누었는데, 그 양을 모른다. 병은 갑의 $\frac{5}{7}$이고, 을은 갑의 $\frac{6}{8}$이며, 병보다는 7냥 많다고 한다. 각각의 나이는 얼마인가?

답 : 첫째 48세, 둘째 40세, 셋째 36세.

풀이법에 따라서 분자 5를 분모 8과 교차하여 곱한 40을 병의 비율로 삼고, 다시 분자 6을 분모 7과 교차하여 곱한 42를 을의 비율로 삼으며, 많은 데서 적은 것을 뺀 나머지 2를 나눗수로 삼은 다음, 분모 7과 8을 서로 곱한 56을 갑의 비율로 삼아서 각각을 나눗수 2로 나눈 값에 7냥을 곱하면, 각각의 몫이 나와서 문제에 들어맞는다.

今有甲乙丙三人共分銀,不知其數. 只云,丙比於甲七分之五,乙比於甲八分之六,多於丙七. 問各若干?
答曰,甲一百九十六兩,乙一百四十七兩,丙一百四十兩.
法曰,置分子五以分母八互乘,得四十爲丙衰,又置分子六以分母七互乘,得四十二爲乙衰,以小減多,餘二爲法,又分母七八相乘,得五十六爲甲衰,各以法二除之,得數以七兩乘之,各得,合問.

[96] 은 1,308냥을 다섯 사람으로 하여금 나누게 하였다. 무는 정의 $\frac{1}{3}$ 이고, 정은 병의 $\frac{1}{4}$ 이고, 병은 을의 $\frac{1}{5}$ 이고, 을은 갑의 $\frac{1}{6}$ 이라고 한다. 각각의 몫은 얼마인가?

답 : 갑 1,080냥, 을 180냥, 병 36냥, 정 9냥, 무 3냥.

풀이법에 따라서 1을 무의 비율로 놓으면, 3을 곱한 3이 정의 비율이 되고, 4를 곱한 12가 병의 비율이 되고, 5를 곱한 60이 을의 비율이 되고, 6을 곱한 360이 갑의 비율이 되어 다섯 수를 모두 더하면, 436이 되는데, 나눗수로 삼아서 은의 총량을 나눠주면, 무의 몫이 나오고, 차례대로 각각의 비율을 곱해주면, 문제에 들어맞는다.

今有銀一千三百八兩,令五人分之. 只云,戊比丁三分之一,丁比丙四分之一,丙比乙五分之一,乙比甲六分之一. 問各若干?
答曰,甲一千八十兩,乙一百八十兩,丙三十六兩,丁九兩,戊三兩.
法曰,置一爲戊衰,三之,得三爲丁衰,四之,得一十二爲丙衰,五之,得六十爲乙衰,六之,得三百六十爲甲衰,併五位,共四百三十六爲法,以除總銀,得戊,次次各分乘之,合問.

[97] 은 261냥을 다섯 사람으로 하여금 나누게 하였다. 무는 정의 $\frac{5}{6}$ 이고, 정은 병의 $\frac{4}{5}$ 이고, 병은 을의 $\frac{3}{4}$ 이고, 을은 갑의 $\frac{2}{3}$ 라고 한다. 각각의 몫은 얼마인가?

답 : 갑 90냥, 을 60냥, 병 45냥, 정 36냥, 무 30냥.

풀이법에 따라서 5를 무의 비율로 삼으면, 6이 정의 비율이 되고, 다시 정의 비율 6을 4로 나누고 5를 곱하면, 7.5가 되는데, 병의 비율이 되고, 다시 병의 비율 7.5를 곱한 3으로 나누고 4를 곱하면, 10이 되는데, 을의 비율이 되고, 다시 을의 비율 10을 2로 나누고 3을 곱하면, 15가 되는데, 갑의 비율이 되어 다섯 수를 모두 더하면, 43.5가 되는데, 나눗수로 삼은 다음, 은의 총량을 5배하면, 1,305가 되는데, 나뉨수로 삼아서 나눗수로 나눠주면, 무의 몫이 나오고, 6을 곱하고 5로 나누면, 정의 몫이 나오고, 5를 곱하고 4로 나누면, 병의 몫이 나오고, 4를 곱하고 3으로 나누면, 을의 몫이 나오고, 3을 곱하고 2로 나누면, 갑의 몫이 나와서 문제에 들어맞는다.

今有銀二百六十一兩,令五人分之. 只云,戊比丁六分之五,丁比丙五分之四,丙比乙四分之三,乙比甲三分之二. 問各若干?
答曰,甲九十兩,乙六十兩,丙四十五兩,丁三十六兩,戊三十兩.
法曰,以五爲戊衰,以六爲丁衰,又丁衰六四歸五因,得七分半爲丙衰,又丙衰七分半三歸四因,得十爲乙衰,又乙衰十乃二歸三因,得十五爲甲衰,併五位,共得四十三分半爲法,列總銀五回,得一千三百五爲實,以法除之,得戊銀,六因五歸,得丁,五因四歸,得丙,四因三歸,得乙,三因二歸,得甲,合問.

[98] 다섯 사람이 일정한 차이로 돈을 나누는데, 갑과 을은 71문을 갖고, 정과 무는 53문을 가졌다. 병의 몫과 각각의 몫은 얼마인가?
답 : 갑 37문, 을 34문, 병 31문, 정 28문, 무 25문.

풀이법에 따라서, 71문을 놓아 정, 무 두 사람과 곱하면, 142가 되고, 다시 53문을 놓아 갑, 을 두 사람과 곱하면, 106이 되는데, 큰데서 작은 것을 뺀 나머지 36이 공차 하나의 나뉨수가 되고, 별도로 갑, 을, 정, 무를 더해서 반으로 나누면, 둘이 되고, 5인에서 빼면, 3이 남고, 갑, 을 둘과 정, 무 둘을 곱하면, 4가 되며, 3을 곱하면, 12가 되는데, 나눗수로 삼아서 나뉨수를 나눠주면, 3문이 되는데, 이것이 바로 공차 하나의 값이 된다. 갑, 을이 가진 것에다 3문을 더해서 반으로 나누면, 갑의 몫이 나오고, 공차를 빼주면, 문제에 들어맞는다.

다른 풀이법에 따라서 나눠 갖은 돈들을 서로 빼면, 18문이 남는데, 이것은 6배의 차수이므로, 6으로 나눠줘도 역시 차이가 나온다.

今有五人差等均錢,甲乙均七十一文,丁戊均五十三文. 問丙及逐等各若干?
答曰,甲三十七文,乙三十四文,丙三十一文,丁二十八文,戊二十五文.
法曰,置七十一文以丁戊二人互乘,得一百四十二,又置五十三文以甲乙二人互乘,得一百六,以小減多,餘三十六,爲一差之實,別併甲乙,丁戊折半,得二,以減於五人,餘三,却以甲乙二乘丁戊二,得四,以乘三,得十二爲法,除實,得三文,是一差數. 置甲乙均加三文,折半,得甲,減差,合問.
一法,均錢相減,餘十八文,此差六數,六歸,亦得差.

[99] 일곱 사람이 일정한 차이로 은을 나누는데, 갑, 을은 100냥을 갖고, 무, 기, 경은 96냥을 가졌다. 병, 정의 은과 각각의 은은 얼마인가?
답 : 갑 52냥, 을 48냥, 병 44냥, 정 40냥, 무 36냥, 기 32냥, 경 28냥.

풀이법에 따라서 100냥을 놓아 무, 기, 경 3인과 곱하면, 300이 되고, 따로 96냥을 놓아 갑, 을 2인과 곱하면, 192가 되는데, 큰 데서 작은 것을 뺀 나머지 108냥이 공차 하나의 나뉨수가 되고, 분모 2와 3을 더해서 반으로 나누면, 2.5인이 되고, 총 7인에서 빼면, 4.5인이 남고, 다시 2와 3을 곱하면, 6이 되며, 4.5인을 곱하면, 27이 되는데, 나눗수로 삼아서 나뉨수를 나눠주면, 4냥이 되는데, 이것이 바로 공차 하나의 값이 된다. 갑, 을이 가진 것에다 공차를 더해서 반으로 나누면, 갑의 몫이 나오고, 차례대로 4냥을 빼주면, 문제에 들어맞는다.

다른 풀이법에 따라서 96냥을 놓아 3으로 나누면, 기의 은이 나오는데(경을 기준으로 하면, 곧 초항 1, 공차 1을 더한 것에 해당된다), 100냥을 놓아(경을 기준으로 하면, 초항 2, 공차 11을 더한 것에 해당된다.) 기의 은의 배수에서 빼면, 36문이 남는데, 이것은 9배의 차수이므로, 9로 나눠줘도 역시 차이가 나온다.

今有七人分銀,甲乙均一百,戊己庚均九十六. 問丙丁及逐等各若干?
答曰,甲五十二兩,乙四十八兩,丙四十四兩,丁四十兩,戊三十六兩,己三十二兩,庚二十八兩.
法曰,置一百以戊己庚三人乘,得三百,別置九十六以甲乙二人乘,得一百九十二,以小減多,餘一百八兩,爲一差之實,併分母二三,得五,折半,得二人半,以減於總七人,餘四人半,却以二三相乘,得六,以乘四人半,得二十七爲法,除實,得四兩,是一差數. 置甲乙均加差,折半,得甲,遞減四兩,合問.
一法,置九十六兩,三歸,得己銀(比庚則本一差一數),置一百(比庚則本二差十一),內減己銀倍數,餘三十六,此差九數,九歸,亦得差.

[100] 아홉 사람이 일정한 차이로 은을 나누는데, 갑, 을은 3냥을 갖고, 경, 신, 임은 2냥을 가졌다. 병, 정의 은과 각각의 은은 얼마인가?

답 : 갑 $1\frac{22}{39}$ 냥, 을 $1\frac{17}{39}$ 냥, 병 $1\frac{12}{39}$ 냥, 정 $1\frac{7}{39}$ 냥, 무 $1\frac{2}{39}$ 냥, 기 $\frac{36}{39}$ 냥, 경 $\frac{31}{39}$ 냥, 신 $\frac{26}{39}$ 냥, 임 $\frac{21}{39}$ 냥.

풀이법에 따라서 갑, 을 2인을 놓아 2냥과 곱하면, 4가 되고, 다시 경, 신, 임 3인을 3냥과 곱하면, 9가 되는데, 큰 데서 작은 것을 뺀 나머지 5는 공차 하나의 값이 되며, 별도로 2인과 3인을 곱하면, 6이 되는데, 승법으로 삼고, 다시 2인과 3인을 더해서 반으로 나누면, 2.5인이 되고, 총 9인에서 빼면, 6.5인이 남으며, 승법 6으로 곱하면, 39가 되는데(이것이 1냥의 분모이다), 이것을 나눗수로 삼아서 나뉨수를 나눠주면, 1냥이 되고, 39냥을 늘어놓아 3냥으로 곱하면, 117이 되며, 차이 5를 더하고, 반으로 나누면, 61이 되고, 분모로 나누면, $1\frac{22}{39}$ 냥이 되는데, 이것이 바로 갑의 몫이 되고, 차례대로 차이 5를 빼주면, 문제에 들어맞는다.

今有九人分銀,甲乙均三兩,庚辛壬均二兩. 問各若干?

答曰,甲一兩三十九分兩之二十二,

乙一兩三十九分兩之一十七,

丙一兩三十九分兩之一十二,

丁一兩三十九分兩之七,

戊一兩三十九分兩之二,

己三十九分兩之三十六,

庚三十九分兩之三十一,

辛三十九分兩之二十六,

壬三十九分兩之二十一.

法曰,置甲乙二人,以二兩乘,得四,又庚辛壬三人,以三兩乘,得九,以小減多,餘五,此逐等差數,別二人三人相乘,得六爲乘法,又併二人三人,折半,得二人半,以減於總九人,餘六人半,以乘法六乘之,得三十九(此乃一兩分母),以此爲法,爲實自除,得一兩,列三十九,以三兩乘,得一百十七,加差五,折半,得六十一,以分母除之,得一兩三十九分兩之二十二,是甲得數,遞減差五,合問.

[101] 열 두 마디로 된 대나무가 있는데, 아래 네 마디는 쌀 9되가 들어가고, 위 네 마디는 쌀 5되가 들어간다. 가운데 네 마디와 차례에 따라서는 각각 얼마나 들어가는가?

답 : 첫째 마디 $2\frac{56}{128}$ 되, 둘째 마디 $2\frac{40}{128}$ 되, 셋째 마디 $2\frac{24}{128}$ 되, 넷째 마디 $2\frac{8}{128}$ 되, 다섯째 마디 $1\frac{120}{128}$ 되, 여섯째 마디 $1\frac{104}{128}$ 되, 일곱째 마디 $1\frac{86}{128}$ 되, 여덟째 마디 $1\frac{72}{128}$ 되, 아홉째 마디 $1\frac{56}{128}$ 되, 열째 마디 $1\frac{40}{128}$ 되, 열 한 번째 마디 $1\frac{24}{128}$ 되, 열 두 번째 마디 $1\frac{8}{128}$ 되.

풀이법에 따라서 아래 네 마디를 놓아 5되로 곱하면, 20이 되고, 다시 위 네 마디를 9되로 곱하면, 36이 되는데, 큰 것에서 작은 것을 빼면, 16이 남는다(이것은 마디에 따른 차이의 값이다.). 별도로 위아래 네 마디를 서로 곱하면, 16이 되는데, 승법으로 삼는다. 다시 위 아래 마디를 더하면, 8이 되고, 반으로 나누면, 4가 되고, 12에서 빼면, 곧 8이 남고, 승법 16으로 곱하면, 128(1되의 분모)이 되는데, 나눗수로 삼는다. 별도로 128을 놓아 위 네 마디에 들어가는 쌀 9되를 곱하면, 1,152가 되고, 96을 더하면(마디에 따른 차이의 6배수), 모두 1,248이 되고, 아래 네 마디로 나누면, 첫째 마디에 들어가는 것 312가 나오며, 분모로 나누면, $2\frac{56}{128}$ 되가 되는데, 마디에 따른 차이를 차례대로 빼주면, 문제에 들어맞는다.

주해 이 문제는 등차수열 및 급수의 문제로서, 편의상, 가장 작은 열 두 번째 마디를 초항이라고 하고 a, 공차를 d라고 하면,

$$\sum_{i=1}^{4} a_i = a + (a+d) + (a+2d) + (a+3d) = 4a + 6d = 5,$$

$$\sum_{i=9}^{12} a_i = (a+8d) + (a+9d) + (a+10d) + (a+11d)$$

$$= 4a + 38d = 9,$$

$$\therefore\ d = \frac{1}{8},\ a = 1\frac{1}{16}$$

로 밝혀지는 것이다. 본문의 답들은 충분히 약분되지 않은 것으로 드러난다.

今有竹十二節,下四節容米九升,上四節容米五升. 問中四節及逐等容米各若干?

答曰,第一節二升一百二十八分升之五十六.

第二節二升一百二十八分升之四十.

第三節二升一百二十八分升之二十四.

第四節二升一百二十八分升之八.

第五節一升一百二十八分升之一百二十.

第六節一升一百二十八分升之一百四.

第七節一升一百二十八分升之八十六.

第八節一升一百二十八分升之七十二.

第九節一升一百二十八分升之五十六.

第十節一升一百二十八分升之四十.

第十一節一升一百二十八分升之二十四.

第十二節一升一百二十八分升之八.

法曰,置下四節以五升互乘,得二十,又上四節以九升互乘,得三十六,以小減多,餘十六(是逐節差數). 別以上下四節相乘,得十六爲乘法. 又併上下節,得八,折半得四,以減於十二卽餘八,以乘法十六乘之,得一百二十八(一升分母)爲法. 別列一百二十八,以上四節容米九升乘,得一千一百五十二,加九十六(乃逐節差六因數)共得一千二百四十八,以下四節除之,得第一節所容三百十二分,以分母除之,得二升一百二十八分升之五十六,遞減逐節差,合問.

[102] 12 사람이 일정한 차이로 쌀을 나누는데, 자, 축, 인, 묘는 558석을 갖고, 미, 신, 유, 술, 해는 435석을 가졌다. 진, 사, 오의 몫과 각각의 몫은 얼마인가?

답 : 자 150석, 축 143석, 인 136석, 묘 129석, 진 122석, 사 115석, 오 108석, 미 101석, 신 94석, 유 87석, 술 80석, 해 73석.

풀이법에 따라서, 558석을 놓아 아래 5인과 곱하면, 2,790이 되고, 다시 435석을 위 4인과 곱하면, 1,740이 되는데, 큰 것에서 작은 것을 빼면, 1,050이 남는다(차이의 나뉨수). 분모 4와 5를 더하면, 9가 되고, 반으로 나누면, 4.5인이 되고, 12에서 빼면, 7.5인이 남고, 분모 4와 5를 서로 곱하면, 20이 되고, 그것과 곱하면, 150이 되는데, 나눗수(차이의 나눗수)로 삼아서 나뉨수를 나눠주면, 7석이 나온다(공차). 다시 자 3, 축 2, 인 1을 놓아 더하면, 6이 되고, 7석으로 곱하면, 42가 되며, 558석에 더하면, 모두 600석이 되는데, 4인으로 나누면, 자의 150석이 나오고, 차이 7석을 차례대로 빼주면, 문제에 들어맞는다.

今有十二人差等分米,子丑寅卯均五百五十八石,未申酉戌亥均四百三十五石. 問辰巳午及各得若干?

答曰,子一百五十石,

丑一百四十三石,

寅一百三十六石,

卯一百二十九石,

辰一百二十二石,

巳一百一十五石,

午一百八石,

未一百一石,

申九十四石,

酉八十七石,

戌八十石,

亥七十三石.

法曰,置五百五十八石,以下五人乘,得二千七百九十,又四百三十五石以上四人乘,得一千七百四十,以小減多,餘一千五十(一差之實). 併分母四五,得九,折半,得四人半,以減於十二人,餘七人半,却以分母四五相乘,得二十,乘之,得一百五十(一差之法)爲法,除實,得七石(逐等差數). 又置子三丑二寅一,併得六分,以乘七石,得四十二,添入五百五十八石,共得六百石,以四人除之,得子一百五十石,遞減差七石,合問.,此差六數,六歸,亦得差.

○差等均配門 十八問

[103] 갑, 을, 병이 은 96냥을 나누는데, 모름지기 갑, 을, 병의 비율을 4∶3∶1로 해서 나누게 하였다. 각각 얼마나 되겠는가?

답 : 갑 48냥, 을 36냥, 병 12냥.

풀이법에 따라서 96냥을 놓아 나뉨수로 삼고, 갑 4, 을 3, 병 1의 비율을 더한 8을 나눗수로 삼아서 나눠주면, 병의 은이 나오고, 4배하면, 갑의 은, 3배하면, 을의 은이 나와서 문제에 들어맞는다.

今有甲乙丙分銀九十六兩,須令甲四乙三丙一分之. 問各若干?
答曰,甲四十八兩,乙三十六兩,丙一十二兩.
法曰,置九十六兩爲實,併甲四乙三丙一,得八爲法,除之,得丙銀,四因,得甲銀,三因,得乙銀,合問.

[104] 갑, 을, 병이 은 96냥을 나누었는데, 을은 갑의 $\frac{7}{8}$ 이며, 병보다 10냥이 많았다. 각각 얼마나 되는가?

답 : 갑 40냥, 을 35냥, 병 25냥.

풀이법에 따라서, 100냥을 놓아 10냥을 더하면, 110냥이 되는데, 나뉨수로 삼고, 22를 나눗수로 삼아서 나눠주면, 5냥이 나오고, 8배하면, 갑의 은, 7배하면, 을의 은이 나오며, 거기서 10냥을 빼면, 병의 은이 나와서(22는 갑 8, 을 7, 병 7의 비율을 더한 것이며, 병 7은 10냥을 더했기 때문이다) 문제에 들어맞는다.

今有甲乙丙共分銀一百兩. 只云,乙如甲八分之七,却多如丙十兩. 問各若干?
答曰,甲四十兩,乙三十五兩,丙二十五兩.
法曰,置一百兩,加入十兩,得一百十兩爲實,以二十二爲法,除之,得五兩,八因,得甲,七因,得乙,內減十兩,得丙(二十二者乃甲八乙七丙七也,丙七者添十兩故也),合問.

[105] 갑, 을, 병, 정이 공동 출자하여 함께 사업을 하는데, 갑은 72냥, 을은 63냥, 병은 54냥, 정은 45냥을 출자했으며, 원금과 이윤의 합계가 351냥이었다. 원금을 제외하고, 이윤을 나누면 얼마씩 되겠는가?

답 : 갑 36냥, 을 31냥 5전, 병 27냥, 정 22냥 5전.

풀이법에 따라서 원금과 이윤의 합을 놓아 원금을 빼면, 117냥이 남는데, 원금 234냥을 나눗수로 삼아서 나눠주면, 5전이 나오고, 각각의 출자액을 곱해주면, 문제에 들어맞는다.

今有甲乙丙丁合夥同商[26],甲出七十二兩,乙出六十三兩,丙出五十四兩,丁出四十五兩,本利共得三百五十一兩. 問除本銀外分息若干?
答曰,甲三十六兩,乙三十一兩五錢,丙二十七兩,丁二十二兩五錢.
法曰,置總銀,內減本銀,餘利一百十七兩,以本銀二百三十四兩爲法,除之,得五戔,以乘各人原出,合問.

[106] 은 299냥 5전 4푼 6리 8호 7사 5홀을 9등급의 사람들로 하여금 차례대로 6:4로 줄어드는 비율로 내게 하였다. 각각 얼마나 되겠는가?

답 : 갑 102냥 5전 1푼 5리 6호 2사 5홀, 을 68냥 3전 4푼 3리 7호 5사, 병 45냥 5전 6푼 2리 5호, 정 30냥 3전 7푼 5리, 무 20냥 2전 5푼, 기 13냥 5전, 경 9냥, 신 6냥, 임 4냥(차례대로 0.5배를 덧붙여도 역시 나온다).

풀이법에 따라서 은의 총액을 놓아 나뉨수로 삼고, 4를 임의 비율로 삼고, 차례대로 0.5배를 덧붙이면, 각각의 비율이 나오며(임 4, 신 6, 경 9, 기 13.5, 무 20.25, 정 30.375, 병 45.5625, 을 68.34375, 갑 102.515625), 모두 더하면, 299.546875(299푼 5리 4호 6사 8홀 7미 5섬)가 나오는데, 나눗수로 삼아서 나눠주면, 1냥이 나오고, 각각의 비율로 곱해주면, 문제에 들어맞는다.

주해 현대의 많은 독자들에게는 299.546875를 299푼 5리 4호 6사 8홀 7미 5섬이라고 읽는 것이 무척이나 번다하게 느껴질 것이다.

今有銀二百九十九兩五戔四分六厘八毫七絲五忽,令九等人四六出之. 問各該若干?
答曰,甲一百二兩五戔一分五厘六毫二絲五忽,乙六十八兩三戔四分三厘七毫五絲,丙四十五兩五戔六分二厘五毫,丁三十兩三戔七分五厘,戊二十兩二戔五分,己十三兩五戔,庚九兩,辛六兩,壬四兩(次次加五亦得).

26) "합과동상(合夥同商)"은 "자금을 모아 함께 사업을 한다"는 뜻이다.

法曰,置總銀爲實,以四爲壬衰,次次加五,得各衰(壬四,辛六,庚九,己十三分五,戊二十分二五,丁三十分三七五,丙四十五分五六二五,乙六十八分三四三七五,甲一百二分五一五六二五),倂得二百九十九分五厘四毫六絲八忽七微五纖,爲法,除之,得一兩,以乘各衰,合問.

[107] 은 524,286냥을 9등급의 사람들로 하여금 차례대로 8:2로 줄어드는 비율로 내게 하였다. 각각 얼마나 되겠는가?

답 : 갑 393,216냥, 을 98,304냥, 병 24,576냥, 정 6,144냥, 무 1,536냥, 기 384냥, 경 96냥, 신 24냥, 임 6냥.

풀이법에 따라서 은의 총액을 놓아 나뉨수로 삼고, 2를 임의 비율로 삼고, 차례대로 4배하면, 각각의 비율이 나오며(임 2, 신 8, 경 32, 기 128, 무 512, 정 2,008, 병 8,192, 을 32,768, 갑 131,072), 모두 너하면, 174,762가 나오는데, 나눗수로 삼아서 나눠주면, 3냥이 나오고, 각각의 비율을 곱해주면, 문제에 들어맞는다(또는 임의 몫을 얻은 다음, 차례대로 4배해도 역시 나온다).

今有銀五十二萬四千二百八十六兩,令九等人二八出之. 問各若干?

答曰,甲三十九萬三千二百一十六兩,乙九萬八千三百四兩,丙二萬四千五百七十六兩,丁六千一百四十四兩,戊一千五百三十六兩,己三百八十四兩,庚九十六兩,辛二十四兩,壬六兩.

法曰,置總銀爲實,以二爲壬衰,次次四因,得各衰(壬二,辛八,庚三十二,己一百二十八,戊五百十二,丁二千八,丙八千一百九十二,乙三萬二千七百六十八,甲十三萬一千七十二),倂得十七萬四千七百六十二,爲法,除之,得三兩,以乘各衰,合問(或得壬數,次次四因亦得).

[108] 비단 9,954필이 있는데, 갑, 을, 병이 차례대로 7∶3으로 줄어드는 비율로 나누었다. 각각 얼마나 되는가?

답 : 갑 6,174필, 을 2,646필, 병 1,134필.

풀이법에 따라서 비단의 총량을 놓아 나뉨수로 삼고, 별도로 산가지 하나를 놓아 7로 나눗수를 삼아서, 두 차례 곱해주면(값이 셋이면, 두 번 곱하고, 넷이면, 세 번 곱하고, 아홉이면, 여덟 번 곱하며, 나머지도 이와 마찬가지이다), 갑의 비율 49가 되고, 3을 곱하고, 7로 나눠주면, 을의 비율 21이 되고, 다시 3을 곱하고, 7로 나눠주면, 병의 비율 9가 되며, 모두 더하면, 79가 되는데, 나눗수로 삼아서 나눠주면, 126필이 나오고, 각각의 비율을 곱해주면, 문제에 들어맞는다(갑의 몫을 차례대로 3을 곱하고, 7로 나눠줘도 역시 답이 나온다).

다른 풀이법에 따라서 산가지 하나를 놓아 3으로 나눗수를 삼아서, 두 차례 곱해주면(값이 셋이면, 두 번 곱하고, 넷이면, 세 번 곱하고, 아홉이면, 여덟 번 곱하며, 나머지도 이와 마찬가지이다), 마지막 자리(즉, 병)의 비율 9가 되고, 7을 곱하고, 3으로 나눠주면, 을의 비율 21이 되고, 다시 7을 곱하고, 3으로 나눠주면, 갑의 비율 49가 되며, 모두 더하면, 79가 되는데, 나눗수로 삼아서 나눠주면, 126필이 나오고, 각각의 비율을 곱해주면, 문제에 들어맞는다(병의 몫을 차례대로 7을 곱하고, 3으로 나눠줘도 역시 답이 나온다.).

今有羅九千九百五十四匹,甲乙丙三七分之. 問若干?
答曰,甲六千一百七十四匹,乙二千六百四十六匹,丙一千一百三十四匹.
法曰,置總羅,爲實,別置一算,以七爲法,乃二次乘之(三位則二次乘之,四位則三次,九位則八次,餘倣此),得甲衰四十九,三因七歸,得乙衰二十一,又三因七歸,得丙衰九,併得七十九爲法,除之,得一百二十六匹,以乘各衰,合問(或甲得數次次三因七歸,亦得).
一法,置一算,以三爲法,二次乘之(三位則二次乘之,四位則三次,九位則八次,餘倣此),得末位(卽丙)衰九,乃七因三歸,得乙衰二十一,又七因三歸,得甲衰四十九,併得七十九爲法,除總羅,得一百二十六匹,以乘各衰,合問(或丙得數次次七因三歸,亦得).

[109] 쌀 20,166,962석을 9등급의 사람들로 하여금 차례대로 7:3으로 줄어드는 비율로 나누게 하였다. 각각 얼마나 되겠는가?
답 : 갑 11,529,602석, 을 4,941,258석, 병 2,117,682석, 정 907,578석, 무 388,962석, 기 166,698석, 경 71,442석, 신 30,618석, 임 13,122석.

풀이법에 따라서, 1을 놓고, 7을 나눗수로 삼아서 8번 곱하면, 갑의 비율 5,764,801이 나오고, 차례대로 3배하고, 7로 나눠주면, 을 2,470,629, 병 1,058,841, 정 453,789, 무 194,481, 기 83,349, 경 35,721, 신 15,309, 임 6,561이 나오며, 아홉 비율을 모두 더하면, 10,083,481이 나오는데, 나눗수로 삼아서 쌀의 총량을 나눠주면, 2석이 나오고, 각각의 비율을 곱해주면, 문제에 들어맞는다.

다른 풀이법에 따라서 1을 놓고, 3을 나눗수로 삼아서 8번 곱하면, 임의 비율 6,561이 나오고, 차례대로 7배하고, 3으로 나눠주면,

신 15,309, 경 35,721, 기 83,349, 무 194,481, 정 453,789, 병 1,058,841, 을 2,470,629, 갑 5,764,801이 나오며, 아홉 비율을 모두 더하면, 10,083,481이 나오는데, 나눗수로 삼아서 쌀의 총량을 나눠주면, 2석이 나오고, 각각의 비율을 곱해주면 역시 몫들이 나온다.

今有米二千一十六萬六千九百六十二石,令九等人三七分之.問各若干?

答曰,甲一千一百五十二萬九千六百二石,乙四百九十四萬一千二百五十八石,丙二百一十一萬七千六百八十二石,丁九十萬七千五百七十八石,戊三十八萬八千九百六十二石,己一十六萬六千六百九十八石,庚七萬一千四百四十二石,辛三萬六百一十八石,壬一萬三千一百二十二石.

法曰,置一以七爲法,八次乘之,得甲五百七十六萬四千八百一衰,次次三因七歸,得乙二百四十七萬六百二十九衰,丙一百五萬八千八百四十一衰,丁四十五萬三千七百八十九衰,戊一十九萬四千四百八十一衰,己八萬三千三百四十九衰,庚三萬五千七百二十一衰,辛一萬五千三百九衰,壬六千五百六十一衰,九位併之,共得一千八萬三千四百八十一,爲法,以除總米,得二石,以乘各衰,合問.

一法,置一以三爲法,八次乘之,得壬六千五百六十一衰,次次七因三歸,得辛一萬五千三百九衰,庚三萬五千七百二十一衰,己八萬三千三百四十九衰,戊一十九萬四千四百八十一衰,丁四十五萬三千七百八十九衰,丙一百五萬八千八百四十一衰,乙二百四十七萬六百二十九衰,甲五百七十六萬四千八百一衰,九位併之,共得一千八萬三千四百八十一,爲法,以除總米,得二石,以乘各衰,亦得.

[110] 쌀 252석을 7등급의 사람들로 하여금 나누게 하였다. 갑, 을, 병과 정, 무, 기, 경의 수량이 같다고 한다. 각각 얼마씩 갖겠는가?

답 : 갑 45석, 을 42석, 병 39석, 정 36석, 무 33석, 기 30석, 경 27석.

풀이법에 따라서 쌀의 총량을 놓아 나뉨수로 삼고, 갑 7, 을 6, 병 5, 정 4, 무 3, 기 2, 경 1을 늘어놓으면, 10이 되며, 큰 것에서 작은 것을 빼면, 8이 남는데, 앞서 7인의 비율에 각각 8을 더하면, 갑 15, 을 14, 병 13, 정 12, 무 11, 기 10, 경 9가 나오고, 모두 더하면, 84가 되는데, 나눗수로 삼아서 나뉨수를 나눠주면, 3석이 나오고, 각각의 몫을 곱해주면 문제에 들어맞는다.

다른 풀이법에 따라서 쌀의 총량을 놓고, 7로 나누면, 정의 수량이 나오며, 다시 쌀의 총량의 절반을 3으로 나누면, 을의 수량이 나오는데, 을과 정의 수량을 서로 뺀 나머지를 반으로 나누면, 차이 3석이 나오며, 차례대로 가감해주면 역시 몫들이 나온다.

今有米二百五十二石,令七等人分之. 只云,甲乙丙數與丁戊己庚數同. 問各若干?

答曰,甲四十五石,乙四十二石,丙三十九石,丁三十六石,戊三十三石,己三十石,庚二十七石.

法曰,置總米爲實,列甲七,乙六,丙五,丁四,戊三,己二,庚一,得十,以小減多,餘八,却於前七人衰內各各添八,得甲十五,乙十四,丙十三,丁十二,戊十一,己十,庚九,併得八十四,爲法,除實,得三石,以乘各人所得數,合問.

一法,置總米,七歸,得丁,又總米折半三歸,得乙,乃乙丁相減,餘折半,得差三石,次次加減,亦得.

[111] 비단 4,088필을 아홉 사람이 차례대로 반씩 줄어들게 나누었다. 각각 얼마씩 갖겠는가?

답 : 갑 2,048필, 을 1,024필, 병 512필, 정 256필, 무 128필, 기 64필, 경 32필, 신 16필, 임 8필.

풀이법에 따라서, 임 1, 신 2, 경 4, 기 8, 무 16, 정 32, 병 64, 을 128, 갑 256을 늘어놓고, 모두 더하면, 511이 되는데, 나눗수로 삼아서 비단의 총량을 나눠주면, 임 8필이 나오고, 차례로 두 배씩 곱해서 갑까지 이르면, 문제에 들어맞는다.

今有絹四千八十八匹,九人次次減半分之. 問各若干?
答曰,甲二千四十八匹,乙一千二十四匹,丙五百一十二匹,丁二百五十六匹,戊一百二十八匹,己六十四匹,庚三十二匹,辛一十六匹,壬八匹.
法曰,列壬一,辛二,庚四,己八,戊十六,丁三十二,丙六十四,乙一百二十八,甲二百五十六,併得五百一十一,爲法,除總絹,得壬八匹,遞倍至甲,合問.

[112] 은 49,500냥이 있는데, 아홉 자식으로 하여금 차례에 따라 나누어 갖게 하였다. 각각 얼마씩 갖겠는가?

답 : 첫째 자식 9,900냥, 둘째 자식 8,800냥, 셋째 자식 7,700냥, 넷째 자식 6,600냥, 다섯째 자식 5,500냥, 여섯째 자식 4,400냥, 일곱째 자식 3,300냥, 여덟째 자식 2,200냥, 아홉째 자식 1,100냥.

풀이법에 따라서, 1, 2, 3, 4, 5, 6, 7, 8, 9를 늘어놓고, 모두 더하면, 45가 되는데, 나눗수로 삼아서 은의 총량을 나눠주면, 아홉째 자식의 몫 1,100냥이 나오고, 차례대로 한 배씩 더하면, 문제에 들어맞는다.

다른 풀이법에 따라서 은의 총량을 놓고, 9로 나누면, 다섯째 자식의 몫 5,500냥이 나오고, 5로 나누면, 아홉째 자식의 몫이 나오는데, 각각의 비율을 곱해주면, 역시 몫들이 나온다.

> 今有銀四萬九千五百兩,令九子依等挨次分之. 問各若干?
>
> 答曰,長子九千九百兩,次子八千八百兩,三子七千七百兩,四子六千六百兩,五子五千五百兩,六子四千四百兩,七子三千三百兩,八子二千二百兩,九子一千一百兩.
>
> 法曰,列一二三四五六七八九,併得四十五,爲法,除總銀,得九子所得一千 ·百兩,遞加一倍,合問.
>
> 一法,置總銀,九歸,得第五子所得數五千五百兩,就以五歸,得第九子所得數,以乘各衰,亦得.

[113] 얼마나 되는지 모르는 갑의 쌀을 6석이 들어가는 창고에 넣어두던 중 을이 잘못하여 겉곡식을 채워 넣고 섞어버렸는데, 이제 전부를 함께 절구에 넣고 찧어서 쌀 4석을 얻었다. 갑의 쌀과 을의 겉곡식은 각각 얼마나 되는가(겉곡식 1말을 찧으면 쌀 5되가 된다)?

답 : 갑의 쌀 2석, 을의 겉곡식 4석.

풀이법에 따라서, 쌀과 겉곡식을 합친 수량 6석을 놓고, 4석을 빼면, 2석이 남는데(이것은 을의 겉곡식 껍질의 양이다), 나뉨수로 삼고, 껍질 5되를 나눗수로 삼아서 나눠주면, 을의 겉곡식 4석이 나오고, 합친 수량 6석에서 뺀 나머지 2석이 곧 갑의 쌀이 되어 문제에 들어맞는다.

今有甲米不知其數,貯於六石囤中,乙誤入粟滿而相和. 今乃併爲舂正共量,得米四石. 問甲米及乙粟各若干(其粟一斗舂米五升)?
答曰,甲米二石,乙粟四石.
法曰,置米粟共數六石,內減四石,餘二石(此乙粟之殼數)爲實,以殼五升爲法,除之,得乙粟四石,以減於共數六石,餘二石,卽甲米,合問.

[114] 쌀 301석 4말을 세 등급의 호로 하여금 위로부터 차례대로 4할씩 줄어드는 비율로 바치게 했는데, 상등호는 25호, 중등호는 30호, 하등호는 48호이다. 매 호당 그리고 등급에 따라서 각각 얼마나 되는가?

답 : 상등호 한 집에 5석씩 모두 125석, 중등호 한 집에 3석씩 모두 90석, 하등호 한 집에 1석 8말씩 모두 86석 4말.

풀이법에 따라서 상등호의 수를 놓아 100을 곱하고, 중등호의 수를 놓아 60을 곱하고, 하등호의 수를 놓아 36을 곱한 다음, 세 값을 더하면, 6,028이 되는데, 나눗수로 삼고, 쌀의 총량을 늘어놓고, 100을 곱하여 나뉨수로 삼아서 나눗수로 나눠주면, 상등호 한 집의 부담 5석이 나오고, 0.6배하면, 중등호 한 집의 부담이 나오고, 다시 0.6배하면, 하등호 한 집의 부담이 나와서 문제에 들어맞는다.

今有米三百一石四斗,令三等人戶泛上作四六出之,上等二十五戶,中等三十戶,下等四十八戶. 問每戶及逐等各若干?
答曰,上等每戶五石,共一百二十五石,中等每戶三石,共九十石,下等每戶一石八斗,共八十六石四斗.
法曰,置上等戶,以一百乘之,中等戶,以六十乘之,下等戶,以三十六乘之,併三位,得六千二十八爲法,列總米,以一百乘之,爲實,以法除之,得上等每戶所出五石,六因,得中等每戶,又六因,得下等每戶,合問.

[115] 쌀 148석 4말 9되 8홉을 네 등급의 호로 하여금 위로부터 10:7의 비율로 바치게 했는데, 갑등호는 36호, 을등호는 42호, 병등호는 48호, 정등호는 50호이다. 매 호당 그리고 등급에 따라서 각각 얼마나 되는가?

답 : 갑등호 한 집에 1석 4말씩 모두 50석 4말, 을등호 한 집에 9말 8되씩 모두 41석 1말 6되, 병등호 한 집에 6말 8되 6홉씩 모두 32석 9말 2되 8홉, 정등호 한 집에 4말 8되 2석씩 모두 24석 1되.

풀이법에 따라서 쌀의 총량을 늘어놓아 1,000을 곱해서 나뉨수로 삼고, 갑호의 수를 놓아 1,000을 곱하고, 을호의 수를 놓아 700을 곱하고, 병호의 수를 놓아 490을 곱하고, 정호의 수를 놓아 343을 곱한 다음, 네 값을 더하면, 106,070이 되는데, 나눗수로 삼아서 나뉨수를 나눠주면, 갑호 한 집의 부담이 나오고, 차례대로 한 자리씩 물리며 7배하면서 원래 제시된 호수를 곱해주면, 문제에 들어맞는다.

今有米一百四十八石四斗九升八合,令四等人戶泛上作十分之七出之,甲等三十六戶,乙等四十二戶,丙等四十八戶,丁等五十戶.問每戶及逐等若干?

答曰,甲等每戶一石四斗,共五十石四斗,乙等每戶九斗八升,共四十一石一斗六升,丙等每戶六斗八升六合,共三十二石九斗二升八合,丁等每戶四斗八升二夕,共二十四石一升.

法曰,置米,以一千乘之,爲實,列甲戶,以一千因之,乙戶,以七百因之,丙戶,以四百九十乘之,丁戶,以三百四十三乘之,四位併,得十萬六千七十爲法,除實,得甲每戶數,次次退一位七因,各以原戶乘之,合問.

[116] 은 676냥 8푼을 다섯 등급의 호로 하여금 위로부터 $\frac{8}{10}$의 비율로 바치게 했는데, 갑등은 8호, 을등은 16호, 병등은 30호, 정등은 82호, 무등은 240호이다. 매 호당 각각 얼마나 되는가?

답 : 호당 갑등호 3냥 7전 5푼, 을등호 3냥, 병등호 2냥 4전, 정등호 1냥 9전 2푼, 무등호 1냥 5전 3푼 6리.

풀이법에 따라서 은의 총량을 놓아 1,0000을 곱해서 나뉨수로 삼고, 갑호의 수를 놓아 10,000을 곱하고, 을호의 수를 놓아 8,000을 곱하고, 병호의 수를 놓아 6,400을 곱하고, 정호의 수를 놓아 5,120을 곱하고, 무호의 수를 놓아 4,096을 곱한 다음, 다섯 수를 더하면, 1,802,880이 되는데, 나눗수로 삼아서 나뉨수를 나눠주면, 갑호 한 집의 부담이 나오고, 차례대로 8배해주면, 문제에 들어맞는다.

今有銀六百七十六兩八分,令五等人戶泛上作十分之八出之,甲等八戶,乙等十六戶,丙等三十戶,丁等八十二戶,戊等二百四十戶.問每戶各若干?

答曰,甲等每戶三兩七戔五分,乙等每戶三兩,丙等每戶二兩四戔,丁等每戶一兩九戔二分,戊等每戶一兩五戔三分六厘.

法曰,置銀以一萬乘之,爲實,列甲戶,以一萬乘之,乙戶,以八千乘之,丙戶,以六千四百乘之,丁戶,以五千一百二十乘之,戊戶,以四千九十六乘之,五位併,得一百八十萬二千八百八十爲法,除實,得甲每戶,次次八因,合問.

[117] 은 1,661냥을 여섯 등급의 호가 위로부터 절반씩 줄어드는 비율로 나눴는데, 갑등은 16호, 을등은 25호, 병등은 31호, 정등은 48호, 무등은 62호, 기등은 72호이다. 각각 얼마나 되는가?

답 : 호당 갑등호 24냥, 을등호 12냥, 병등호 6냥, 정등호 3냥, 무등호 1냥 5전, 기등호 7전 5푼.

풀이법에 따라서, 은의 총량을 놓아 나뉨수로 삼고, 갑호의 수를 늘어놓아 32로 곱하고, 을호의 수를 16으로 곱하고, 병호의 수를 8배하고, 정호의 수를 4배하고, 무호의 수를 2배하고, 기호의 수를 1배한 다음, 모두 더하면, 1,548호가 되는데, 나눗수로 삼아서 나뉨수를 나눠주면, 기호 한 집의 몫이 나오고, 차례대로 두 배하면, 문제에 들어맞는다.

今有銀一千一百六十一兩,六等人戶泛上作折半差配,甲等十六戶,乙等二十五戶,丙等三十一戶,丁等四十八戶,戊等六十二戶,己等七十二戶. 問各若干?
答曰,甲每戶二十四兩,乙每戶一十二兩,丙每戶六兩,丁每戶三兩,戊每戶一兩五錢,己每戶七錢五分.
法曰,置銀爲實,列甲戶,以三十二乘之,乙戶十六乘之,丙戶八因,丁戶四因,戊戶二因,己戶一因,併之,得一千五百四十八戶爲法,除實,得己每戶,次次倍之,合問.

[118] 일곱 등급의 호들이 함께 3,740석 1두의 쌀을 세금으로 바치게 되었는데, 갑등은 182호, 을등은 198호, 병등은 216호, 정등은 285호, 무등은 292호, 기등은 338호, 경등은 425호이며, 각각의 차이를 3말로 배정했다. 각각 얼마나 되는가?
답 : 호당 갑등호 3석, 을등호 2석 7말, 병등호 2석 4말, 정등호 2석 1말, 무등호 1석 8말, 기등호 1석 5말, 경등호 1석 2말.

풀이법에 따라서, 갑호의 수를 6배하고, 을호의 수를 5배하고, 병호의 수를 4배하고, 정호의 수를 3배하고, 무호의 수를 2배하고, 기호의 수를 1배한 다음, 모두 더하면, 4,723호가 되는데, 차이 3말을 곱한 수를 쌀의 총량에서 뺀 나머지 2,323석 2말을 놓아 나뉨수로 삼고, 일곱 등급의 호수들을 더하여 나눗수로 삼아서 나눠주면, 경호 한 집의 부담이 나오고, 차례대로 차이를 더하면, 문제에 들어맞는다.

今有七等戶共稅米三千七百四十石一斗,甲一百八十二戶,乙一百九十八戶,丙二百十六戶,丁二百八十五戶,戊二百九十二戶,己三百三十八戶,庚四百二十五戶,各差三斗配之. 問每戶各若干?
答曰,甲每戶三石,乙每戶二石七斗,丙每戶二石四斗,丁每戶二石一斗,戊每戶一石八斗,己每戶一石五斗,庚每戶一石二斗.
法曰,列甲戶六因,乙戶五因,丙戶四因,丁戶三因,戊戶二因,己戶一因,倂得四千七百二十三戶,以差三斗乘之,得數,以減於總米,餘二千三百二十三石二斗,爲實,倂七等戶數爲法,除之,得庚每戶數,遞加差,合問.

[119] 쌀 32,610석 2말 4되를 상·중·하 세 고을에 위로부터 절반씩 줄어드는 비율로 배정하고, 다시 상향의 세 등급은 1할씩 줄이드는 비율로 나누고, 중향의 세 등급은 2할씩 줄어드는 비율로 나누고, 하향의 세 등급은 3할씩 줄어드는 비율로 나눴는데, 상향 상등은 112호, 중등은 148호, 하등은 196호이고, 중향 상등은 164호, 중등은 240호, 하등은 320호이며, 하향 상등은 190호, 중등은 340호, 하등은 360호이다. 세 고을 9등급의 몫은 각각 얼마나 되는가?

답 : 상향 456호, 합계 15,754석 4말 4되,
호당 상등 39석씩, 소계 4,369석,
중등 35석 1말씩, 소계 5,194석 8말,
하등 31석 5말 9되, 소계 6,191석 6말 4되,
중향 724호, 합계 19,135석 6말,
상등 19석 5말씩, 소계 3,198석,
중등 15석 6말씩, 소계 3,744석,

하등 12석 4말 8되, 소계 3,993석 6말,

하향 894호, 합계 5,920석 2말,

상등 9석 7말 5되씩, 소계 1,852석 5말,

중등 6석 8말 2되 5홉씩, 소계 2,347석 8말,

하등 4석 7말 7되 7홉 5석, 소계 1,719석 9말.

풀이법에 따라서 상향 상호의 수를 100으로 곱하고, 중호의 수를 90으로 곱하고, 하호의 수를 81로 곱하고, 중향 상호의 수를 역시 100으로 곱하고, 중호의 수를 80으로 곱하고, 하호의 수를 64로 곱하며, 하향 상호의 수를 역시 100으로 곱하고, 중호의 수를 70으로 곱하고, 하호의 수를 49로 곱한 다음, 세 값을 더하고, 4로 나누면, 83,616이 되는데, 나눗수로 삼고, 쌀의 총량을 100배하여 나뉨수로 삼아서 나눗수로 나눠주면, 상향 상등의 호당 몫이 나오고(차례대로 0.9배하면, 중등과 하등이 나온다), 반으로 나누면, 중향 상등의 호당 몫이 나오며(차례대로 0.8배하면, 중등과 하등이 나온다), 다시 반으로 나누면, 하향 상등의 호당 몫이 나와서(차례대로 0.7배하면, 중등과 하등이 나온다) 문제에 들어맞는다(다른 풀이법에 따라서, 상향 400, 중향 200, 하향 100을 쓰고, 각각 그 비율을 곱해도 역시 각각의 몫이 나온다.).

今有米三萬二千六百一十石二斗四升於上中下三鄕泛上作折半差配之,又上鄕三等作九一折,中鄕三等作二八折,下鄕三等作三七折,上鄕上等一百一十二戶,中等一百四十八戶,下等一百九十六戶,中鄕上等一百六十四戶,中等二百四十戶,下等三百二十戶,下鄕上等一百九十戶,中等三百四十戶,下等三百六十戶. 問三鄕九等各若干?

答曰,上鄕四百五十六戶,共一萬五千七百五十四石四斗四升,
上等每戶三十九石,共四千三百六十九石,
中等每戶三十五石一斗,共五千一百九十四石八斗,
下等每戶三十一石五斗九升,共六千一百九十一石六斗四升,
中鄕七百二十四戶,共一萬九百三十五石六斗,
上等每戶一十九石五斗,共三千一百九十八石,
中等每戶一十五石六斗,共三千七百四十四石,
下等每戶一十二石四斗八升,共三千九百九十三石六斗,
下鄕八百九十四戶,共五千九百二十石二斗,
上等每戶九石七斗五升,共一千八百五十二石五斗,
中等每戶六石八斗二升五合,共二千三百四十七石八斗,
下等每戶四石七斗七升七合五夕,共一千七百一十九石九斗.
法曰,置上鄕上戶,以一百乘之,中戶九十乘之,下戶八十一乘之,中鄕上戶亦以一百乘之,中戶八十乘之,下戶六十四乘之,併三位折半,下鄕上戶亦以一百乘之,中戶七十乘之,下戶四十九乘之,併三位四歸,乃九位併得八萬三千六百十六爲法,百因總米爲實,以法除之,得上鄕上等每戶(遞用九因,得中下等),折半,得中鄕上等每戶(遞用八因,得中下等),又折半,得下鄕上等每戶(遞用七因,得中下等),合問(一法,上鄕用四百,中鄕用二百,下鄕用一百,各各其率乘之,亦各得).

[120] 쌀 32,217석 2말 9되 2홉 5석을 중·동·서·남·북 5부에 위로부터 절반씩 줄어드는 비율로 배정하고, 그것들을 각각의 소관 방에 나누게 하였다. 중부의 다섯 방은 절반씩 줄어드는 비율로 나누고, 동부의 다섯 방은 4할씩 줄어드는 비율로 나누고, 서부의 다섯

방은 3할씩 줄어드는 비율로 나누고, 남부의 다섯 방은 2할씩 줄어드는 비율로 나누고, 북부의 다섯 방은 1할씩 줄어드는 비율로 나누었으며, 중부는 인방 25호, 의방 30호, 예방 35호, 지방 40호, 신방 45호로 이루어져 있고, 동부는 인방 27호, 의방 36호, 예방 45호, 지방 54호, 신방 63호로 이루어져 있고, 서부는 인방 32호, 의방 40호, 예방 48호, 지방 56호, 신방 64호로 이루어져 있고, 남부는 인방 33호, 의방 42호, 예방 50호, 지방 58호, 신방 66호로 이루어져 있으며, 북부는 인방 35호, 의방 44호, 예방 55호, 지방 63호, 신방 72호로 이루어져 있다고 한다. 5부 25방에 해당되는 쌀은 각각 얼마나 되는가?

답 : 중부 175호, 합계 11,312석 5말,
호당 인방 200석, 소계 5,000석,
의방 100석, 소계 3,000석,
예방 50석, 소계 1,750석,
지방 25석, 소계 1,000석,
신방 12석 5말, 소계 562석 5말,
동부 225호, 합계 8,462석 8말 8되,
인방 100석, 소계 2,700석,
의방 60석, 소계 2,160석,
예방 36석, 소계 1,620석,
지방 21석 6말, 소계 1,166석 4말,
신방 12석 9말 6되, 소계 816석 4말 8되,
서부 240호, 합계 5,904석 7말 2되,
인방 50석, 소계 1,600석,
의방 35석, 소계 1,400석,
예방 24석 5말, 소계 1,176석,

지방 17석 1말 5되, 소계 960석 4말,
신방 12석 5홉, 소계 768석 3말 2되,
남부 249호, 합계 3,883석 2말 4되,
인방 25석, 소계 825석,
의방 20석, 소계 840석,
예방 16석, 소계 800석,
지방 12석 8말, 소계 742석 4말,
신방 10석 2말 4되, 소계 675석 8말 4되,
북부 269호, 합계 2,653석 9말 5되 2홉 5석,
인방 12석 5말, 소계 437석 5말,
의방 11석 2말 5되, 소계 495석,
예방 10석 1말 2되 5홉, 소계 556석 8말 7되 5홉,
지방 9석 1말 1되 2홉 5석, 소계 574석 8되 7홉 5석,
신방 8석 2말 1홉 2석 5초, 소계 590석 4말 9되.

풀이법에 따라서 중부 인호의 수를 1억으로 곱하고, 의호의 수를 5천만으로 곱하고, 예호의 수를 2,500만으로 곱하고, 지호의 수를 1,250만으로 곱하고, 신호의 수를 625만으로 곱한 다음, 다섯 수를 더하면, 56억 5,625만이 되고, 동부 인호의 수를 5천만으로 곱하고, 의호의 수를 3천만으로 곱하고, 예호의 수를 1,800만으로 곱하고, 지호의 수를 1,080만으로 곱하고, 신호의 수를 648만으로 곱한 다음, 다섯 수를 더하면, 42억 3,144만이 되고, 서부 인호의 수를 2,500만으로 곱하고, 의호의 수를 1,750만으로 곱하고, 예호의 수를 1,225만으로 곱하고, 지호의 수를 8,575,000으로 곱하고, 신호의 수를 6,002,500으로 곱한 다음, 다섯 수를 더하면, 29억 5,236만이 되고, 남부 인호의 수를 1,250만으로 곱하고, 의호의 수를 1,000만으로 곱하고, 예호의 수

를 800만으로 곱하고, 지호의 수를 640만으로 곱하고, 신호의 수를 512만으로 곱한 다음, 다섯 수를 더하면, 19억 4,162만이 되고, 북부 인호의 수를 625만으로 곱하고, 의호의 수를 5,625,000으로 곱하고, 예호의 수를 5,062,500으로 곱하고, 지호의 수를 4,556,250으로 곱하고, 신호의 수를 4,100,625로 곱한 다음, 다섯 수를 더하면, 13억 2,697만 6,250이 되며, 스물 다섯 개의 수를 모두 더하면, 161억 864만 6,250이 되는데, 나눗수로 삼는다. 별도로 쌀의 총량을 놓아 1억을 곱하면, 32,217억 2,925만석이 되고, 나뉨수로 삼아서 나눗수로 나눠주면, 중부 인방의 호당 쌀 200석이 나오고, 차례대로 반씩 줄이면, 의·예·지·신방의 호당 쌀이 나오며, 다시 중부 인방의 호당 쌀 200석을 늘어놓고, 반으로 나누면, 동부 인방의 호당 쌀 100석이 나오고, 차례대로 한 자리 물리고, 6배하면, 의·예·지·신방의 호당 쌀이 나오며, 다시 동부 인방의 호당 쌀 100석을 늘어놓고, 반으로 나누면, 서부 인방의 호당 쌀 50석이 나오고, 차례대로 한 자리 물리고, 7배하면, 의·예·지·신방의 호당 쌀이 나오며, 다시 서부 인방의 호당 쌀 50석을 늘어놓고, 반으로 나누면, 남부 인방의 쌀 25석이 나오고, 차례대로 한 자리 물리고, 8배하면, 의·예·지·신방의 호당 쌀이 나오며, 다시 남부 인방의 호당 쌀 25석을 늘어놓고, 반으로 나누면, 북부 인방의 쌀 12석 5말이 나오고, 차례대로 한 자리 물리고, 9배하면, 의·예·지·신방의 호당 쌀이 나오며, 각각 호수로 곱해주면, 문제에 들어맞는다.

今有米三萬二千二百一十七石二斗九升二合五夕於中東西南北五部泛上作折半差配,使之分給於各其所管坊. 只云,中部五坊作減半折,東部五坊作四六折,西部五坊作三七折,南部五坊作二八折,北部五坊作九一折,中部仁坊二十五戶,義坊三十戶,禮坊三十五戶,智坊四十戶,信坊四十五戶,東部仁坊二十七戶,義坊三十六戶,禮坊四十五戶,智坊五十四戶,信坊六十三戶,西部仁坊三十二戶,義坊四十戶,禮坊四十八戶,智坊五十六戶,信坊六十四戶,南部仁坊三十三戶,義坊四十二戶,禮坊五十戶,智坊五十八戶,信坊六十六戶,北部仁坊三十五戶,義坊四十四戶,禮坊五十五戶,智坊六十三戶,信坊七十二戶.

問五部二十五坊各該米若干?

答曰,中部一百七十五戶,共一萬一千三百一十二石五斗,

仁坊每戶二百石,共五千石,

義坊每戶一百石,共三千石,

禮坊每戶五十石,共一千七百五十石,

智坊每戶二十五石,共一千石,

信坊每戶一十二石五斗,共五百六十二石五斗,

東部二百二十五戶,共八千四百六十二石八斗八升,

仁坊每戶一百石,共二千七百石,

義坊每戶六十石,共二千一百六十石,

禮坊每戶三十六石,共一千六百二十石,

智坊每戶二十一石六斗,共一千一百六十六石四斗,

信坊每戶一十二石九斗六升,共八百一十六石四斗八升,

西部二百四十戶,共五千九百四石七斗二升,

仁坊每戶五十石,共一千六百石,

義坊每戶三十五石,共一千四百石,

禮坊每戶二十四石五斗,共一千一百七十六石,

智坊每戶一十七石一斗五升,共九百六十石四斗,

信坊每戶一十二石五合,共七百六十八石三斗二升,

南部二百四十九戶,共三千八百八十三石二斗四升,

仁坊每戶二十五石,共八百二十五石,

義坊每戶二十石,共八百四十石,

禮坊每戶十六石,共八百石,

智坊每戶一十二石八斗,共七百四十二石四斗,

信坊每戶十石二斗四升,共六百七十五石八斗四升,

北部二百六十九戶,共二千六百五十三石九斗五升二合五夕,

仁坊每戶一十二石五斗,共四百三十七石五斗,

義坊每戶一十一石二斗五升,共四百九十五石,

禮坊每戶十石一斗二升五合,共五百五十六石八斗七升五合,

智坊每戶九石一斗一升二合五夕,共五百七十四石八升七合五夕,

信坊每戶八石二斗一合二夕五抄,共五百九十石四斗九升.

法曰,置中部仁戶,以一億乘之,義戶以五千萬乘之,禮戶以二千五百萬乘之,智戶以一千二百五十萬乘之,信戶以六百二十五萬乘之,五位併得五十六億五千六百二十五萬,東部仁戶,以五千萬乘之,義戶以三千萬乘之,禮戶以一千八百萬乘之,智戶以一千八十萬乘之,信戶以六百四十八萬乘之,五位併得四十二億三千一百四十四萬,西部仁戶,以二千五百萬乘之,義戶以一千七百五十萬乘之,禮戶以一千二百二十五萬乘之,智戶以八百五十七萬五千乘之,信戶以六百萬二千五百乘之,五位併得二十九億五千二百三十六萬,南部仁戶,以一千二百五十萬乘之,義戶以一千萬乘之,禮戶以八百萬乘之,智戶以六百四十萬乘之,信戶以五百十二萬乘之,五位併得一十九億四千一百六十二萬,北部仁戶,以六百二十五萬乘之,義戶以五百六十二萬五千乘之,禮戶以五百六萬二千五百乘之,智戶以四百五十五萬六千二百五十乘之,信戶以四百一十萬六百二十五乘之,五位併得一十三億二千六百九十七萬六千二百五十,併二十五位,共得一百六十一億八百六十四萬六

千二百五十衰爲法. 別置總米,以一億乘之,得三萬二千二百一十七億二千九百二十五萬石爲實,以法除之,得二百石,乃中部仁坊每戶之米,次次減半,爲義禮智信坊每戶之米,又列中部仁坊每戶米二百石,折半,得東部仁坊每戶之米一百石,次次一退六因,爲義禮智信坊每戶之米,又列東部仁坊每戶一百石,折半,得西部仁坊每戶之米五十石,次次一退七因,爲義禮智信坊每戶之米,又列西部仁坊每戶五十石,折半,得南部仁坊每戶之米二十五石,次次一退八因,爲義禮智信坊每戶之米,又列南部仁坊每戶二十五石,折半,得北部仁坊每戶之米一十二石五斗,次次一退九因,爲義禮智信坊每戶之米,各以戶數乘之,合問.

○貴賤反率門 三問

[121] 69냥의 돈으로 크고 작은 진주 모두 28개를 사는데, 크고 작은 진주의 값이 1냥 차이가 나게끔 비율을 정하려고 한다. 각각 개당 단가는 얼마이며, 얼마나 사야 되겠는가?

답 : 큰 것은 단가 3냥, 모두 13개로서 값은 39냥이며, 작은 것은 단가 2냥, 모두 15개로서 값 30냥.

풀이법에 따라서 돈을 놓아 진주 수로 나누면, 2냥이 나오므로, 작은 것의 단가로 삼고, 1냥을 더하여 큰 것의 단가로 삼으면, 몫(실)은 13이 남는데, 큰 구슬의 수가 된다. 이것을 거꾸로 나눗수(하법, 즉 28)에서 뺀 나머지를 작은 구슬로 삼으면, 문제에 들어맞는다.

주해 큰 구슬이 작은 구슬보다 개당 1냥씩 비싸다면, 작은 구슬의 단가는 우선 2냥이 되지 않을 수 없고, 그에 따라 3냥씩 하는 큰 구슬의 수는 $69-2\times28=13$개로 결정된다. 작은 구슬의 수는 $28-13=15$개이다.

今有錢六十九兩,共買大小珍珠二十八箇,欲其貴賤率之. 問各每箇價及各該若干?

答曰,大每箇價三兩,共十三箇,價三十九兩,小每箇價二兩,共十五箇,價三十兩.

法曰,置錢,以珍珠除之,得二兩,爲小價,加一兩,爲大價,餘實十三,仍爲大珠之數. 以此反減下法,餘爲小珠,合問.

[122] 은 12냥으로 나무 102그루를 사는데, 작은 나무가 큰 나무보다 1냥에 한 그루 더 많게끔 비율을 정하려고 한다. 각각 얼마나 되겠는가?

답 : 큰 나무는 한 냥에 8그루이고, 모두 48그루로서 값은 6냥이며, 작은 나무는 한 냥에 9그루이고, 모두 54그루로서 값은 6냥이다.

풀이법에 따라서 나무 수를 놓아 은의 총액으로 나누면, 8그루가 나오므로, 한 냥 당 큰 나무의 그루 수로 삼고, 1 그루를 더하면, 9그루가 되는데, 한 냥 당 작은 나무의 그루 수로 삼으면, 몫(실)은 6이 남는데, 비싼 나무의 값이 된다. 이것을 거꾸로 나눗수(하법)에서 뺀 나머지를 싼 나무의 값으로 삼고, 각각 그 값을 곱해주면, 문제에 들어맞는다.

今有銀十二兩,買木一百二株,欲貴賤率之. 問各若干?
答曰,每兩大木八株,共四十八株,價六兩,每兩小木九株,共五十四株,價六兩.
法曰,置木爲實,以銀除之,得八株,爲每兩大木數,加一株,得九株,每兩小木數,餘實六,仍爲貴木之價. 以此反減於下法,餘六爲賤木之價,各以其直乘之,合問.

[123] 은 133냥으로 말 30필을 사는데, 양마와 노마의 값이 1냥 차이가 나게끔 비율을 정하려고 한다. 한 필 값과 마리 수는 각각 얼마나 되겠는가?
답 : 양마의 필가는 5냥이고, 모두 13필로서 값은 65냥이며, 노마의 필가는 4냥이고, 모두 17필로서 값은 68냥이다.

풀이법에 따라서, 은의 총액을 놓아 나뉨수로 삼고, 전체 말의 수로 나누면, 4냥이 나오므로, 노마의 필가로 삼고, 1냥을 더하면, 곧 양마의 필가가 되는데, 몫(실)은 13이 남는데, 양마의 수가 된다. 이것을 거꾸로 나눗수(하법)에서 뺀 나머지 17이 곧 노마의 수이며, 각각의 값을 곱해주면, 문제에 들어맞는다.

今有銀一百三十三兩,買馬三十匹,欲其貴賤率之. 問每匹價及各該若干?
答曰,良馬匹價五兩,共十三匹,價六十五兩,駑馬匹價四兩,共十七匹,價六十八兩.
法曰,置銀爲實,以馬除之,得四兩,爲駑馬之匹價,加一兩,卽良馬之匹價,餘實十三,仍爲良馬之數. 以此反減下法,餘十七,卽駑馬之數,以乘各價,合問.

「구일집」 제 3 권(「九一集」 卷之三)

남양 홍정하 지음(南陽 洪正夏 著)

○之分齊同門 六問

[124] $\frac{14}{21}$가 있다. 약분하면, 얼마가 되는가?

답: $\frac{2}{3}$.

풀이법에 따라서 분모 21을 놓아 분자 14를 빼면, 7이 남고, 별도로 분자 14를 놓아 7을 빼면, 역시 7이 남는데, 나눗수로 삼아서 분모를 나누면, 3이 되고, 분자를 나누면, 2가 되니, 따라서 $\frac{2}{3}$이다.

今有二十一分之一十四. 問約之,得若干?
答曰,三分之二.
法曰,置分母二十一,內減子十四,餘七,別置子十四,減七,亦餘七,就爲法,除母,得三,除子得二,故曰三分之二也.

[125] 15인이 있는데, 각자 은 $1\frac{1}{19}$냥을 냈다. 모두 얼마나 되는가?

답 : $15\frac{15}{19}$냥.

풀이법에 따라서 1냥을 놓아 통분해서 분자를 불러들이면, 20이 되고, 15인으로 곱하면, 300이 되는데, 나뉨수로 삼으며, 19로 나누면, 15냥이 된다. 나뉨수에 차지 않는 것을 덧붙여 놓으면, 문제에 들어맞는다.

今有十五人,每人出銀一兩十九分兩之一. 問共若干?
答曰,一十五兩一十九分兩之一十五.
法曰,置一兩通分納子,得二十,以乘十五人,得三百爲實,以十九除之,得十五兩. 不滿法者幷之,合問.

[126] 은 $6\frac{4}{5}$ 냥이 있는데, 구슬 $8\frac{3}{7}$ 냥을 살 수 있다. 은 한 냥 값에 구슬이 얼마나 되겠는가?

답 : $1\frac{57}{238}$ 냥.

풀이법에 따라서 은의 수량을 놓아 통분해서 분자를 불러들이고, 다시 7을 곱하면, 238이 되는데, 나눗수로 삼고, 별도로 구슬의 수량을 놓아 통분해서 분자를 불러들이고, 다시 5를 곱하면, 295가 되는데, 나뉨수로 삼아서, 나눗수로 나뉨수를 나눠주면, 1냥이 되며, 나뉨수에 차지 않는 것을 덧붙여 놓으면, 문제에 들어맞는다.

今有銀六兩五分兩之四,買珠八兩七分兩之三. 問銀每兩價珠若干?
答曰,一兩二百三十八分兩之五十七.
法曰,置銀,通分納子,又以七分乘之,得二百三十八爲法,別列珠通分納子,又以五分乘之,得二百九十五爲實,以法除之,得一兩,不滿法者幷之,合問.

[127] $6\frac{4}{5}$인이 은 $9\frac{6}{8}$냥, $\frac{4}{7}$냥, $\frac{1}{3}$냥을 나눈다. 한 사람 당 얼마씩 돌아가겠는가?

답 : $1\frac{3238}{5712}$냥.

풀이법에 따라서 그림의 $\begin{matrix}8&6\\7&4\\3&1\end{matrix}$과 같이 산가지를 늘어놓고, 분자를 분모들과 서로 곱하여 세 값을 서로 더하면, 278이 되는데, 왼쪽에 놓아둔다. 다시 분모 8, 7, 3을 서로 곱하면, 168이 되고, 은 9냥과 곱하면, 1,512가 되며, 함께 더해서 왼쪽에 놓아두는데, 모두 1,790이 된다. 다시 사람수의 분모 5로 곱하면, 8,950이 되는데, 나뉨수로 삼고, 별도로 6 사람을 늘어놓아 통분하여 분자에 불러들인다. 다시 은의 분모들을 서로 곱한 수 168과 곱하면, 5,712가 되는데, 나눗수로 삼아 나뉨수를 나눠주면, 1냥이 되며, 나뉨수에 차지 않는 것을 덧붙여 놓으면, 문제에 들어맞는다.

주해 이 풀이법은

$$\left(9\frac{6}{8}+\frac{4}{7}+\frac{1}{3}\right)\div 6\frac{4}{5}$$

$$=\frac{9\times8\times7\times3+(6\times7\times3+4\times8\times3+8\times7)}{8\times7\times3}\div 6\frac{4}{5}$$

$$=\frac{9\times168+(126+96+56)}{168}\div\frac{34}{5}$$

$$=\frac{1512+278}{168}\div\frac{34}{5}=\frac{1790\times5}{168\times34}=\frac{8950}{5712}=1\frac{3238}{5712}$$

이라는 계산과정을 보여준다.

今有六人五分人之四分銀九兩八分兩之六,七分兩之四,三分兩之一. 問各得若干?

答曰,一兩五千七百十二分兩之三千二百三十八.

法曰,依圖布算 $\begin{matrix}8&6\\7&4\\3&1\end{matrix}$,母互乘子,三位併之,得二百七十八,寄左. 又分母八,七,三,相乘,得一百六十八,以乘銀九兩,得一千五百十二,併入,寄左,共得一千七百九十. 又以人分母五因之,得八千九百五十,爲實,別列六人通分納子. 又以銀分母相乘數一百六十八乘,得五千七百十二爲法,除實,得一兩,不滿法者幷之,合問.

[128] 갑은 비단 $\frac{6}{7}$필, 을은 비단 $\frac{3}{4}$필을 갖고 있다. 누가 많으며, 얼마나 많은가?

답 : 갑의 비단이 많으며, $\frac{3}{28}$필 많다.

풀이법에 따라서 그림의 $\begin{matrix}7&6\\4&3\end{matrix}$과 같이 산가지를 늘어놓고 분자를 분모와 서로 곱하면, 갑은 24, 을은 21이 되고, 큰 것에서 작은 것을 뺀 나머지 3을 나뉨수로 삼는다. 다시 분모를 서로 곱하면, 28이 되는데, 나눗수로 삼아 나뉨수를 나눠주면, 곧 나뉨수에 차지 않으므로 덧붙여 놓으면, 문제에 들어맞는다.

주해 이 풀이법은

$$\frac{6}{7}-\frac{3}{4}=\frac{6\times4-3\times7}{28}=\frac{24-21}{28}=\frac{3}{28}$$

이라는 계산과정을 보여준다.

今有甲持絹七分匹之六,乙持絹四分匹之三. 問孰多,多若干?
答曰,甲絹多,多二十八分匹之三.
法曰,依圖布算 $\begin{matrix}7&6\\4&3\end{matrix}$,母互乘子,甲得二十四,乙得二十一,以小減多,餘三爲實. 乃分母相乘,得二十八爲法,除實,則不滿,故仍爲幷之,合問.

[129] 갑은 은 $\frac{8}{9}$냥, 을은 은 $\frac{6}{7}$냥, 병은 은 $\frac{4}{5}$냥을 갖고 있다. 모두 합쳐서 세 사람이 고루 나누게 하려고 한다. 한 사람 당 얼마씩 돌아가겠는가?

답 : $\frac{802}{945}$냥.

풀이법에 따라서 그림의 $\begin{matrix}9&8\\7&6\\5&4\end{matrix}$과 같이 산가지를 늘어놓고, 분자를 분모들과 서로 곱하면, 갑은 280, 을은 270, 병은 252가 되며, 세 값을 서로 더하면, 802가 되는데, (마땅히 3귀를 써야겠으나, 떨어지지 않으므로, 3귀를 쓰지 않고) 나뉨수로 삼는다. 분모 9, 7, 5를 서로 곱하면, 315가 되고, 3을 곱하면, 945가 되는데, 나눗수로 삼아(3은 세 사람을 더한 수인데, 3귀를 쓰지 않으므로, 이것을 나눗수로 삼으니 역시 세 배이다) 나뉨수를 나눠주면, 나뉨수에 차지 않으므로 덧붙여 놓으면, $\frac{802}{945}$가 나와 문제에 들어맞는다.

주해 이 풀이법은

$$\left(\frac{8}{9}+\frac{6}{7}+\frac{4}{5}\right)\div 3$$
$$=\frac{8\times7\times5+6\times9\times5+4\times9\times7}{9\times7\times5}\div 3$$
$$=\frac{280+270+252}{315}\times\frac{1}{3}$$
$$=\frac{802}{945}$$

라는 계산과정을 보여준다.

今有甲銀九分兩之八,乙銀七分兩之六,丙銀五分兩之四,合而令三人平均分之. 問每人若干?

答曰,各平九百四十五分之八百二.

法曰,依圖布算
9 8
7 6
5 4
,母互乘子,甲得二百八十,乙得二百七十,丙得二百五十二,併三位,得八百二,(當用三歸而不盡,故不用三歸)爲實. 分母九,七,五,相乘,得三百十五,乃以三因,得九百四十五,爲法,(三回者盖三人併數,不用三歸,故此爲法之數亦三回也)除實,不滿,故仍爲幷之,曰,九百四十五分之八百二,合問.

○物不知總門 十三問

[130] 물건이 있는데, 개수를 알지 못한다. 그런데 3으로 나누면 2가 남고, 5로 나누면 4가 남고, 7로 나누면 6이 남는다고 한다. 모두

얼마나 되는가?

답 : 104개.

풀이법에 따라서 3, 5, 7을 늘어놓아 서로 곱한 105를 채워진 나눗수(만법)로 놓고, 나머지 2를 놓아 5, 7과 곱한 다음, 2배하면(2는 계수(구일지법)), 140이 되고(3으로 나눈 나머지 2의 비율), 다시 나머지 4를 놓아 3, 7과 곱하면, 84가 되고(5로 나눈 나머지 4의 비율), 또 다시 나머지 6을 놓아 3, 5와 곱하면, 90이 되는데(7로 나눈 나머지 6의 비율), 세 값을 더하면 314가 되며, 만법 105로 더 이상 뺄 수 없을 때까지 계속 빼주면, 104가 남아서 문제에 들어맞는다.

주해 이 문제는 원래「손자산경」에 실렸다가,「양휘산법」에 수록된 바 있는 원조 '중국의 나머지 정리(Chinese Remainder Theorem)' 문제의 변형이다. 참고로「손자산경」의 [26]번 문제와 그 문제에 대한 역자의 주해를 소개한다.

[26] 물건의 개수를 모르는데, 3으로 나누면 2가 남고, 5로 나누면 3이 남고, 7로 나누면 2가 남는다. 물건은 모두 몇 개인가?

답 : 23.

풀이법에 따라서 3으로 나눈 나머지 2에 대해서는 140을 놓고, 5로 나눈 나머지 3에 대해서는 63을 놓고, 7로 나눈 나머지 2에 대해서는 30을 놓는다. 모두 더하면, 233이 되는데, 210을 빼주면, 답이 나온다. 무릇 3으로 나눈 나머지 1에 대해서는 70을 놓고, 5로 나눈 나머지 1에 대해서는 21을 놓고, 7로 나눈 나머지 1에 대해서는 15를 놓는다. 106 이상은 105로 빼주면, 답이 나온다.

〈[26]에 대한 주해〉 이 문제는 '중국의 나머지 문제' 또는 '중국의 나머지 정리(Chinese Remainder Theorem)'의 효시가 된 것으로 유명하다.「양휘산법」은 이 문제를 제시하면서 다음과 같은 주석을 덧붙인 바 있다.

"해제(속칭 '진나라 왕의 은밀한 병력 점검(진왕암점병),' 또는 '반복사격술(복사지술)'이라고 함. 만약 105가 넘으면, 반드시 문제 속에 적혀 있어야 함.) : 관을 자르는 방법(전관술)에 따라서, 3으로 나누면 1이 남는 것에 대해서는 70을 놓는데, 문제에서의 나머지가 2이므로 140을 놓고, 5로 나누면 1이 남는 것에 대해서는 21을 놓는데, 문제에서의 나머지가 3이므로, 63을 놓고, 7로 나누면 1이 남는 것에 대해서는 15를 놓는데, 문제에서의 나머지가 2이므로, 30을 놓는다. 셋을 더하면 233이 되고, 105의 최대배수인 2×105를 빼면, 나머지가 23으로서, 답의 숫자가 된다.(解題(俗名秦王暗點兵,尤覆射之術. 或過一百五數,須于題內云知.) : 塞塞管術曰,三數剩一下七十,題內剩二下百四十,五數剩一下二十一,題內剩三下六十三,七數剩一下十五,題內剩二下三十. 三位幷之,得二百三十三,滿一百五數去之(減兩一百五),餘二十三,爲答數.)"

문제에서 3으로 나누면 2가 남고, 5로 나누면 3이 남고, 7로 나누면 2가 남는다"는 것은, 현대적인 표기법을 쓴다면,

$$x \equiv 2 \pmod{3} \equiv 3 \pmod{5} \equiv 2 \pmod{7}$$

로 표시될 수 있다. 이 문제의 답은 '전관술'이라는 풀이법에 따라

$$70\times2+21\times3+15\times2-210$$
$$=(140+63+30)-210=233-210=23$$

이라는 계산을 통해서 도출되고 있는데, 21이나 15를 보면, 각각 3과 7, 3과 5의 최소공배수로서, 그 순서대로, 5와 7로 나눴을 때, 나머지가 1이 되게 하는 가장 작은 수들이며, 각각 3배와 2배 한 것은 나눗수를 제외한 두 숫자들의 영향을 통제하려고 한 것임을 알 수 있다. 그런데 이렇게 볼 때, 계산 가운데 발견되는 70이라는 숫자는 결코 원리에 충실한 선택이었다고 볼 수가 없다. 왜냐하면 애당초 그것 대신에 5와 7의 최소공배수인 35를 선택했더라면, 그 자체로서 3으로 나누어 2가 남는 숫자이기 때문에, 굳이 70의 2배인 140까지 고려해야 할 필요가 생기지 않기 때문이다. 즉, 보다 엄밀한 계산은

$$35+21\times3+15\times2-105$$
$$=(35+63+30)-105=128-105=23$$

이라고 했어야 됐다는 얘기다. 따라서 이 문제에 대한 원래의 풀이법을 소개하는 맥락에서 그것이 "완벽하게 정확한 규칙에 의해서 서술되었다"고 추켜세운 마츠로프(Martzloff, 1987 : 310)의 말은 다소 도를 넘어선 칭송으로서 적절히 새겨들어야 할 것이다.

한편, 23이 문제의 조건을 일반적 수준에서 충족시키는, 다시 말해서,

$$x=23+105m \text{ (단, } m\geq0\text{인 정수)}$$

으로 표시되는 일련의 정수들 가운데 가장 작은 수라는 점에 유념한다면, 우리는 문제가 바로 그와 같은 최소값을 찾는 것임을 어렵

지 않게 확인하게 된다.

이런 종류의 부정방정식 문제들을 푸는 방법은 원래 대연술(the superfluous art)로 불리다가 나중에 대연구일술(the superfluous art of seeking unity)로 알려지게 되었다(Lam, 1977 : 323을 참조).

今有物, 不知其數. 三, 三數之, 剩二, 五, 五數之, 剩三, 七, 七數之, 剩二. 問物幾何?

答曰, 二十三.

術曰, 三, 三數之, 剩二, 置一百四十, 五, 五數之, 剩三, 置六十三, 七, 七數之, 剩二, 置三十. 幷之, 得二百三十三. 以二百一十減之, 卽得. 凡三, 三數之, 剩一, 則置七十, 五, 五數之, 剩一, 則置二十一, 七, 七數之, 剩一, 則置十五. 一百六以上, 以一百五減之, 卽得.

今有物不知其數. 只云,三數剩二,五數剩四,七數剩六. 問共若干?

答曰,一百四箇.

法曰,列三五七,相乘得一百五爲滿法,列剩二以五七乘之,又二回(二者求一之法)得一百四十(爲三數剩二之衰),又列剩四以三七乘之得八十四(爲五數剩四之衰),又列剩六以三五乘之得九十(爲七數剩六之衰),倂三位共三百一十四於內減滿法一百五至于自盡,餘一百四,合問.

[131] 물건이 있는데, 개수를 알지 못한다. 그런데, 7로 나누면 1이 남고, 8로 나누면 7이 남는다고 한다. 모두 얼마나 되는가?

답 : 15개.

풀이법에 따라서, 7, 8을 늘어놓아 서로 곱한 56을 만법으로 놓고, 다시 $\begin{pmatrix} 7 \\ 8 \end{pmatrix} \times \begin{pmatrix} \text{나머지 } 1 \\ \text{나머지 } 7 \end{pmatrix}$을 서로 곱하여, 8을 나머지 1과 곱하면, 8이 되고(7로 나눈 나머지 1의 비율), 7을 나머지 7과 곱한 49를 다시 7로 곱하면, 343이 되는데(8로 나눈 나머지 7의 비율), 두 값을 더하면 351이 되며, 만법 56으로 더 이상 뺄 수 없을 때까지 계속 빼주면, 15개가 남아서 문제에 들어맞는다.

今有物不知數. 只云,七數剩一,八數剩七. 問共若干?
答曰,一十五箇.
法曰,列七八,相乘得五十六爲滿法,又$\begin{pmatrix} \text{七數} \\ \text{八數} \end{pmatrix} \times \begin{pmatrix} \text{剩一} \\ \text{剩七} \end{pmatrix}$互乘,以八乘一得八(爲七數剩一之衰),又以七乘七,得四十九,再以七乘之,得三百四十三(爲八數剩七之衰),倂二位共三百五十一於內減滿法五十六至于自盡,餘十五箇,合問.

[132] 물건이 있는데, 개수를 알지 못한다. 그런데 15로 나누면 4가 남고, 16으로 나누면 13이 남는다고 한다. 모두 얼마나 되는가?

답 : 109개.

풀이법에 따라서 15, 16을 늘어놓아 서로 곱한 240을 만법으로 놓고, 다시 $\begin{pmatrix} 15 \\ 16 \end{pmatrix} \times \begin{pmatrix} \text{나머지 } 4 \\ \text{나머지 } 13 \end{pmatrix}$을 서로 곱하여, 16을 나머지 4와 곱하면, 64가 되고(15로 나눈 나머지 4의 비율), 15를 나머지 13과 곱한 다음, 다시 15로 곱하면, 2,925가 되는데(16으로 나눈 나머지 13

의 비율), 두 값을 더하면 2,989가 되며, 만법 240으로 더 이상 뺄 수 없을 때까지 계속 빼주면, 문제에 들어맞는다.

今有物不知其數. 只云,十五數之剩四,十六數之剩十三. 問共若干?

答曰,一百九箇.

法,列十五十六,相乘得二百四十爲滿法,又列 $\begin{pmatrix} \text{十五} \\ \text{十六} \end{pmatrix} \times \begin{pmatrix} \text{剩四} \\ \text{剩十三} \end{pmatrix}$ 互乘,以十六乘四得六十四(爲十五數剩四之衰),又以十五乘十三,再以十五乘之,得二千九百二十五(爲十六數剩十三之衰),併二位共二千九百八十九於內減滿法二百四十自盡,合問.

[133] 물건이 있는데, 개수를 알지 못한다. 그런데 5로 나누면 1이 남고, 7로 나누면 3이 남고, 9로 나누면 2가 남는다고 한다. 모두 얼마나 되는가?

답 : 101개.

풀이법에 따라서 5, 7, 9를 늘어놓아 서로 곱한 315를 만법으로 놓고, 다시 나머지 1을 놓아 7, 9와 곱한 다음, 7배하면, 441이 되고(5로 나눈 나머지 1의 비율), 다시 나머지 3을 놓아 5, 9와 곱한 다음, 5배하면, 675가 되고(7로 나눈 나머지 3의 비율), 또 다시 나머지 2를 놓아 5, 7과 곱한 다음, 8배하면, 560이 되는데(9로 나눈 나머지 2의 비율), 세 값을 더하면 1,676이 되며, 만법 315로 더 이상 뺄 수 없을 때까지 계속 빼주면, 곧 문제에 들어맞는다(위의 7, 5, 8은 모두 계수).

今有物不知其數. 只云,五數之剩一,七數之剩三,九數之剩二. 問共若干?

答曰,一百一箇.

法曰,列五七九,相乘得三百十五爲滿法,又列剩一以七九乘之,又七回,得四百四十一(爲五數剩一之衰),又列剩三以五九乘之,又五回,得六百七十五(爲七數剩三之衰),又列剩二以五七乘之,又八回,得五百六十(爲九數剩二衰),併三位共一千六百七十六於內減滿法三百十五至于自盡,則合問(上項七因五因八因皆求一法).

[134] 인부 600명 가운데 부역기간이 끝나기 전에 도주한 자들이 얼마나 되는지 몰라서 남은 무리들을 모아 헤아려 보았다. 7명씩 헤아리면 4명이 남고, 9명씩 헤아리면 3명이 남는데, 11명씩 헤아려도 역시 4명이 남았다. 군사들은 모두 얼마나 되는가?

답 : 남은 사람 543명, 도주자 57명.

풀이법에 따라서 7, 9, 11을 늘어놓아 서로 곱한(7과 9를 곱하고, 다시 11로 곱함) 693을 만법으로 놓고, 별도로 7과 9를 곱하고, 다시 7배하면(계수), 441이 되는데(11로 나눈 나머지 1의 비율), 나머지 4만큼 아래에 더하고(1,761이 됨), 또 7과 11을 곱하고, 다시 2배하면(계수), 154가 되는데(9로 나눈 나머지 1의 비율), 나머지 3만큼 아래에 더하고(462가 됨), 또 9와 11을 곱하면, 99가 되는데(7로 나눈 나머지 1의 비율), 나머지 4만큼 아래에 더한 다음(396이 됨), 세 값을 더하면 모두 2,622가 되며, 만법으로 더 이상 뺄 수 없을 때까지 계속 빼주면, 543이 남는데, 이것이 남은 사람의 수이며, 그 값을 인부 총수에서 빼면, 57이 남는데, 이것이 도주자의 수이다.

今有人夫六百名,刻期赴役於內逃走者不知其數,乃聚其餘衆而數之. 只云,七七數之剩四名,九九數之剩三名,十一數之剩亦四名. 問所逃及餘存各若干?

答曰,餘存者五百四十三名,逃走者五十七名.

法曰,列七九十一,相乘(以七乘九,再以十一乘之),得六百九十三爲滿法,别以七乘九,又七回(求一法),得四百四十一(爲十一數剩一之衰),剩四下共(得一千七百六十四),又以七乘十一,又二回(求一法),得一百五十四(爲九數剩一之衰),剩三下共(得四百六十二),又以九乘十一,得九十九(爲七數剩一之衰),剩四下共(得三百九十六),倂三位共二千六百二十二於內減滿法數至于自盡,餘五百四十三,此餘存數,以減總人,餘五十七,此逃亡數.

[135] 군사들이 몇 명인지 모르는데, 105명씩 초소를 이루게 하면 5명이 남고, 106명씩 초소를 이루게 하면 6명이 남는다. 군사들은 모두 얼마나 되는가?

답 : 11,030명.

풀이법에 따라서, 105, 106을 늘어놓아 서로 곱한 11,130을 만법으로 놓고, 다시 $\begin{pmatrix}105\\106\end{pmatrix}\times\begin{pmatrix}\text{나머지 }5\\\text{나머지 }6\end{pmatrix}$을 늘어놓아 서로 곱하여, 106을 나머지 5와 곱하면, 530이 되고(105로 나눈 나머지 5의 비율), 또 105를 나머지 6과 재차 곱하면, 66,150이 되는데(106으로 나눈 나머지 6의 비율), 두 값을 더하면 모두 66,680이 되며, 만법 11,130으로 더 이상 뺄 수 없을 때까지 계속 빼주면, 11,030이 남아서 문제에 들어맞는다.

今有軍兵不知其數,乃百五作哨餘五人,百六作哨餘六人. 問軍總若干?

答曰,一萬一千三十人.

法曰,列一百五一百六,相乘得一萬一千一百三十爲滿法,又列 $\begin{pmatrix}百五\\百六\end{pmatrix}\times\begin{pmatrix}剩五\\剩六\end{pmatrix}$,互乘,以百六乘五得五百三十(爲百五數剩五之衰),又以百五再次乘六,得六萬六千一百五十(爲百六數剩六之衰),併二位共六萬六千六百八十於內減滿法(一萬一千一百三十)至于自盡,餘一萬一千三十,合問.

[136] 손님이 왔는데, 몇 사람이나 되는지를 모른다. 그런데 3명이 밥을 같이 먹고, 4명이 국을 같이 마시면서 모두 84개의 그릇을 쓰고 있다고 한다. 손님과 국・밥그릇은 각각 얼마나 되는가?

답 : 손님 144명, 밥그릇 48개, 국그릇 36개.

풀이법에 따라서 그릇 수를 놓아 3, 4명을 서로 곱한 12와 곱하면, 1,008이 되는데, 나뉨수로 삼고, 다시 3, 4를 더한 7을 나눗수로 삼아서 나눠주면, 손님의 수가 나오며, 3으로 나누면, 밥그릇 수, 4로 나누면, 국그릇 수가 나와서 문제에 들어맞는다.

今有客至不知其數. 只云,三人共飯,四人共羹,通共用碗八十四隻. 問客及羹飯碗各若干?

答曰,客一百四十四人,飯碗四十八隻,羹碗三十六隻.

法曰,置碗數,以三四人相乘,得十二乘之,得一千八爲實,又三四併之,得七爲法,除之,得客數,三歸,得飯碗,四歸,得羹碗,合問.

[137] 부인 하나가 강가에서 그릇을 씻고 있었다. 옆 사람이 그릇이 얼마나 되느냐고 물으니, 부인은 집에 손님이 왔는데, 몇 사람이나 되는지를 모르지만, 3명이 밥을 같이 먹고, 4명이 국을 같이 마시고, 5명이 고기를 들면서 모두 94개의 그릇을 쓰고 있다고 답하였다. 손님과 각각의 그릇은 얼마나 되는가?

답 : 손님 120명, 밥그릇 40개, 국그릇 30개, 고기그릇 24개.

풀이법에 따라서, 그릇 총수를 놓아 3, 4, 5명을 서로 곱한 60과 곱하면, 5,640이 되는데, 나뉨수로 삼고, 별도로 3, 4, 5명을 둘씩 짝지워 곱한(3명과 4명을 곱하면 12가 되고, 4명과 5명을 곱하면 20이 되고, 5명과 3명을 곱하면 15가 됨) 세 값을 더한 47을 나눗수로 삼아서 나눠주면, 손님 수가 나오며, 세 값을 늘어놓으면(3으로 나누어 밥그릇 수, 4로 나누어 국그릇 수, 5로 나누어 고기그릇 수가 나와서) 문제에 들어맞는다.

今有婦人洗碗河濱. 傍人曰,碗何多,婦曰,家有客至不知其數,但,三人共飯,四人共羹,五人共肉,通共用碗九十四隻. 問客及各碗若干?
答曰,客一百二十人,飯四十碗,羹三十碗,肉二十四碗.
法曰,置總碗,以三人四人五人相乘,得六十乘之,得五千六百四十爲實,別列三人四人五人維乘(以三人乘四人得十二,以四人乘五人得二十,以五人乘三人得十五),併三位,共得四十七爲法,除之,得客數,列三位(三歸,得飯碗,四歸,得羹碗,五歸,得肉碗),合問.

[138] 손님이 왔는데, 몇 사람이나 되는지를 모른다. 그런데, 3명이 밥을 같이 먹고, 4명이 국을 같이 마시고, 5명이 고기를 같이 들고,

6명이 술을 같이 마시면서 모두 114개의 그릇을 쓰고 있다고 한다. 손님과 각각의 그릇은 얼마나 되는가?

답 : 손님 144명, 밥그릇 40개, 국그릇 30개, 고기그릇 24개, 술그릇 20개.

풀이법에 따라서 그림의

3 1
4 1
5 1
6 1

과 같이 산가지를 늘어놓고, 왼쪽 행을 오른쪽 행과 서로 곱하여(밥그릇 120개, 국그릇 90개, 고기그릇 72개, 술그릇 60개) 네 값을 더하면, 342가 되는데, 나눗수로 삼고, 다시 3, 4, 5, 6명을 서로 곱한 360을 그릇 총수와 곱하면, 41,040이 되는데, 나뉨수로 삼아서 나눗수로 나눠주면, 손님의 수 120명이 나오며, 네 값을 늘어놓으면(3으로 나누어 밥그릇, 4로 나누어 국그릇, 5로 나누어 고기그릇, 6으로 나누어 술그릇 수가 나와서) 문제에 들어맞는다.

今有客至不知其數. 只云,三人共飯,四人共羹,五人共肉,六人共酒,通共用碗一百一十四隻. 問客及各碗若干?

答曰,客一百二十人,飯四十,羹三十,肉二十四,酒二十碗.

法曰,依圖布算

3 1
4 1
5 1
6 1

,以左行互乘右行(得飯一百二十碗,羹九十碗,肉七十二碗,酒六十碗),四位併得三百四十二爲法,又三四五六人相乘,得三百六十,以乘總碗,得四萬一千四十爲實,以法除之,得客一百二十人,列四位(三歸,得飯,四歸,得羹,五歸,得肉,六歸,得酒),合問.

[139] 손님이 왔는데, 몇 사람이나 되는지를 모른다. 그런데 2명이 밥을 같이 먹고, 3명이 국을 같이 마시고, 4명이 고기를 같이 들고, 5명이 술을 같이 마시고, 6명이 과일을 같이 먹으면서 모두 174개의 그릇을 쓰고 있다고 한다. 손님과 각각의 그릇은 얼마나 되는가?
답 : 손님 120명, 밥그릇 60개, 국그릇 40개, 고기그릇 30개, 술그릇 24개, 과일그릇 20개.

2 1
3 1
풀이법에 따라서 그림의 4 1과 같이 산가지를 늘어놓고, 왼쪽
5 1
6 1
행을 오른쪽 행과 서로 곱하여(밥그릇 360개, 국그릇 240개, 고기그릇 180개, 술그릇 144개, 과일그릇 120개) 다섯 값을 더하면, 보두 1,044가 되는데, 나눗수로 삼고, 다시 2, 3, 4, 5, 6명을 서로 곱한 720을 그릇 총수와 곱하면, 125,280이 되는데, 나뉨수로 삼아서 나눗수 1,044로 나눠주면, 손님 수 120명이 나오며, 다섯 값을 늘어놓아 2로 나누면 밥그릇, 3으로 나누면 국그릇, 4로 나누면 고기그릇, 5로 나누면 술그릇, 6으로 나누면 과일그릇 수가 나와서 문제에 들어맞는다(나머지도 모두 이와 비슷하다).

今有客至不知其數. 只云,二人共飯,三人共羹,四人共肉,五人共酒,六人共果,通共用碗一百七十四隻. 問客及各碗若干?
答曰,客一百二十人,飯六十碗,羹四十碗,肉三十碗,酒二十四碗,果二十碗.

2 1
3 1
法曰,依圖布算 4 1,以左行互乘右行(得飯三百六十碗,羹二百四十
5 1
6 1

碗,肉一百八十碗,酒一百四十四碗,果一百二十碗),四位併得三百四十二爲法,又三四五六人相乘,得三百六十,以乘總碗,得四萬一千四十爲實,以法除之,得客一百二十人,列四位(三歸,得飯,四歸,得羹,五歸,得肉,六歸,得酒),合問.

[140] 은을 꿔주었는데, 액수를 모른다. 세 차례에 걸쳐서 장사를 위해 내주고서 매번 이자를 합해서 돌려 받았는데, 원리 합계가 19,000냥이 되었다. 원금은 얼마인가?

답 : 16,625냥.

풀이법에 따라서 돌려 받은 은을 반으로 나누면, 9,500냥이고, 다시 돌려 받은 은에 더해서 반으로 나누면, 14,250냥이 되며, 다시 돌려 받은 은에 더해서 반으로 나누면, 원금이 나와서 문제에 들어맞는다.

다른 풀이법에 따라서, 1, 2, 4를 늘어놓고, 더하면, 7이 되는데, 그것을 돌려 받은 은에 곱해서 반으로 나누기를 세 번 거듭해도 역시 (원금이) 나온다.

또 다른 풀이법에 따라서 돌려 받은 은을 놓고, 7을 곱한 다음, 8로 나눠줘도 역시 (원금이) 나온다.

今有曾貸銀,不知其數. 三次出外爲商,每次合利而還銀一萬九千兩本利恰盡. 問原銀若干?

答曰,一萬六千六百二十五兩.

法曰,置還銀,折半,得九千五百兩,又加還銀折半,得一萬四千二百五十兩,又還銀折半,得原銀,合問.

一法,列一二四,併得七,以乘還銀折半,三遭亦得.

[141] 술을 갖고서 봄맞이 나갔는데, 친구를 만나 1배를 더한 술집에 들어가서 8말을 마셨다. 친구들을 만나 술집에 들어가기를 모두 네 차례 거듭하니 술병이 비면서 술이 바닥 나고 말았다. 원래 지녔던 술은 얼마나 되는가?

답 : 7말 5되.

풀이법에 따라서 8말을 반으로 나누면, 4말이 되고, 다시 8말에 더해서 반으로 나누면, 6말이 되며, 다시 8말에 더해서 반으로 나누면, 7말이 되며, 다시 8말에 더해서 반으로 나누면, 7말 5되가 나와서 문제에 들어맞는다.

다른 풀이법에 따라서, 1, 2, 4, 8을 늘어놓고, 더하면, 15가 되는데, 그것을 8말에 곱해서 반으로 나누기를 네 번 거듭해도 역시 (원래 지녔던 술이) 나온다.

또 다른 풀이법에 따라서, 8말을 놓고, 15를 곱한 다음, 16으로 나눠줘도 역시 (원래 지녔던 술이) 나온다.

今有携酒遊春,逢朋添一倍,入店飮八斗.　今逢朋入店俱各四次,壺乾酒盡. 問原携酒若干?

答曰,七斗五升.

法曰,置八斗,折半,得四斗,加八斗折半,得六斗,又加八斗折半,得七斗,又加八斗折半,得七斗五升,合問.

一法,列一二四八,併得十五,以乘八斗,折半四遭,亦得.

一法,置八斗,以十五乘之,以十六除之,亦得.

[142] 은을 꿔주었는데, 액수를 모른다. 세 차례에 걸쳐서 장사를 위해 내주고서 매번 이자를 합해서 돌려 받았는데, 원리 합계가 19,000냥이 되었다. 원금은 얼마인가?

답 : 16,625냥.

풀이법에 따라서 1, 2, 4, 8, 16을 늘어놓고, 더한 다음, 그것을 원래 꿔준 은 1에 더하면, 모두 32가 되는데, 꿔준 은에 곱해서 나뉨수로 삼고, 32에서 원금 1을 뺀 31을 나눗수로 삼아서 나눠주면, 문제에 들어맞는다.

今有曾貸銀,一萬四千五百三十一兩二錢五分出外爲商,合利而還五次,恰盡. 問每次所還若干?

答曰,一萬五千兩.

法曰,置還銀折半,得九千五百兩,又加還銀折半,得一萬四千二百五十兩,又還銀折半,得原銀,合問.

一法,列一二四,倂得七,以乘還銀折半,三遭亦得.

一法,置還銀,以七乘之,以八除之,亦得.

○盈不足術門 十三問

[143] 사람들이 물건을 사는데, 각자 은 5냥씩 내면, 1냥이 남고, 은 3냥씩 내면, 7냥이 모자란다. 사람 수와 물건값은 각각 얼마인가?

답 : 4명, 물건값 은 19냥.

풀이법에 따라서, 남는 것과 모자라는 것을 더한 8냥을 사람의 나뉨수로 삼고, 낸 은을 서로 뺀 나머지 2냥을 나눗수로 삼아서 나눠주면, 사람 수가 나오고, 5냥으로 곱한 다음(20냥이 됨), 남는 1냥을 빼주면, 문제에 들어맞는다.

今有人買物,每人出銀五兩盈一兩,每人出銀三兩不足七兩.問人數及物價各若干?

答曰,四人,價銀十九兩.

法曰,併盈不足共八兩爲人實,出銀相減,餘二兩爲法,除實,得人數,以五兩乘之(得二十兩),內減盈一兩,合問.

[144] 사람들이 물건을 사는데, 각자 은 8냥씩 내면, 4냥이 남고, 은 7냥 7전씩 내도, 역시 1냥 6전이 남는다. 사람 수와 물건값은 각각 얼마인가?

답 : 8명, 물건값 60냥.

풀이법에 따라서 남는 것 둘을 서로 뺀 나머지 2냥 4전을 사람의 나뉨수로 삼고, 낸 은을 서로 뺀 나머지 3전을 나눗수로 삼아서 나눠주면, 사람 수가 나오고, 8냥으로 곱하면, 64냥이 되는데, 남는 4냥을 뺀 나머지가 곧 물건값이 되어서 문제에 들어맞는다(모자라는 것 둘이 있는 경우의 풀이법도 역시 이와 비슷하다.).

今有人買物,每人出銀八兩盈四兩,每人出銀七兩七錢亦盈一兩六錢. 問人數及物價各若干?
答曰,八人,物價六十兩.
法曰,兩盈相減,餘二兩四錢爲人實,出銀相減,餘三錢爲法,除實,得人數,以八兩乘之,得六十四兩,內減盈四兩,餘卽物價,合問(兩不足法亦倣此).

[145] 사람들이 은을 나누는데, 수량을 모른다. 그런데 각자 7냥씩 나누면, 14냥이 남고, 9냥씩 나누면, 딱 맞아떨어진다고 한다. 사람 수와 은의 수량은 각각 얼마인가?

답 : 7명, 은 63냥.

풀이법에 따라서 남는 것 14냥을 사람의 나뉨수로 삼고, 나눈 비율을 서로 뺀 나머지 2냥을 나눗수로 삼아서 나눠주면, 7명이 나오고, 딱 맞아떨어졌을 때의 9냥으로 곱하면, (은의 수량이) 나와서(63냥) 문제에 들어맞는다(모자라는 것과 딱 맞아떨어지는 것(이 있는 경우의 풀이법)도 역시 이와 비슷하다.).

今有人分銀,不知其數. 只云,人分七兩盈十四兩,人分九兩適足. 問人數及銀數各若干?
答曰,七人,銀六十三兩.
法曰,以盈十四兩爲人實,分率相減,餘二兩爲法,除之,得七人,以適足九兩乘之,得(六十三兩),合問(不足適足倣此).

[146] 양을 사려고 하는데, 몇 마리인지를 모른다. 그런데 은 24냥을 내서 사려고 하면, 마리 당 1냥씩 모자라고, 28냥을 내서 사려고 하면, 마리 당 5전씩 모자란다고 한다. 양의 마리 수와 단가는 각각 얼마인가?

답 : 양 8마리, 마리 당 4냥.

풀이법에 따라서 낸 것들을 서로 뺀 나머지 4냥을 나뉨수로 삼고, 모자라는 것 둘을 서로 뺀 나머지를 나눗수로 삼아서 나눠주면, 양 8마리가 나오고, 24냥을 늘어놓아 8냥을 더하고, 8마리로 나눠주면, 단가가 나와서 문제에 들어맞는다.

今有買羊,不知幾隻. 只云,出銀二十四兩買之,則每隻不足一兩,出二十八兩買之,則每隻不足五錢. 問羊數及隻價各若干?

答曰,羊八隻,每隻價四兩.

法曰,出數相減,餘四兩爲實,兩不足相減爲法,除得羊八隻,列二十四兩,加入八兩,以八隻除得隻價,合問.

[147] 사람과 차의 수를 모르는데, 3 사람씩 같이 타면, 차 4대가 남고, 2 사람씩 같이 타면, 5명이 걷게 된다. 사람과 차는 각각 얼마나 되는가?

답 : 차 17대, 39명.

풀이법에 따라서 차 4대를 놓고, 3 사람으로 곱하여(12명이 됨) 모자라는 것으로 삼고, 5명을 남는 것으로 삼아서 남는 것과 모자라는 것을 더한 17을 나뉨수로 삼은 다음, 3명과 2명을 서로 뺀 나머지

1로 나눠주면, 차의 대수(17대)가 나오고, 3명으로 곱하고, (차 4대의 12명을) 빼주면, 곧 사람 수가 나온다.

다른 풀이법에 따라서 5 사람을 놓고, 2 사람으로 나누면, 차 2대 반을 모자라는 것으로 삼고, 차 4대를 남는 것으로 삼아서 남는 것과 모자라는 것을 더하면, 6대 반이 되는데, 3명과 2명을 서로 곱한 6명을 곱수로 삼아서 곱해주면, 역시 39명이 나온다(5명을 뺀 다음, 반으로 나눠주면, 역시 차의 대수가 나옴).

今有人車,不知其數,乃三人共車四車空.二人共車五人步 問人車各若干?

答曰,一十七車,三十九人.

法曰,置四車,以三人乘(得十二人)爲不足,以五人爲盈,乃併盈不足,得十七爲實,以三人二人(以爲出數)相減,餘一,除得車數(一十七介),以三人乘之,內減(四車人數十二),卽人數也.

一法,置五人,以二人歸之,得二車半爲不足,以四車爲盈,乃併盈不足,共得六車半,以三人二人相乘,得六人爲法乘之,亦得三十九人(內減五人折半亦得車數).

[148] 은을 내서 물건을 사는데, 두 등급의 호로 하여금 10:8의 비율로 내게 할 때, 상등 6호와 하등 8호가 내면, 4냥이 모자라고, 상등 8호와 하등 6호가 내면, 역시 2냥이 모자란다. 물건값과 호당 내는 은은 각각 얼마인가?

답 : 물건값 66냥, 상등 호당 5냥, 하등 호당 4냥.

풀이법에 따라서 상등 6호를 10배하고, 하등 8호를 8배하여 더하면, 124가 되고, 다시 상등 8호를 10배하고, 하등 6호를 8배하여 더하면, 128이 되는데, 두 값을 서로 뺀 나머지 4를 나눗수로 삼고, 다시 모자라는 것 둘을 서로 뺀 나머지 2냥을 10배하면, 20냥이 되는데, 나뉨수로 삼아서 나눗수 4로 나눠주면, 상등 호당 5냥이 나오고, 8배하면, 하등 호당 4냥이 나온다. 별도로 상등 8호를 늘어놓아 5냥으로 곱하고, 또한 하등 6호를 늘어놓아 4냥으로 곱한 다음, 더하면, 62냥이 되는데, 모자라는 것 4냥을 더하면, 곧 물건값(66냥)이 되어서 문제에 들어맞는다.

今有出銀買物,令二等人戶作十分之八出之,其上等六戶下等八戶出之,不足四兩,乃上等八戶下等六戶出之,亦不足二兩. 問物價及每戶出銀各若干?

答曰,物價六十六兩,上等每戶五兩,下等每戶四兩.

法曰,置上等六戶十回下等八戶八回,併之,得一百二十四,又置上等八戶十回下等六戶八回,併之,得一百二十八,二位相減,餘四爲法,乃兩不足相減,餘二兩十回,得二十兩爲實,以法四除之,得上等每戶五兩八回,得下等每戶四兩. 別列上等六戶,以五兩乘之,又列下等八戶,以四兩乘之,併得六十二兩,加入不足四兩,卽物價(六十六兩),合問.

[149] 배를 사려고 하는데, 3명마다 7문을 내면, 1문이 남고, 4명마다 8문을 내면, 3문이 모자란다. 사람 수와 배 값은 각각 얼마나 되는가?

답 : 12명, 배 값 27문.

풀이법에 따라서 남는 것과 모자라는 것을 더한 4문을 3명, 4명을 곱한 12와 곱하면 48이 되는데, 나뉨수로 삼고, 다시 $\begin{pmatrix}3\text{명}\\4\text{명}\end{pmatrix}\times\begin{pmatrix}7\text{문}\\8\text{문}\end{pmatrix}$을 서로 곱해서 뺀 나머지 4를 나눗수로 삼아서 나눠주면, 사람 수가 나오고, 7문으로 곱하고, 3명으로 나눈 다음, 남는 것 1문을 빼주면, 문제에 들어맞는다.

다른 풀이법에 따라서 3명, 4명을 서로 곱하면, 12가 되는데, 이것이 곧 사람 수이며(어떤 때는 반으로 나누고, 어떤 때는 두 배 하기도 함), 낸 돈 8문으로 곱하고(96이 됨), 4명으로 나눈 다음(24가 됨), 모자라는 것(3문)을 더해줘도, 역시 답이 나온다.

今有買梨,每三人出七文盈一文,每四人出八文不足三文. 問人數梨價各若干?

答曰,一十二人,梨價二十七文.

法曰,倂盈不足,得四文,以三人四人相乘,得十二,乘之,得四十八爲實,又列$\begin{pmatrix}\text{三人}\\\text{四人}\end{pmatrix}\times\begin{pmatrix}\text{七文}\\\text{八文}\end{pmatrix}$互乘,相減,餘四爲法,除實,得人數,以七文乘之,三人除之,內減盈一文,合問.

一法,三人四人相乘,得十二,乃人數(或折半或倍之),以出八文乘之(得九十六),以四人除之(得二十四),加不足(三文)亦得.

[150] 금이 있는데, 수량을 모르지만, 뭇 자식들에게 나눠주려고 하였다. 그런데 자식 5명마다 800냥을 나눠주면, 200냥이 모자라고, 6

명마다 900냥을 나눠줘도, 역시 500냥이 모자랐다. 사람과 금의 수효는 각각 얼마나 되는가?

답 : 30명, 금 5,000냥.

풀이법에 따라서 모자라는 것 둘을 놓아 서로 뺀 나머지 300냥을 5명, 6명을 곱한 30과 곱하면 9,000이 되는데, 나뉨수로 삼고, 다시 $\begin{pmatrix} \text{5명} \\ \text{6명} \end{pmatrix} \times \begin{pmatrix} \text{800냥} \\ \text{900냥} \end{pmatrix}$을 서로 곱해서 뺀 나머지 300을 나눗수로 삼아서 나눠주면, 30명이 나오고, 900냥으로 곱한 27,000을 6명으로 나누면, 4,500이 되는데, 모자라는 것(500)을 더하면, 5,000냥이 나와서 문제에 들어맞는다.

다른 풀이법에 따라서 5명, 6명을 서로 곱하면, 30이 되는데, 이것이 곧 자식의 수이며, 800으로 곱하고, 5명으로 나눈 다음(4,800냥이 됨), 모자라는 것 200을 더해줘도, 역시 답이 나온다(남는 것 둘이 있는 경우의 풀이법도 역시 이와 비슷하다.).

今有金不知其數,欲分給衆子. 只云,每五子給八百兩不足二百兩,每六子給九百兩亦不足五百兩. 問人及金各若干?

答曰,三十子,金五千兩.

法曰,置兩不足,相減,餘三百兩,以五子六子相乘,得三十,乘之,得九千爲實,又列 $\begin{pmatrix} \text{五子} \\ \text{六子} \end{pmatrix} \times \begin{pmatrix} \text{八百} \\ \text{九百} \end{pmatrix}$ 互乘,相減,餘三百爲法,除實,得三十子,以九百兩乘之,得二萬七千,以六子除之,得四千五百,加不足(五百),得五千兩,合問.

一法,五子六子相乘,得三十,乃子數以八百乘之,以五子除之(得四千八百兩),加不足二百,亦得(兩盈法亦倣此).

[151] 물건이 있는데, 수량을 알지 못한다. 그런데 6 사람마다 9개를 사면, 6개가 모자라고, 4 사람마다 5개를 사면, 딱 맞아떨어진다고 한다. 사람과 물건의 수는 각각 얼마나 되는가?

답 : 24명, 물건 30개.

풀이법에 따라서 모자라는 것 6개를 놓아 6 사람 및 4 사람과 곱한 24를 곱하여(144가 됨) 나뉨수로 삼고, 다시 $\begin{pmatrix}6\text{ 사람}\\4\text{ 사람}\end{pmatrix}\times\begin{pmatrix}9\text{개}\\5\text{개}\end{pmatrix}$ 을 서로 곱해서 뺀 나머지 6을 나눗수로 삼아서 나눠주면, 사람 수가 나오고, 5개로 곱한 다음, 4 사람으로 곱하면, 물건의 수가 나와서 문제에 들어맞는다.

今有物不知其數. 只云每六人分九枚不足六枚,每四人分五枚適足. 問人,物數各若干?
答曰,二十四人,物三十枚.
法曰,置不足六枚,以六人四人相乘數二十四乘之(得一百四十四)爲實,又列 $\begin{pmatrix}\text{六人}\\\text{四人}\end{pmatrix}\times\begin{pmatrix}\text{九枚}\\\text{五枚}\end{pmatrix}$ 互乘,相減,餘六爲法,除實,得人數,以五枚乘之,四人除之,得物,合問.

[152] 은이 있는데, 수량을 알지 못한다. 그런데, 물건을 사려고, 은의 $\frac{4}{6}$ 를 취하여 샀더니 2냥이 남고, 은의 $\frac{6}{10}$ 을 취하여 샀더니 2냥이 모자랐다. 은의 총량과 물건값은 각각 얼마나 되는가?

답 : 은의 총량 60냥, 물건값 38냥.

풀이법에 따라서 남는 것과 모자라는 것을 더하면, 4냥이 되는데, 분모 6 및 10과 곱한 240을 나뉨수로 삼고, 다시 $\begin{pmatrix} \text{분모 } 6 \\ \text{분모 } 10 \end{pmatrix} \times \begin{pmatrix} \text{분자 } 4 \\ \text{분자 } 6 \end{pmatrix}$ 을 서로 곱해서 뺀 나머지 4를 나눗수로 삼아서 나눠주면, 은의 총량이 나오고, 분모 6으로 나눈 다음, 4를 곱하고(40냥이 됨), 남는 것(2냥)을 빼주면, 문제에 들어맞는다.

今有銀不知其數. 欲買物,取銀六分之四買之,盈二兩,取銀十分之六買之,不足二兩. 問總銀,物價各若干?

答曰,總銀六十兩,物價三十八兩.

法曰,併盈不足,得四兩,以六分十分乘之,得二百四十爲實,又列 $\begin{pmatrix} \text{六分} \\ \text{十分} \end{pmatrix} \times \begin{pmatrix} \text{之四} \\ \text{之六} \end{pmatrix}$ 互乘,相減,餘四爲法,除之,得總銀,以六分除之,四因(得四十兩),內減盈(二兩),合問.

[153] 은이 있는데, 수량을 알지 못한다. 그런데 물건을 사려고, 은의 $\frac{7}{9}$ 을 취하여 샀더니 3냥이 남고, 은의 $\frac{5}{6}$ 를 취하여 샀더니 역시 4냥이 남았다. 은의 수량과 물건값은 각각 얼마나 되는가?

답 : 은의 총량 18냥, 물건값 11냥.

풀이법에 따라서 남는 것 둘을 서로 빼면, 1냥이 남는데, 분모 9 및 6과 곱한 54를 나뉨수로 삼고, 다시 $\begin{pmatrix} \text{분모 } 9 \\ \text{분모 } 6 \end{pmatrix} \times \begin{pmatrix} \text{분자 } 7 \\ \text{분자 } 5 \end{pmatrix}$ 를 서로 곱해서 뺀 나머지 3을 나눗수로 삼아서 나눠주면, 은의 총량이 나오고, 9로 나눈 다음, 7을 곱하고(14냥이 됨), 남는 것(3냥)을 빼주면, 문제에 들어맞는다.

今有銀不知其數. 欲買物,取銀九分之七買之,盈三兩,取銀六分之五買之,亦盈四兩. 問銀數,物價各若干?

答曰,總銀十八兩,物價十一兩.

法曰,置兩盈,相減,餘一兩,以分母九六乘之,得五十四爲實,又列 $\begin{pmatrix}\text{九分}\\\text{六分}\end{pmatrix}\times\begin{pmatrix}\text{之七}\\\text{之五}\end{pmatrix}$ 互乘,相減,餘三爲法,除之,得總銀,以九歸七因(得十四兩),內減盈(三兩),合問.

[154] 은이 있는데, 수량을 알지 못한다. 그런데 물건을 사려고, 은의 $\frac{3}{8}$을 취하여 샀더니 5냥이 남고, 은의 $\frac{2}{7}$를 취하여 샀더니 딱 맞아떨어졌다. 은의 총량과 물건값은 각각 얼마나 되는가?

답 : 은의 총량 56냥, 물건값 16냥.

풀이법에 따라서 15, 16을 늘어놓아 서로 곱한 240을 나뉨수로 삼고, 다시 $\begin{pmatrix}\text{분모 } 8\\\text{분모 } 7\end{pmatrix}\times\begin{pmatrix}\text{분자 } 3\\\text{분자 } 2\end{pmatrix}$을 서로 곱해서 뺀 나머지 5를 나눗수로 삼아서 나눠주면, 은의 총량 56냥이 나오고, 7로 나눈 다음, 2로 곱하면, 물건값이 나와서 문제에 들어맞는다.

今有銀不知其數. 欲買物,取銀八分之三買之,盈五兩,取銀七分之二買之,適足. 問總銀,物價各若干?

答曰,總銀五十六兩,物價一十六兩.

法曰,置盈五兩,以分母八七乘之,得二百八十爲實,又列 $\begin{pmatrix}\text{八分}\\\text{七分}\end{pmatrix}\times\begin{pmatrix}\text{之三}\\\text{之二}\end{pmatrix}$ 互乘,相減,餘五爲法,除之,得總銀五十六兩,以七歸二因,得物價,合問.

[155] 소나무와 대나무가 나란히 자라고 있다. 그런데 첫날 소나무는 5자, 대나무는 2자 자라고, (그 후에는) 매일같이 소나무는 전날의 반씩, 대나무는 전날의 두 배씩 자란다고 한다. 소나무와 대나무는 며칠이 지나서 길이가 같게 되겠는가?

답: $2\frac{2}{9}$일 뒤에 각각 길이가 7자 $7\frac{7}{9}$치가 된다.

풀이법에 따르면, 둘째 날에는 1자 5치가 부족하고(이것은 둘째 날 대나무의 길이가 둘째 날 소나무 길이에 미치지 못하는 값임), 셋째 날에는 5자 2치 5푼이 남으니(셋째 날 대나무의 길이가 셋째 날 소나무 길이를 능가한 값), 그림의 $\begin{matrix} 2 & 3 \\ -15 & 525 \end{matrix}$과 같이 산가지를 늘어놓고, 서로 곱하여 두 값을 더하면, 15자가 되는데, 나뉨수로 삼고, 남는 것과 모자라는 것(남는 것은 5자 2치 반, 모자라는 것은 1자 5치)을 더하면, 6자 7치 5푼이 되는데, 나눗수로 삼아서, 나뉨수를 나눠주면, 2일이 나오고, 나뉨수에 차지 않는 것은 각각 7치 반(이것은 남는 것과 모자라는 것을 약분한 값)으로 나누면, $\frac{2}{9}$일이 된다. 길이를 구하려면, 각각 셋째 날에 자라는 길이를 놓고(소나무 1자 2치 반, 대나무 8자), 날의 분자 2를 곱하고, 분모 9로 나눠서 얻어진 값(대나무 1자 7치 나머지 7, 소나무 2치 나머지 7)을 각각 둘째 날의 전체 길이(소나무 7자 5치, 대나무 6자)에 더하면, 소나무와 대나무가 같아진 길이 7자 $7\frac{7}{9}$치가 나와서, 문제에 들어맞는다.

주해 이 문제는 「구장산술」 "영부족"장에 11번째 문제로 등장하는 붓꽃과 왕골을 연상시키는 예제이다. 「구장산술」의 풀이법과 마찬가지로, 여기서도 소나무가 대나무보다 이틀 지날 때 1.5자가 크던 것이 사흘 지날 때에는 오히려 5.25자 작게 된다는 점에 착안해서 둘이 같게 되는 시점을 내삽법(內插法, interpolation)으로 구하여 $2\frac{2}{9}$일째라고 계산하고 있으며, 그때의 두 나무의 길이는, 편의상 대나무를 기준으로 알아보면,

$$6+8\times\frac{2}{9}=7\frac{7}{9}$$

로서 정확하게 답과 일치한다.

그러나 역자가 이미 「구장산술」 "영부족"장의 동 문제에 대한 주해에서 밝혔듯이, 이 문제 역시 두 식물의 성장을 등비급수로 접근하면, 유용한 시사점을 얻을 수 있을 것이다. 즉, n일째의 소나무의 길이는 초항이 5, 공비가 1/2인 등비급수이고, 대나무의 길이는 초항이 2, 공비가 2인 등비급수이므로, 두 길이가 같게 되는 때의 길이를 공식을 써서 나타내면

$$S_n=\frac{5\left(1-\left(\frac{1}{2}\right)^n\right)}{1-\frac{1}{2}}=\frac{2(1-2^n)}{1-2},$$

$$10\left(1-\left(\frac{1}{2}\right)^n\right)=2(2^n-1)$$

이 된다. 여기서 $2^n=x$라고 놓으면,

$$x^2-6x+5=(x-5)(x-1)=0$$

$$\therefore\ x=5$$

$$\therefore\ n=\log_2 5=2.321928095$$

임을 알 수 있고, 그때의 길이 Sn은 8이 된다. 이 결과는 영부족법

에 의존한 답 7자 $7\frac{7}{9}$ 치와는 다소 차이를 나타내는 것이다. 두 식물의 성장 등비급수를 그래프로 나타내면, 다음과 같다.

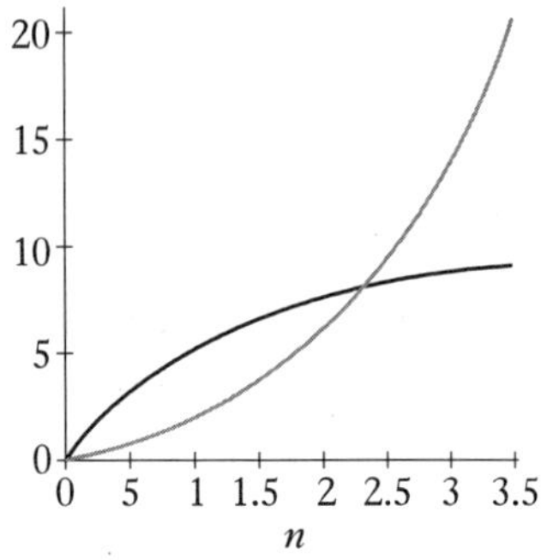

今有松竹並生. 只云,松初日長五尺,竹長二尺,松日自半,竹日自倍. 問松竹幾何日而長等?

答曰,二日九分日之二,各長七尺七寸九分寸之七.

法曰,第二日則不足一尺五寸(此第二日竹長不及於第二日松長數也),第三日則有餘五尺二寸五分(此第三日竹長過於第三日松長數),依圖布算 $\begin{matrix} 2 & 3 \\ -15 & 525 \end{matrix}$,互乘,二位併之,得一十五尺爲實,乃併盈不足(盈五尺二寸半,不足一尺五寸),得六尺七寸五分爲法,除實,得二日,不滿法者各以七寸半(此盈不足約分之數),除之,得九分日之二也. 若求長則各置第三日所長數(松一尺二寸半,竹八尺),各以日分子二乘之,各以日分母九除,得(竹一尺七寸不盡七,松二寸不盡七)各加二日全長(松七尺五寸,竹六尺),得松竹等長各七尺七寸九分寸之七,合問.

「구일집」 제 4 권(「九一集」卷之四)

남양 홍정하 지음(南陽 洪正夏 著)

百子圖

九九	八二	七九	六二	五九	四二	三九	二二	十九	二
一	二十	二一	四十	四一	六十	六一	八十	八一	一百
三	十八	二三	三八	四三	五八	六三	七八	八三	九八
九七	八四	七七	六四	五七	四四	三七	二四	十七	四
五	十六	二五	三六	四五	五六	六五	七六	八五	九六
九五	八六	七五	六六	五四	四七	三五	二六	十五	六
十四	七	三四	二七	五五	四六	七四	六七	九四	八七
八八	九三	六八	七三	四八	五三	二八	三三	八	十三
九一	九十	七一	七十	五一	五十	三一	三十	十一	十
十二	九	三二	二九	五二	四九	七二	六九	九二	八九

法曰併上下數上一下一百共一百零一以一百零一乘之得一萬零一百折半得五千零五十為實以十行除之得縱橫斜角皆五百零五數

按統宗則縱橫皆五百○五數其斜角則不合五百○五數而有盈縮故而令考正

○方程正負門 十四問

[156] 말 2 마리와 소 한 마리의 값은 100냥이고, 또한 말 한 마리와 소 2 마리의 값은 92냥이다. 말과 소의 마리 당 가격은 각각 얼마인가?

답 : 말 값 36냥, 소 값 28냥.

풀이법에 따라서 문제에 등장하는 수들을 $\begin{matrix}1 & 2\\ 2 & 1\\ 92 & 1\end{matrix}$ 와 같이 늘어놓아 오른쪽 줄의 말 2 마리를 왼쪽 줄과 두루 곱하고, 왼쪽 줄의 말 한 마리를 오른쪽 줄과 두루 곱한 다음, 왼쪽 오른쪽 줄을 서로 빼면, 곧 말은 없어지고, 소 3 마리 값 84냥이 남는다. 아래의 나뉨수(하실)를 위의 나눗수(상법)로 나누면, 소 값 28냥이 나오며, 그것을 92냥에서 두 번 빼면, 나머지가 바로 말 한 필의 값이 되어, 문제에 들어맞는다.

주해 말과 소의 마리 당 가격을 각각 x, y라고 하면,

$$2x+y=100,\ x+2y=92$$
$$2(x+2y)-1(2x+y)=3y=2\times 92-100=84$$
$$\therefore\ y=28,\ x=36$$

으로 드러나며, 이는 정확히 본문의 풀이법에서 말하는 계산과정과 일치한다.

今有二馬一牛,共價一百兩. 又一馬二牛,共價九十二兩. 問馬牛各一價若干?

答曰,馬價三十六兩,牛價二十八兩.

法曰,列所問數 $\begin{matrix} 1 & 2 \\ 2 & 1 \\ 92 & 1 \end{matrix}$,以右行馬二遍乘左行,又以左行馬一遍乘右行,乃左右行對減,則馬空餘牛三價八十四兩. 上法下實而一,得牛價二十八兩,再減於九十二兩,餘是馬一之價,合問.

[157] 갑, 을 두 사람이 은을 나누었는데, 그 수량을 모른다. 그런데 갑이 을의 $\frac{1}{3}$을 취하면, 150냥이 되고, 을이 갑의 반을 취해도, 역시 150냥이 된다고 한다. 각각 얼마인가?

답 : 갑 120냥, 을 90냥.

풀이법에 따라서 문제에 등장하는 수들을 $\begin{matrix} 1 & 2 \\ 3 & 1 \\ 150 & 150 \end{matrix}$ 과 같이 늘어놓아 오른쪽 줄을 왼쪽 줄과 두루 곱하고, 왼쪽 줄을 오른쪽 줄과 두루 곱한 다음, 왼쪽 오른쪽 줄을 서로 빼면, 곧 갑은 없어지고, 을 5 비율의 은 150냥이 남는다. 아래의 나뉨수(하실)를 위의 나눗수(상법)로 나누면, 을 1 비율의 30냥이 나오며, 3으로 곱해주면, 을의 은이 나오고, 갑이 늘린 양에서 을의 $\frac{1}{3}$ 30냥을 빼주면, 갑의 은이 나와서 문제에 들어맞는다.

다른 풀이법에 따라서 따로 150냥을 놓고, 갑의 $\frac{1}{4}$을 곱하고, 5로 나누면, 갑의 은이 나오고, 을의 $\frac{1}{3}$을 곱하고, 5로 나누면, 을의 은이 나와서(갑의 비율은 4이고 을의 비율은 3인데, 갑 4에서 반을 취해서 을 3에 더하면, 모두 5가 되고, 또 을 3에서 $\frac{1}{3}$을 취해서 갑 4에 더해도, 역시 5가 된다. 따라서 모두 5로 나누는 것(5귀)을 이용한다.), 문제에 들어맞는다.

주해 첫 번째 풀이법은 갑과 을의 은을 각각 x, y라고 하면,

$$x+\frac{y}{3}=150,\ \frac{x}{2}+y=150$$

$$(x+2y)-(x+\frac{y}{3})=\frac{5y}{3}=150$$

$$\therefore\ y=90,\ x=120$$

으로 드러나는 연립방정식 풀이과정을 반영하고 있다. 두 번째 풀이법은 갑과 을이 각각

$$x=150\times\frac{4}{5},\ y=150\times\frac{3}{5}$$

이 된다는 것을 나타낸다.

今有甲乙二人分銀不知數. 只云,甲取乙銀少半滿一百五十兩,乙取甲銀中半亦滿一百五十兩. 各若干?
答曰,甲一百二十兩,乙九十兩.

法曰,列所問數 $\begin{matrix} 1 & 2 \\ 3 & 1 \\ 150 & 150 \end{matrix}$,以右行遍乘左行,又以左行遍乘右行,乃左右行對減,則甲空餘乙五銀一百五十. 上法下實而一,得乙一分之率三十兩,三因得乙銀,於甲滿數內減乙一分三十兩,得甲,合問.

一法,副置一百五十兩,以甲四分乘之,五歸,得甲銀,以乙三分乘之,五歸,得乙銀(甲四分乙三分者,盖甲四內取中半加於乙三,則共得五,又乙三內取少半加於甲四,則共得亦五也. 故皆用五歸.),合問.

[158] 복숭아 2개, 살구 3개, 오얏 4개는 모두 50문이고, 또한 복숭아 3개, 살구 3개, 오얏 2개도 모두 50문이며, 또한 복숭아 1개, 살구 5개, 오얏 3개도 모두 50문이다. 각각의 값은 얼마인가?

답 : 복숭아 1개는 8문, 살구 1개는 6문, 오얏 1개는 4문.

풀이법에 따라서 문제에 등장하는 수들을 $\begin{matrix} 1 & 3 & 2 \\ 5 & 3 & 3 \\ 3 & 2 & 4 \\ 50 & 50 & 50 \end{matrix}$ 과 같이 늘어놓아 오른쪽 줄의 복숭아 2개를 왼쪽 줄과 두루 곱하고, 다시 가운데 줄의 복숭아 3개를 오른쪽 줄과 두루 곱하여 오른쪽과 가운데 두 줄에서 얻은 값을 서로 빼면, 곧 복숭아는 없어지고, 살구 3개와 오얏 8개의 값 50냥이 남는데, 오른쪽 자리에 놓는다. 다시 왼쪽 줄의 복숭아 1개를 오른쪽 줄과 두루 곱하고, 다시 오른쪽 줄의 복숭아 2개를 왼쪽 줄과 두루 곱하여 왼쪽과 오른쪽 두 줄에서 얻은 값을 서로 빼면, 곧 복숭아는 없어지고, 살구 7개와 오얏 2개의 값 50냥이 남는데, 왼쪽 자리에 놓는다. 오른쪽 자리와 더불어 왼쪽, 오른쪽을

7 3
2 8 으로 나눈 다음, 2원방정식의 풀이법을 쓰면, 오얏의 값 4문
50 50
이 나오고, 왼쪽 줄의 나머지 값 50문에서 오얏 2개의 값 8문을 뺀 나머지 42문을 왼쪽 줄의 7로 나누면, 살구의 값 6문이 나오며. 원래의 값 50문에서 오얏 3개, 살구 5개의 값을 빼주면, 나머지가 곧 복숭아의 값이 나와서 문제에 들어맞는다.

今有桃二杏三李四共價五十文,又桃三杏三李二共價五十文,又桃一杏五李三共價五十文,各價若干?

答曰,桃一價八文,杏一價六文,李一價四文.

1 3 2
法曰,列所問數 5 3 3 ,以右行桃二遍乘中行,又以中行桃三遍乘
3 2 4
50 50 50
右行,乃右中二行得數對減,則桃空餘杏三李八價五十文,列於右位.又以左行桃一遍乘右行,又以右行桃二遍乘左行,乃左右二行得數對減,則桃空餘杏七李二價五十文,列於左位. 乃與右位分左右
7 3
2 8
50 50
用二色方程法,則得李價四文,於左行餘價五十內減李二價八文餘四十二文以左行七除之,得杏價六文,原價五十內減李三杏五價,餘卽桃價,合問.

[159] 능 2자, 나 4자, 견 6자의 값은 모두 84문인데, 몇 년 동안 모셔 두었더니, 좀 벌레가 먹고 빗물에 젖어 사람들이 찾지 않는다. 그래서 능을 나 2자에 더하고, 나를 견 2자에 더하고, 견을 능 2자에

더했더니, 그런 다음에야 각각 전의 값과 같아졌다. 세 종류 각각의 1자 값은 얼마인가?

답 : 능 24문, 나 18문, 견 6문.

풀이법에 따라서 문제에 등장하는 수들을 $\begin{array}{ccc} 2 & 0 & 2 \\ 0 & 4 & 2 \\ 6 & 2 & 0 \\ 84 & 84 & 84 \end{array}$ 와 같이 늘어놓아 왼쪽 줄의 4배로 가운데 줄에 더하면, 능 8, 나 4, 견 26자의 값이 모두 420문이 되고, 다시 왼쪽 줄의 1배로 오른쪽 줄에 더하면, 능 4, 나 2, 견 6자의 값이 모두 168문이 되는데 $\begin{array}{cc} 4 & 8 \\ 2 & 4 \\ 6 & 26 \\ 168 & 420 \end{array}$, 오른쪽 줄의 능 8을 왼쪽 줄과 두루 곱하고, 다시 왼쪽 줄의 능 4를 오른쪽 줄과 두루 곱하여 왼쪽 줄과 오른쪽 줄을 서로 빼면, 곧 능과 나는 없어지고, 견 56자의 값 336문이 남는데, 위를 나눗수, 아래를 나뉨수로 하여 나눠주면, 견의 단가 6문이 나오고, 가운데 줄의 원래 값에서 견 2자 값을 뺀 나머지 72문을 4로 나누면, 나의 단가 18문이 나오며, 다시 오른쪽 줄의 원래 값에서 나 2자 값을 뺀 나머지 84문을 2로 나누면, 능의 단가 24문이 나와서 문제에 들어맞는다.

주해 이 문제는 "능을 나 2자에 더하고, 나를 견 2자에 더하고, 견을 능 2자에 더했더니, 그런 다음에야 각각 전의 값과 같아졌다."는 표현이 행렬식의 $\begin{array}{ccc} 2 & 0 & 2 \\ 0 & 4 & 2 \\ 6 & 2 & 0 \\ 84 & 84 & 84 \end{array}$ 에 해당한다는 것을 파악하는 것이 요체이다. 즉, 원래의 능, 나, 견의 양에 각각의 덤을 덧붙이니 84문씩 되었다는 얘기이다.

今有綾二尺羅四尺絹六尺價皆八十四文,藏置數年,虫損雨濕人皆不求,乃綾添羅二尺,羅添絹二尺,絹添綾二尺,然後各同前價. 問三色各一尺價若干?

答曰,綾二十四文,羅一十八文,絹六文.

法曰,列所問數

2 0 2
0 4 2
6 2 0
84 84 84

,以左行四次直加於中行,得綾八羅四絹二十六價皆四百二十,又左行一次直加於右行,得綾四羅二絹六價一百六十八文

4 8
2 4
6 26
168 420

,以右行綾八遍乘左行,又以左行綾四遍乘右行,乃左右行對減,則綾羅空餘絹五十六尺價三百三十六文,上法下實而一,得絹價六文,於中行原價內減絹二價餘七十二文,四歸,得羅價一十八文,又右行原價內減羅二價餘八十四文,二歸,得綾價二十四文,合問.

[160] 은병 15개, 금병 12개를 합친 무게는 504냥인데, 금은 무겁고 은은 가벼워서 3개를 바꿔 다니 무게가 같아졌다. 금병, 은병 각각의 1개 무게는 얼마인가?

답 : 금병 1개 $22\frac{90}{99}$ 냥, 은병 1개 $15\frac{27}{99}$ 냥.

풀이법에 따라서, 금병, 은병 수를 놓고, 3개를 바꾸면,

3 12
9 3
252 252

이 되므로, 은 12, 금 3의 무게가 252냥이 되고, 은 3, 금 9의 무게가 252냥이 되며, 오른쪽 줄의 은 12를 왼쪽 줄과 두루 곱하면, 은은 36, 금은 108, 무게는 3,024가 되고, 다시 왼쪽 줄의 은 3을 오른쪽 줄과 두루 곱하면, 은은 36, 금은 9, 무게는 756이 되는데, 두 수를 서로

빼면, 은은 없어지고, 금 99개의 무게 2,268냥이 남는데, 위를 나눗수, 아래를 나뉨수로 하여 나눠주면, 1개의 무게는 22냥이 나오는데, 나눗수를 채우지 못하는 것은 몇 분의 몇이라고 하고, 별도로 오른쪽 그림처럼 금과 은의 상하를 바꾸어 $\begin{matrix}9 & 3\\ 3 & 12\\ 252 & 252\end{matrix}$, 오른쪽 줄의 금 3을 왼쪽 줄과 두루 곱하고, 다시 왼쪽 줄의 금 9를 오른쪽 줄과 두루 곱한 다음, 두 수를 서로 빼면, 금은 없어지고, 은 99의 무게 1,512냥이 남는데, 위를 나눗수, 아래를 나뉨수로 하여 나눠주면, 은의 무게가 나와서 문제에 들어맞는다.

今有銀瓶十五金瓶十二合重五百四兩,金重銀輕,交換三箇而秤之,重適等. 問金銀瓶各一箇重若干?

答曰,金瓶一箇二十二兩九十九分兩之九十,銀瓶一箇一十五兩九十九分兩之二十七.

法曰,置金銀瓶數交換三箇,得 $\begin{matrix}3 & 12\\ 9 & 3\\ 252 & 252\end{matrix}$,乃銀十二金三重二百五十二兩,銀三金九重二百五十二兩,以右行銀十二遍乘左行銀得三十六,金得一百八,重得三千二十四,又以左行銀三遍乘右行銀得三十六,金得九,重得七百五十六,二位對減,銀空餘金九十九箇重二千二百六十八兩,上法下實而一,得一箇重二十二兩,不滿法者,命之,另列右圖金銀上下換易 $\begin{matrix}9 & 3\\ 3 & 12\\ 252 & 252\end{matrix}$,以右行金三遍乘左行,又以左行金九遍乘右行,二位對減,金空餘銀九十九重一千五百一十二兩,上法下實而一,得銀,合問.

[161] 옥 16 덩어리, 돌 12 덩어리를 합친 무게는 4,000냥보다 옥 두 덩어리 무게만큼 많고, 또 옥 12 덩어리, 돌 16 덩어리를 합친 무게는 4,000냥보다 돌 두 덩어리 무게만큼 적다. 옥과 돌 각각의 한 덩어리 무게는 얼마인가?

답 : 옥 $222\frac{24}{108}$ 냥, 돌 $74\frac{8}{108}$ 냥.

풀이법에 따라서 옥과 돌의 덩어리 수를 놓고, 각각 많고 적은 두 덩어리를 더하고 빼면, $\begin{array}{cc} 12 & 14 \\ 18 & 12 \\ 4000 & 4000 \end{array}$ 이 되므로, 옥 14, 돌 12의 무게가 4,000냥이 되고, 옥 12, 돌 18의 무게가 4,000냥이 되며, 오른쪽 줄의 옥 14를 왼쪽 줄과 두루 곱하고, 다시 왼쪽 줄의 옥 12를 오른쪽 줄과 두루 곱하여 두 수를 서로 빼면, 옥은 없어지고, 돌 108 덩어리의 무게 8,000냥이 남는데, 위를 나눗수, 아래를 나뉨수로 하여 나눠주면, 돌 무게는 74냥이 나오는데, 나눗수를 채우지 못하는 것은 몇 분의 몇이라고 하고, 별도로 오른쪽 그림처럼 옥과 돌의 상하를 바꾸어 $\begin{array}{cc} 18 & 12 \\ 12 & 14 \\ 4000 & 4000 \end{array}$, 오른쪽 줄의 돌 12를 왼쪽 줄과 두루 곱하고, 다시 왼쪽 줄의 돌 18을 오른쪽 줄과 두루 곱한 다음, 두 수를 서로 빼면, 돌은 없어지고, 옥 108 덩어리의 무게 24,000냥이 남는데, 위를 나눗수, 아래를 나뉨수로 하여 나눠주면, 옥 무게가 나오는데, 나눗수를 채우지 못하는 것은 몇 분의 몇이라고 하면, 문제에 들어맞는다.

今有玉十六塊石十二塊重過四千而多二玉之重,又玉十二塊石十六塊重不及四千而少二石之重. 問玉石各一塊重若干?

答曰,玉重二百二十二兩一百八分兩之二十四,石重七十四兩一百八分兩之八.

法曰,置玉石塊數各以多少加減其二,得 $\begin{matrix} 12 & 14 \\ 18 & 12 \\ 4000 & 4000 \end{matrix}$,玉十四石十二重四千,玉十二石十八重四千,以右行玉十四遍乘左行,又以左行玉十二遍乘右行,二位對減,玉盡餘石一百八塊重八千,上法下實而一,得石重七十四兩,不滿法者,命之,另列右圖玉石上下換易 $\begin{matrix} 18 & 12 \\ 12 & 14 \\ 4000 & 4000 \end{matrix}$,以右行石十二遍乘左行,又以左行石十八遍乘右行,二位對減,石盡餘玉一百八塊重二萬四千,上法下實而一,得玉重,不滿法者,命之,合問.

[162] 갑, 을, 병이 함께 은을 나누는데, 수량을 모른다. 그런데 갑이 을의 $\frac{3}{4}$과 병의 $\frac{1}{4}$을 얻으면, 78냥 7전 5푼이 되고, 을이 갑의 $\frac{1}{4}$과 병의 $\frac{3}{4}$을 얻으면, 67냥 5전이 되고, 병이 갑의 $\frac{3}{4}$과 을의 $\frac{1}{4}$을 얻으면, 69냥 7전 5푼이 된다고 한다. 갑, 을, 병 각각의 은은 얼마인가?

답 : 갑 45냥, 을 36냥, 병 27냥.

풀이법에 따라서 문제에 등장하는 수들을 $\begin{matrix} 3 & 1 & 4 \\ 1 & 4 & 3 \\ 4 & 3 & 1 \\ 6975 & 675 & 7875 \end{matrix}$ 와 같이 늘어놓고, 오른쪽 줄의 갑 4를 가운데 줄과 두루 곱하고, 다시 가운데 줄의 갑 1을 오른쪽 줄과 두루 곱한 다음, 두 수를 서로 빼면,

갑은 없어지고, 을 13, 병 11의 은 191냥 2전 5푼이 남는데, 오른쪽 자리에 놓고, 다시 왼쪽 줄의 갑 3을 가운데 줄과 두루 곱하고, 다시 가운데 줄의 갑 1을 왼쪽 줄과 두루 곱한 다음, 두 수를 서로 빼면, 갑은 없어지고, 을 11, 병 5의 은 132냥 7전 5푼이 남는데, 왼쪽 자리에 놓아 오른쪽 자리와 더불어 왼쪽, 오른쪽을 $\begin{matrix} 6 & 8 \\ 5 & 6 \\ 8275 & 1975 \end{matrix}$ 으로 나눈 다음, 오른쪽 줄의 을 13을 왼쪽 줄과 두루 곱하고, 다시 왼쪽 줄의 을 11을 오른쪽 줄과 두루 곱한 다음, 두 수를 서로 빼면, 을은 없어지고, 병 56의 은 378냥이 남는데, 위를 나눗수, 아래를 나뉨수로 하여 나눠주면, 6냥 7전 5푼이 되고($\frac{1}{4}$ 의 수량), 4배하면, 곧 병의 은이 나오고, 6냥 7전 5푼으로 왼쪽 줄의 병 5를 곱해서 왼쪽 줄의 은에서 뺀 나머지 99냥을 을 11로 나눠주면, 9냥이 되며, 4배하면, 을의 은이 나오고, 갑의 채워진 수량에서 을의 $\frac{3}{4}$ 인 27냥과 병의 $\frac{1}{4}$ 인 6냥 7전 5푼을 빼주면, 갑의 은이 나와서 문제에 들어맞는다.

다른 풀이법에 따라서 채워진 수량을 늘어놓고, 세 값을 더하여 반으로 나누면, 108냥이 되는데, 이것은 세 사람의 은을 더한 값이니 3으로 나눠주면, 을의 은 36냥이 나오고, 별도로 갑의 채워진 수량을 놓고, 4배하면(4배하는 것은 원래의 분모가 4이기 때문이다), 315냥이 되는데(이것은 갑은 4 단위, 을은 3 단위, 병은 1단위를 합친 것이다), 세 사람의 은을 합친 값 108냥을 뺀 나머지 135냥(즉 갑의 3배이다)을 3으로 나눠주면, 갑의 은 45냥이 나오며, 거꾸로 세 사람의 은을 합친 값 108냥에서 갑과 을의 은의 수량을 빼주면, 병의 은이 나와서 문제에 들어맞는다.

今有甲乙丙共分銀不知其數. 只云,甲得乙銀強半丙銀弱半滿七十八兩七錢五分,乙得甲銀弱半丙銀強半滿六十七兩五錢,丙得甲銀強半乙銀弱半滿六十九兩七錢五分. 問甲乙丙銀各若干?

答曰,甲四十五兩,乙三十六兩,丙二十七兩.

法曰,列所問數

3 1 4
1 4 3
4 3 1
6975 675 7875

,以右行甲四遍乘中行,又以中行甲一遍乘右行,二位對減,甲空餘乙十三丙十一銀一百九十一兩二錢五分,列於右位,又以左行甲三遍乘中行,又以中行甲一遍乘左行,二位對減,甲空餘乙十一丙五銀一百三十二兩七錢五分,列於左位,乃與右位分左右

6 8
5 6
8275 1975

,以右行乙十三遍乘左行,又以左行乙十一遍乘右行,二位對減,乙空餘丙五十六銀三百七十八兩,上法下實而一,得六兩七錢五分(乃一分之率也),四之,卽丙銀以六兩七錢五分乘左行丙五,以減左行銀餘九十九兩,以乙十一除之,得九兩,四因,得乙銀,於甲滿數內減乙銀強半二十七兩丙銀弱半六兩七錢五分,得甲銀,合問.

一法列滿數,三位併而折半,得一百八兩,是三人銀共數,卽三歸之,得乙銀三十六兩,別置甲滿數,四因(四因者原分母四分故也),得三百十五兩(是甲銀四乙銀三丙銀一分也),內減三人銀共數一百八兩,餘一百三十五兩(卽甲三也),就以三歸之,得甲銀四十五兩,却於三人銀共數一百八兩,內減甲乙銀數,餘得丙銀二十七兩,合問.

[163] 능 2자, 나 4자의 값은 2냥 9전이고, 나 2자, 사 5자의 값은 2냥 6전 5푼이고, 사 4자, 견 6자의 값은 2냥 9전이고, 능 1자, 견 7자의 값은 2냥 3전이다. 네 종류 각각의 1자 값은 얼마인가?

답 : 능 5전 5푼, 나 4전 5푼, 사 3전 5푼, 견 2전 5푼.

풀이법에 따라서 문제에 등장하는 수들을 늘어놓아 셋째 줄을 첫째 줄에 더하고, 다시 둘째 줄을 넷째 줄에 더하면, $\begin{matrix}2 & 1\\ 4 & 2\\ 4 & 5\\ 6 & 7\\ 580 & 495\end{matrix}$ 이 되는데, 오른쪽 줄의 능 1로 왼쪽 줄을 두루 곱하고, 다시 왼쪽 줄의 능 2를 오른쪽 줄과 두루 곱하여 두 수를 서로 빼면, 능과 나는 없어지고, 사 6과 견 8의 값 4냥 1전이 남는데, 오른쪽에 놓고, 셋째 줄의 사 4와 견 6의 값 2냥 9전을 왼쪽에 놓아 $\begin{matrix}4 & 6\\ 6 & 8\\ 29 & 41\end{matrix}$ 오른쪽 줄의 사 6으로 왼쪽 줄을 두루 곱하고, 다시 왼쪽 줄의 사 4로 오른쪽 줄을 두루 곱하여 두 수를 서로 빼면, 사는 없어지고, 견 4자의 값 1냥이 남는데, 위를 나눗수, 아래를 나뉨수로 하여 나눠주면, 견의 단가 2전 5푼이 나오고, 셋째 줄의 값에서 견 6의 값을 뺀 나머지 1냥 4전을 4로 나누면, 사의 단가가 나오며, 다시 둘째 줄의 값에서 사 5의 값을 뺀 나머지 9전을 반으로 나누면, 나의 단가가 나오고, 다시 첫째 줄의 값에서 나 4의 값을 뺀 나머지 1냥 1전을 반으로 나누면, 능의 단가가 나와서 문제에 들어맞는다.

今有綾二尺羅四尺價二兩九錢,羅二尺紗五尺價二兩六錢五分,紗四尺絹六尺價二兩九錢,綾一尺絹七尺價二兩三錢. 問四色尺價各若干?

答曰,綾五錢五分,羅四錢五分,紗三錢五分,絹二錢五分.

法曰,列所問數,以第三行添入第一行,又以第二行添入第四行,則

2	1
4	2
4	5
6	7
580	495

,以右行綾一遍乘左行,又以左行綾二遍乘右行,二位對減,綾羅盡餘紗六絹八價四兩一錢,乃列於右,以第三行紗四絹六價二兩九錢,列於左

4	6
6	8
29	41

,以右行紗六遍乘左行,又以左行紗四遍乘右行,二位對減,則紗盡餘絹四尺價一兩,上法下實而一,得絹價二錢五分,於三行價內減絹六價餘一兩四錢,四歸,得紗價,又二行價內減紗五價餘九錢,折半,得羅價,又一行價內減羅四價餘一兩一錢,折半,得綾價,合問.

[164] 견 1자, 사 2자, 나 3자, 능 4자의 값은 모두 8냥 7전 2푼인데, 능 4자, 나 5자, 사 6자, 견 7자의 값이 서로 같다고 한다. 네 종류 각각의 단가는 얼마인가?

답 : 능 1냥 5푼, 사 7전, 나 8전 4푼, 견 6전.

풀이법에 따라서 그림과 같이 산가지를 늘어놓아

4	능	4
5	나	3
6	사	2
7	견	1

, 왼쪽 줄을 오른쪽 줄과 서로 곱하는데, 서로 곱하기를 왼쪽 줄의 능 4, 사 6, 견 7을 오른쪽 줄의 나 3과 곱하면, 504가 되고, 다시 왼쪽 줄의 나 5, 사 6, 견 7을 오른쪽 줄의 능 4와 곱하면, 840이 되고, 다시 왼쪽 줄의 능 4, 나 5, 견 7을 오른쪽 줄의 사 2와 곱하면, 280이 되고, 다시 왼쪽 줄의 능 4, 나 5, 사 6을 오른쪽 줄의 견 1과 곱하면, 120이 되어 네 값을 더한 1,744를 나눗수로 삼고, 별도로 왼쪽 줄의 능 4, 나 5, 사 6, 견 7을 서로 곱하면, 840이 되고, 합계 금액인 8냥 7전 2푼으로 곱하면, 7,324냥

8전이 되는데, 나뉨수로 삼아서 나눗수로 나눠주면, 4냥 2전이 되니 이는 곧 서로 같아지는 값인 바 7로 나누면, 견, 6으로 나누면, 사, 5로 나누면, 나, 4로 나누면, 능의 값이 나와서 문제에 들어맞는다.

今有絹一尺,紗二尺,羅三尺,綾四尺,共價八兩七錢二分. 只云,綾四尺,羅五尺,紗六尺,絹七尺之價適等. 問四色價各若干?

答曰,綾一兩五分,紗七錢,羅八錢四分,絹六錢.

法曰,依圖布算

4	綾	4
5	羅	3
6	紗	2
7	絹	1

,以左行互相乘之於右行,互相乘者以左行綾四,紗六,絹七乘右行羅三,得五百四,又以左行羅五,紗六,,絹七乘右行綾四,得八百四十,又以左行綾四,羅五,絹七乘右行紗二,得二百八十,又以左行綾四,羅五,紗六乘右行絹一,得一百二十,四位併之,得一千七百四十四爲法,另以左行綾四,羅五,紗六,絹七相乘,得八百四十,以乘共價八兩七錢二分,得七千三百二十四兩八錢爲實,以法除之,得四兩二錢,此卽相等之價,七歸,得絹價,六歸,得紗價,五歸,得羅價,四歸,得綾價,合問.

[165] 능 4자, 나 5자의 값이 모두 8냥 4전이고, 사 6자, 견 7자의 값도 모두 8냥 4전이다. 능 1자를 팔고, 견 1자를 사면, 4전 5푼이 남고, 사 1자를 팔고, 나 1자를 사면, 1전 4푼이 모자란다고 한다. 네 종류 각각의 단가는 얼마인가?

답 : 능 1냥 5푼, 사 7전, 나 8전 4푼, 견 6전.

풀이법에 따라서, 견 7을 놓아 남는 값 4전 5푼으로 곱하면, 3냥 1전 5푼이 되는데, 사와 견의 합계액에 더하고, 별도로 사 6을 놓아 모자라는 값 1전 4푼으로 곱하면, 8전 4푼이 되는데, 다시 사와 견의

합계액에 더하면, 모두 합해서 12냥 3전 9푼이 되므로, 그림과 같이 산가지를 늘어놓아

7	4
6	5
1239	84

, 오른쪽 줄의 능 4를 왼쪽 줄과 두루 곱하면, 견 28, 사 24의 값 49냥 5전 6푼이 나오고, 다시 왼쪽 줄의 견 7을 오른쪽 줄과 두루 곱하면, 능 28, 나 35의 값 58냥 8전이 나오는데, 오른쪽 능, 왼쪽 견의 두 값을 서로 빼주면, 나 11의 값 9냥 2전 4푼이 남으니, 아래쪽의 나뉨수를 위쪽의 나눗수로 나누면, 나의 단가 8전 4푼이 나오고, 모자라는 값을 빼면, 사의 단가 7전이 나오고, 오른쪽 값에서 나 5의 값을 뺀 나머지 4냥 2전을 4로 나누면, 능의 단가 1냥 5푼이 나오며, 남는 값을 빼면, 견의 단가 6전이 나와서 문제에 들어맞는다.

今有綾四,羅五共價八兩四錢,紗六,絹七共價八兩四錢. 只云,賣綾一以買絹一,盈四錢五分,賣紗一以買羅一,不足一錢四分. 問四色各一價若干?

答曰,綾一兩五分,紗七錢,羅八錢四分,絹六錢.

法曰,置絹七,以盈四錢五分乘,得三兩一錢五分,加於紗絹共價,另置紗六,以不足一錢四分乘,得八錢四分,又加於紗絹共價,共十二兩三錢九分,依圖布算

7	4
6	5
1239	84

,以右行綾四遍乘左行,得絹二十八,紗二十四價四十九兩五錢六分,又以左行絹七遍乘右行,得綾二十八,羅三十五價五十八兩八錢,二位對減右綾左絹,空餘羅十一價九兩二錢四分,上法下實而一,得羅價八錢四分,內減不足,得紗價七錢,於右行價內減羅五價,餘四兩二錢,四歸,得綾價一兩五分,內減盈,得絹價六錢,合問.

[166] 홍금 4자, 청금 5자, 황금 6자의 값은 모두 200문이 넘는다. 홍금 4자는 청금 1자만큼 넘고, 청금 5자는 황금 1자만큼 넘고, 황금 6자는 홍금 1자만큼 넘는다고 한다. 세 종류 각각의 1자 값은 얼마인가?

답 : 홍금 $62\frac{22}{119}$문, 청금 $48\frac{88}{119}$문, 황금 $43\frac{83}{119}$문.

풀이법에 따라서 문제에 등장하는 수들을 $\begin{matrix} -1 & 0 & 4 \\ 0 & 5 & -1 \\ 6 & -1 & 0 \\ 200 & 200 & 200 \end{matrix}$ 과 같이 늘어놓아 오른쪽 줄의 홍 4로 왼쪽 줄을 두루 곱하면, 홍 -4, 황 24의 값 800문이 나오고, 다시 왼쪽 줄의 홍 1을 오른쪽 줄과 두루 곱하여 마찬가지로 한 다음, 좌우 줄의 다른 것을 빼고 같은 것을 더하면(이감동가), 홍은 없어지고, 청 -1과 황 24의 값 1,000문이 남는데, 왼쪽에 놓고, 따로 가운데 줄을 오른쪽에 놓아 $\begin{matrix} -1 & 5 \\ 24 & -1 \\ 10 & 2 \end{matrix}$ 오른쪽 줄 위의 청 5로 왼쪽 줄을 두루 곱하면, 청 -5, 황 120의 값 5,000문이 나오고, 다시 왼쪽 줄 위의 청 1로 오른쪽 줄을 두루 곱하여 마찬가지로 한 다음, 두 수의 다른 것을 빼고 같은 것을 더하면, 청은 없어지고, 황 119자의 값 5,200이 남는데, 위를 나눗수, 아래를 나뉨수로 하여 나눠주면, 황금의 단가 $43\frac{83}{119}$문이 나오고, 통분해서 분자를 더한 다음, 청 5로 나누면, 5,800이 되는데, 분모로 나눠주면, 청금의 단가가 나오며, 홍금 값 200을 더하여 통분해서 분자를 더한 다음, 홍 4로 나누고, 다시 분모로 나눠주면, 홍금의 단가가 나와서 문제에 들어맞는다.

今有紅錦四尺靑錦五尺黃錦六尺價皆過二百文. 只云,紅錦四尺價過靑錦一尺,靑錦五尺價過黃錦一尺,黃錦六尺價過紅錦一尺. 問三色各一尺價若干?

答曰,紅錦六十二文一百一十九分文之二十二,靑錦四十八文一百一十九分文之八十八,黃錦四十三文一百一十九分文之八十三.

法曰,列所問數 $\begin{array}{ccc} -1 & 0 & 4 \\ 0 & 5 & -1 \\ 6 & -1 & 0 \\ 200 & 200 & 200 \end{array}$,以右行紅四遍乘左行,得紅負四黃正二十四價正八百文,又以左行紅一遍乘右行,如舊,乃左右行異減同加,紅空靑負一黃正二十四價正一千文,仍列於左,別以中行列於右 $\begin{array}{cc} -1 & 5 \\ 24 & -1 \\ 10 & 2 \end{array}$,以右上靑五遍乘左行,得靑負五黃正一百二十價正五千,又以左上靑一遍乘右行,如舊,二位異減同加,則靑空餘黃一百一十九尺價五千二百,上法下實而一,得黃錦尺價四十三文一百一十九分文之八十三,通分納子以靑五歸之,得五千八百,以分母除之,得靑錦尺價,加紅錦價二百,通分納子以紅四歸之,又以分母除,得紅價,合問.

[167] 거위 3 마리, 오리 5 마리를 팔아서 닭 12 마리를 사면 1냥이 남고, 거위 4마리, 닭 4 마리를 팔아서 오리 7 마리를 사면 딱 맞아떨어지며, 오리 2 마리, 닭 4 마리를 팔아서 거위 6 마리를 사면 1냥이 모자란다고 한다. 각각의 값은 얼마인가?

답 : 거위 2전 8푼, 오리 2전, 닭 7푼.

풀이법에 따라서 문제에 등장하는 수들을 $\begin{array}{ccc} -6 & 4 & 3 \\ 2 & -7 & 5 \\ 4 & 4 & -12 \\ -1 & 0 & 1 \end{array}$와 같이 늘어놓아 가운데 줄의 거위 4로 왼쪽 줄을 두루 곱하면, 거위 -24, 오

리 8, 닭 16의 값 -4냥이 나오고, 다시 왼쪽 줄의 거위 6을 가운데 줄과 두루 곱하면, 거위 24, 오리 -42, 닭 24가 나오는데, 두 수의 다른 것을 빼고 같은 것을 더하면, 거위는 없어지고, 오리 -34와 닭 40의 값 -4냥이 남는데, 오른쪽에 놓고, 따로 오른쪽 줄의 거위 3으로 왼쪽 줄을 두루 곱하면, 거위 -18, 오리 6, 닭 12의 값 6냥이 나오는데, 두 수의 다른 것을 빼고 같은 것을 더하면, 거위는 없어지고, 오리 36과 닭 -60의 값 3냥이 남는데, 왼쪽에 놓아서 오른쪽과 더불어 좌우로 나누어 $\begin{matrix} 36 & -34 \\ -60 & 40 \\ 3 & -4 \end{matrix}$ 왼쪽 줄의 오리 36으로 오른쪽 줄을 두루 곱하면, 오리 -1,224, 닭 1,440의 값 144냥이 나오는데, 두 수의 다른 것을 빼고 같은 것을 더하면, 오리는 없어지고, 닭 600 마리의 값 42냥이 남는데, 위를 나눗수, 아래를 나뉨수로 하여 나눠주면, 닭의 단가 7푼이 나오고, 왼쪽 줄의 닭 60으로 곱하면, 4냥 2전이 나오는데, 남는 것 3냥을 더한 7냥 2전을 오리 36 마리로 나누면, 오리의 단가 2전이 나오며, 가운데 줄의 오리 7로 곱하면, 1냥 4전이 나오는데, 닭 4 마리 값을 뺀 나머지를 4로 나누면, 거위의 단가가 나와서 문제에 들어맞는다.

今有賣三鵝五鴨買十二鷄盈一兩,賣四鵝四鷄買七鴨適足,賣二鴨四鷄買六鵝不足一兩. 問各價若干?

答曰,鵝二錢八分,鴨二錢,鷄七分.

法曰,列所問數 $\begin{matrix} -6 & 4 & 3 \\ 2 & -7 & 5 \\ 4 & 4 & -12 \\ -1 & 0 & 1 \end{matrix}$,以中行鵝四遍乘左行,得鵝負二十四鴨正八鷄正一十六價負四兩,又以左行鵝六遍乘中行,得鵝正二十四鴨負四十二鷄正二十四,二位異減同加,則鵝空餘鴨負三十四鷄正四十價負四兩,列於右位,別以右行鵝三遍乘左行,得鵝負十八鴨正六鷄正十二價正六兩,二位異減同加,則鵝空餘鴨正三十六鷄負六十價正三兩,列於左位,乃與右位分左右 $\begin{matrix} 36 & -34 \\ -60 & 40 \\ 3 & -4 \end{matrix}$,以左行鴨三十六遍乘右行,得鴨負一千二百二十四鷄正一千四百四十價負一百四十四兩,二位異減同加,則鴨空餘鷄六百價四十二兩,上法下實而一,得鷄價七分,以左行鷄六十乘之,得四兩二錢,加入盈三兩,共七兩二錢,以鴨三十六除,得鴨價二錢,以中行鴨七乘,得一兩四錢,內減鷄四價,餘四歸,得鵝價,合問.

[168] 갑 · 을 · 병 3인이 은을 갖고 있는데, 그 수량을 모른다. 갑과 병의 합의 $\frac{3}{4}$을 취하고 갑과 을의 합의 $\frac{1}{4}$을 취하면, 합이 74냥 2전 5푼이고, 또 갑과 병의 합의 $\frac{1}{3}$을 취해서 갑과 을의 합의 $\frac{2}{3}$에서 뺀 나머지가 30냥이라고 한다. 각각의 수량은 얼마인가?

답 : 갑 45냥, 을 36냥, 병 27냥.

풀이법에 따라서 앞의 분모 4와 4를 곱하면, 16이 되고, 합한 수량과 곱하면, 1,188냥이 되고(이것은 갑과 병의 합의 12배와 갑과 을의 합의 4배를 합한 값이다), 다시 뒤의 분모 3과 3을 곱하면, 9가 되고, 나머지와 곱하면, 270냥이 되며(이것은 갑과 을의 합의 6배에서 갑과 병의 합의 3배를 뺀 값이다), 두 값을 더하면, 1,458냥이 되는데(이것은 갑과 병의 합의 9배와 갑과 을의 합의 10배를 합한 값이다), 오른쪽에 놓고, 다시 갑과 병의 합의 12배와 갑과 을의 합의 4배를 합한 값 1,188냥을 왼쪽에 놓은 다음 $\begin{matrix} 12 & 9 \\ 4 & 10 \\ 1188 & 1458 \end{matrix}$, 오른쪽 줄의 갑과 병의 합 9를 왼쪽 줄과 두루 곱하면, 갑과 병의 합 108과 갑과 을의 합 36의 은 10,692냥이 되고, 또 왼쪽 줄의 갑과 병의 합 12를 오른쪽 줄과 두루 곱하면, 갑과 병의 합 108과 갑과 을의 합 120의 은 17,496냥이 되어 두 값을 서로 빼면, 갑과 병의 합은 없어지고, 갑과 을의 합 80배의 은 6,804냥이 남아서(곧 갑과 병의 합의 12배), 12로 나누면, 갑과 병의 합 72냥이 나오며, 갑과 을의 합 81냥으로 곱해서 두 배한 11,664냥을 나뉨수로 삼아서 제곱근을 구하면, 갑·을·병의 합 108냥이 되는데, 갑과 을의 합을 뺀 27냥이 곧 병의 은이 되고, 갑과 병의 합을 뺀 36냥이 곧 을의 은이 되며, 다시 갑과 을의 합에서 을의 은을 뺀 45냥이 곧 갑의 은이 되어 문제에 들어맞는다(이것은 "구고법"이다).

今有甲乙丙三人,持銀不知其數. 只云,甲丙和取强半,甲乙和取弱半,共得七十四兩二錢五分,乂甲内和取少半,以減於甲乙和太半,餘有三十兩. 問各若干?

答曰,甲四十五兩,乙三十六兩,丙二十七兩.

法曰,前分母四四相乘,得十六,以乘共數,得一千一百八十八兩(是十二箇甲丙和,四箇甲乙和共數),又後分母三三相乘,得九,以乘餘數,得二百七十兩(是六箇甲乙和,內減三箇甲丙和餘數也),二數相併,得一千四百五十八兩(是九箇甲丙和,十箇甲乙和共數也),列於右,又以十二箇甲丙和,四箇甲乙和數一千一百八十八兩,列於左

12	9
4	10
1188	1458

,以右行甲丙和九遍乘左行,得甲丙和一百八甲乙和三十六銀一萬六百九十二兩,又以左行甲丙和一十二遍乘右行,得甲丙和一百八甲乙和一百二十銀一萬七千四百九十六,二位對減,則甲丙和盡,餘甲乙和八十箇銀六千八百四兩(卽十二箇甲丙和數),以十二除,得甲丙和七十二兩,仍以甲乙和八十一兩乘而倍之,得一萬一千六百六十四兩爲實,以平方開之,得甲乙丙三和一百八兩,內減甲乙和,餘二十七兩,卽丙銀,甲丙和,餘三十六兩,卽乙銀,又甲乙和內減乙銀,餘四十五兩,卽甲銀,合問(此句股法).

[169] 첫째, 둘째, 셋째 3 형제가 금을 갖고 있는데, 그 수량을 모른다. 첫째와 셋째의 합의 $\frac{3}{4}$을 취하고 첫째와 둘째의 합의 $\frac{4}{5}$를 취해서 뺀 나머지가 9냥 6전이고, 또 첫째와 둘째의 합의 $\frac{1}{2}$을 취해서 첫째와 셋째의 합의 $\frac{3}{5}$과 비교하면, 2냥 4전이 모자란다고 한다. 첫째, 둘째, 셋째가 갖고 있는 금은 각각 얼마인가?

답 : 첫째 40냥, 둘째 32냥, 셋째 24냥.

풀이법에 따라서, 앞의 분모 4와 5를 곱하면, 20이 되고, 남는 수량과 곱하면, 192냥이 되고(이것은 첫째와 둘째의 합의 16배에서 첫째와 셋째의 합의 15배를 뺀 값이다), 다시 뒤의 분모 2와 5를 곱하면, 10이 되고, 모자라는 수량과 곱하면, 24냥이 되어(이것은 첫째와 셋째의 합의 6배에서 첫째와 둘째의 합의 5배를 뺀 값이다), 좌우에 놓고 $\begin{matrix} -6 & 15 \\ 5 & -16, \\ 24 & 192 \end{matrix}$ 오른쪽 줄의 첫째와 셋째의 합 15를 왼쪽 줄과 두루 곱하면, 첫째와 셋째의 합 -90과 첫째와 둘째의 합 75의 금 360이 되고, 또 왼쪽 줄의 첫째와 셋째의 합 6을 오른쪽 줄과 두루 곱하면, 첫째와 셋째의 합 90과 첫째와 둘째의 합 -96의 금 1,152냥이 되어 좌우 줄의 다른 것을 빼고 같은 것을 더하면, 곧 첫째와 셋째의 합은 없어지고, 첫째와 둘째의 합 21배의 금 1,512냥이 남아서(곧 갑과 병의 합의 12배), 위를 나눗수, 아래를 나뉨수로 삼아서 나눠주면, 첫째와 둘째의 합 72냥이 나오고, 왼쪽 줄의 첫째와 둘째의 합의 5배를 곱하여 왼쪽 줄의 금 24냥과 더하면, 모두 720이 되는데, 6으로 나누면, 첫째와 셋째의 합 64냥이 나오며, 첫째와 둘째의 합 72냥으로 곱해서 두 배한 9,216냥을 나뉨수로 삼아서 제곱근을 구하면, 첫째, 둘째, 셋째의 합 96냥이 되는데, 첫째와 둘째의 합 72냥을 뺀 나머지 24냥이 곧 셋째의 금이 되고, 다시 셋의 합에서 첫째와 셋째의 합 64냥을 뺀 나머지 32냥이 곧 둘째의 금이 되며, 다시 첫째와 둘째의 합 72냥에서 둘째의 금을 뺀 나머지 40냥이 곧 첫째의 금이 되어 문제에 들어맞는다(이것 역시 "구고법"이다).

今有昆仲季三弟兄,持金不知其數. 只云,昆季和取四分之三,昆仲和取五分之四,二數相減,餘有九兩六錢,又昆仲和取二分之一,以比於昆季和五分之三,不足二兩四錢. 問昆仲季各持金若干?

答曰,昆四十兩,仲三十二兩,季二十四兩.

法曰,前分母四五相乘,得二十,以乘餘數,得一百九十二兩(是十六箇昆仲和內減十五箇昆季和數),又後分母二五相乘,得十,以乘不足,得二十四兩(是六箇昆季和內減五箇昆仲和餘數也),列於左右 $\begin{array}{cc} -6 & 15 \\ 5 & -16 \\ 24 & 192 \end{array}$,以右行昆季和十五遍乘左行,得昆季和負九十昆仲和正七十五金正三百六十,又以左行昆季和六遍乘右行,得昆季和正九十昆仲和負九十六金一千一百五十二兩,仍與左右行異減同加,則昆季和盡,餘昆仲和二十一金一千五百一十二兩,上法下實而一,得昆仲和七十二兩,以左行昆仲和五乘之,加入左行金二十四兩,共七百二十,以六歸,得昆季和六十四兩,仍以昆仲和七十二兩乘而倍之,得九千二百一十六兩爲實,以平方開之,得昆仲季三和九十六兩,內減昆仲和七十二兩,餘二十四兩,卽季金,又三和內減昆季和六十四兩,餘三十二兩,卽仲金,却於昆仲和七十二兩,內減仲金,餘四十兩,卽昆金,合問(此亦句股法).

○毬隻解隱門 九問

[170] 옛날 식의 원주율로 잰 구의 지름이 12자, 둘레가 36자이다. 부피는 얼마인가?

답 : 972 자^3.

풀이법에 따라서 지름을 세제곱한 것을 9로 곱하면, 15,552가 되고, 16으로 나누면, 부피가 나와서 문제에 들어맞는다(9는 원주율 3을 제곱한 값이며, ○16은 지름의 곱수 1의 제곱을 16으로 곱한 값이다).

다른 풀이법에 따라서, 둘레를 세제곱하면, 46,656이 되는데, 48로 나눠도 역시 부피가 나온다.

또 다른 풀이법에 따라서, 둘레와 지름을 곱하고, 4로 나눈 것을 다시 둘레로 곱한 다음, 4로 나눠도 역시 부피가 나온다.

주해 「구일집」 내에서 구와 관련된 문제는 이 문제를 비롯한 "구척해은문"의 9 문제([170]-[178]), [439]-[452], [463]-[464], [468]-[473], [499]-[500] 등 매우 자주 발견된다. 물론, 구의 부피(V)를 구하는 공식은, 반지름과 지름을 각각 r과 R로 표시할 때, 다음과 같이 나타난다.

$$
\begin{aligned}
V &= \frac{4\pi r^3}{3} \\
&= \frac{4\pi\left(\frac{R}{2}\right)^3}{3} = \frac{\pi R^3}{6} \simeq \frac{R^3}{2} \\
&= \frac{4\pi\left(\frac{\text{둘레}}{2\pi}\right)^3}{3} = \frac{\text{둘레}^3}{6\pi^2} \simeq \frac{\text{둘레}^3}{54}
\end{aligned}
$$

그러나 홍정하는 시종일관 다음과 같은 잘못된 공식을 사용하고 있으므로 읽을 때 각별한 주의를 요한다.

$$V = \frac{\pi^2 R^3}{16} = \frac{9R^3}{16} = \frac{\text{둘레}^3}{48}$$

今有古立圓,徑一十二尺,周三十六尺. 問積若干?
答曰,九百七十二尺.
法曰,置徑自再乘九因,得一萬五千五百五十二,以十六除之,得積,合問(九卽周法三自再乘數○十六者卽徑法一自乘十六之數).
一法,置周自再乘,得四萬六千六百五十六,以四十八除之,亦得積(四十八卽周法三以十六之數).
一法,周徑相乘,四歸,再以周乘之,又四歸,亦得積.

[171] 유휘 식의 원주율로 잰 구의 지름이 100자, 둘레가 314자이다. 부피는 얼마인가?
답 : 616,225 자^3.

풀이법에 따라서 지름을 세제곱하고, 다시 둘레의 곱수 157을 제곱한 24,649를 곱하면, 24,649,000,000이 되는데, 나뉨수로 삼고, 별도로 지름의 곱수 50을 놓아 제곱하고, 다시 16으로 곱한 값 40,000을 나눗수로 삼아서 나눠주면, 문제에 들어맞는다.

다른 풀이법에 따라서 둘레를 제곱하고, 다시 지름의 곱수 50으로 곱하여 나뉨수로 삼고, 별도로 지름의 곱수 50을 놓아 16

으로 곱한 값 2,512를 나눗수로 삼아서 나눠줘도 역시 부피가 나온다.

또 다른 풀이법에 따라서, 둘레와 지름을 곱하고, 4로 나눈 것을 다시 둘레로 곱한 다음, 4로 나눠도 역시 부피가 나온다.

今有黴立圓,徑一百尺,周三百十四尺. 問積若干?
答曰,六十一萬六千二百二十五尺.
法曰,置徑自再,又以周法一百五十七自乘,得數二萬四千六百四十九,乘之,得二百四十六億四千九百萬爲實,別列徑法五十自乘,又以十六乘之,得四萬爲法,除之,合問.
一法,置周自再乘,又以徑法五十乘之爲實,別列周法一百五十七,以十六乘之,得二千五百一十二爲法,除之,亦得積.
一法,周徑相乘,四歸,再以周乘之,又四歸,亦得積.

[172] 정밀한 원주율로 잰 구의 지름이 14자, 둘레가 44자이다. 부피는 얼마인가?

답 : 1,694 자^3.

풀이법에 따라서 지름을 세제곱하고, 다시 둘레의 곱수 22를 제곱한 484를 곱하면, 1,328,096이 되는데, 나뉨수로 삼고, 별도로 지름의 곱수 7을 놓아 제곱하고, 다시 16으로 곱한 값 784를 나눗수로 삼아서 나눠주면, 문제에 들어맞는다.

다른 풀이법에 따라서 둘레를 제곱하고, 다시 지름의 곱수 7로 곱하여 나뉨수로 삼고, 별도로 지름의 곱수 22를 놓아 16으로 곱한 값 784를 나눗수로 삼아서 나눠줘도 역시 부피가 나온다.

또 다른 풀이법에 따라서 둘레와 지름을 곱하고, 4로 나눈 것을 다시 둘레로 곱한 다음, 4로 나눠도 역시 부피가 나온다.

今有密立圓,徑一十四尺,周四十四尺. 問積若干?
答曰,一千六百九十四尺.
法曰,置徑自再乘,又以周法二十二自乘,得數四百八十四,乘之,得一百三十二萬八千九十六爲實,別列徑法七自乘,又以十六乘之,得七百八十四爲法,除之,合問.
一法,置周自再乘,又以徑法七乘之爲實,別列周法二十二,以十六乘之,得三百五十二爲法,除之,亦得積.
一法,周徑相乘,四歸,再以周乘之,又四歸,亦得積.

[173] 금으로 된 공(금구)의 바깥쪽 둘레가 2자 4치이고 두께가 4푼이다. 무게는 얼마인가?

답 : 78근 7전 6푼 8리.

풀이법에 따라서 둘레를 세제곱하면, 13,804치가 되고, 48로 나누면, 2,088치가 되며(구 전체의 부피), 별도로 둘레를 놓아 3으로 나누면, 지름(전경) 8치가 되고, 위아래 두께 8푼을 뺀 나머지 7치 2푼(구 속 빈 공간의 지름)을 제곱하여 9로 곱한 값을 16으로 나누면, 209치 9푼 5리 2호(구 속 빈 공간의 부피)가 되는데, 전체 부피에서 뺀 나머지 78치 4리 8호를 환산하면, 78근이 나오고, 치의 아래 단위는 가6법을 써서 전으로 나타내면, 문제에 들어맞는다.

今有金毬一隻,外周二尺四寸厚四分. 問重若干?
答曰,七十八斤七錢六分八釐.
法曰,置周自再乘,得一萬三千八百四寸,以四十八除之,得二千八十八寸(全毬之積),別置周,三歸,得全徑八寸,內減上下厚八分,餘七寸二分(毬中空徑),自再乘九因,十六除,得二百九寸九分五釐二毫(毬中空積),以減全積,餘七十八寸四釐八毫,變爲七十八斤,寸下零者用加六法爲錢,合問.

[174] 금으로 된 공의 무게가 78근 7전 6푼 8리이다. 안쪽 둘레는 2자 1치 6푼이라고 한다. 바깥쪽 둘레와 두께는 각각 얼마인가?

답 : 바깥쪽 둘레 2자 4치, 두께 4푼.

풀이법에 따라서 안쪽 둘레를 놓아 3으로 나누면, 7치 2푼(구 속 빈 공간의 지름)이 되고, 세제곱하여 9로 곱하고, 16으로 나누면, 209치 9푼 5리 2호(구 속 빈 공간의 부피)가 되며, 별도로 무게를 놓아 근을 양으로 나타내면(통양납자), 1,248냥 7전 6푼 8리가 되고, 금의 비율 16냥으로 나누면, 78치 4리 8호(구 전체의 부피)가 되며, 두 값을 더하면, 2,088치가 되고, 48로 곱하면, 13,804치가 되는데, 나뉨수로 삼아서 세제곱근을 구하면, 바깥쪽 둘레 2자 4치가 나오고, 3으로 나누면, 지름 8치가 나오며, 빈 공간의 지름 7치 2푼을 뺀 나머지 8이 위아래 두께가 되어 반으로 나눠주면, 문제에 들어맞는다.

今有金毬一隻,重七十八斤七錢六分八釐. 只云,周二尺一寸六分. 問外周及厚各若干?

答曰,外周二尺四寸厚四分.

法曰,置內周,三歸,得七寸二分(毬中空徑),自再乘九因,十六除之,得二百九寸九分五釐二毫(毬中空積),別置重,通兩納子,得一千二百四十八兩七錢六分八釐,以金率十六兩除之,得七十八寸四釐八毫(全毬之積),二位併得二千八十八寸,以四十八乘,得一萬三千八百四寸爲實,立方開之,得外周二尺四寸,三歸,得徑八寸,內減空徑七寸二分,餘八分,是上下厚,折半,合問.

[175] 은으로 된 공(은구)의 높이가 1자 2치이고 두께가 3푼이다. 무게는 얼마인가((은)1 치^{3}의 무게는 14냥이다)?

답 : 121근 4냥 9전 6푼.

풀이법에 따라서 지름 12치를 놓아 세제곱하고, 9로 곱한 다음, 16으로 나누면, 972치가 되고(구 전체의 부피), 별도로 지름을 놓아 위아래 두께 6푼을 뺀 나머지 11치 4푼(구 속 빈 공간의 지름)을 제곱하여 9로 곱한 값을 16으로 나누면, 833치 3푼 6리(구 속 빈 공간의 부피)가 되는데, 전체 부피에서 뺀 나머지 138치 6푼 4리를 은의 비율 14냥으로 곱하면, 1,940냥 9전 6푼이 나오고, 근으로 환산하면, 문제에 들어맞는다.

今有銀毬一隻,高一尺二寸厚三分. 問重若干(方寸重十四兩)?
答曰,一百二十一斤四兩九錢六分.
法曰,置徑十二寸,自再乘,九因,十六除,得九百七十二寸(全毬之積),別置徑,內減上下厚六分,餘一十一寸四分(毬中虛徑),自再乘,九因,十六除,得八百三十三寸三分六釐(毬中虛積),以減全積,餘一百三十八寸六分四釐,卽以銀率十四兩乘之,得一千九百四十兩九錢六分,作斤,合問.

[176] 은으로 된 공의 무게가 121근 4냥 9전 6푼이다. 안쪽 지름은 1자 1치 4푼이라고 한다. 바깥쪽 높이와 두께는 각각 얼마인가?

답 : 바깥쪽 높이 1자 2치, 두께 3푼.

풀이법에 따라서, 지름을 놓아 세제곱하고, 9로 곱한 다음, 16으로 나누면, 833치 3푼 6리가 되고(구 속 빈 공간의 부피), 별도로 무게를 놓아 근을 양으로 나타내면, 1,940냥 9전 6푼이 되며, 다시 은의 비율 14냥으로 나누면, 138치 6푼 4리(은구의 부피)가 되는데, 두 값을 더하면, 972치가 되고, 16으로 곱하고, 9로 나누면, 1,728치가 되는데, 나뉨수로 삼아서 세제곱근을 구하면, 바깥쪽 높이가 나오고, 지름을 뺀 나머지가 곧 위아래 두께가 되어 반으로 나눠주면, 문제에 들어맞는다.

今有銀毬一隻,重一百二十一斤四兩九錢六分. 只云,內徑一尺一寸四分. 問外高及厚各若干?

答曰,外高一尺二寸,厚三分.

法曰,置徑自再乘,九因,十六除,得八百三十三寸三分六釐(毬中空積),別置重,通兩納子,得一千九百四十兩九錢六分,又以銀率十四兩除,得一百三十八寸六分四釐(銀毬之積),二位併,得九百七十二寸,,以十六乘之,九歸,得一千七百二十八寸爲實,立方開之,得外高,內減徑,餘卽上下厚,折半,合問.

[177] 금으로 된 공의 무게가 684근이다. 두께는 2치라고 한다. 바깥쪽 높이와 안쪽 둘레는 각각 얼마인가?

답 : 바깥쪽 높이 1자 2치, 안쪽 둘레 2자 4치.

풀이법에 따라서 바깥쪽 높이를 미지수로 삼아서 1로 놓고, 말한 값의 두 배를 뺀 값을 안쪽 지름으로 삼아 세제곱하고, 9로 곱하여 안쪽 부피 16개로 삼아서 왼쪽에 놓는다. 다시 바깥쪽 높이를 놓아 세제곱하고, 9로 곱하여 전체 부피 16개로 삼아서 뺀 다음, 왼쪽에 놓은 값을 뺀 것을 다시 놓는다. 별도로 무게를 놓아 환산하면, 684치가 되고, 16으로 곱해서, 다시 놓은 것과 서로 소거하면, 개방식이 나오는데, 제곱근을 구하면, 바깥쪽 높이 12치를 얻으며, 말한 값의 두 배를 뺀 나머지 8치를 3으로 곱하면, 안쪽 둘레 2자 4치가 나와서 문제에 들어맞는다.

今有金毬一隻,重六百八十四斤. 只云,厚二寸. 問外高及內周各若干?

答曰,外高一尺二寸,內周二尺四寸.

法曰,立天元一爲外高,內減倍之云數爲內徑,再自乘,九因,爲十六段內積,寄左. 又列外高,再自乘,九因,亦爲十六段全積,內減寄左,得,再寄. 列重,變作,得六百八十四寸,以十六乘之,與再寄,相消,得開方式,以飜法平方法開之,得外高一十二寸,內減倍之云數,餘八寸,三因,得內周二尺四寸,合問.

[178] 금으로 된 공의 무게가 684근이다. 안쪽 둘레가 바깥쪽 둘레보다 1자 2치 모자란다고 한다. 안팎의 두 둘레는 각각 얼마인가?
답 : 안쪽 둘레 2자 4치, 바깥쪽 둘레 3자 6치.

풀이법에 따라서 무게를 놓아 환산하면, 684치가 되고, 48로 곱하면, 32,832가 된다. 별도로 차이 12치를 놓아 세제곱하면, 1,728이 되는데, 두 값을 서로 뺀 나머지 31,104를 나뉨수로 삼고, 다시 모자라는 값 12치를 놓아 제곱하고, 다시 3으로 곱하면, 432가 되는데, 대방으로 삼고, 다시 모자라는 값 12치를 놓아 3으로 곱하면, 36이 되는데, 염법으로 삼아서, 대종평방으로 근을 구하면 $\begin{array}{c} -31104 \\ 432 \\ 36 \\ 0 \end{array}$, 안쪽 둘레 24치가 나오고, 모자라는 값을 더하면, 곧 바깥쪽 둘레가 되어 문제에 들어맞는다.

今有金毬一隻,重六百八十四斤. 只云,內周不及外周一尺二寸. 問內外二周各若干?

答曰,內周二尺四寸,外周三尺六寸.

法曰,列重,變作,六百八十四寸,以四十八乘之,得三萬二千八百三十二,別列不及十二寸,再自乘,得一千七百二十八,乃二數相減,餘三萬一千一百四爲實,又列不及一十二寸,自乘,又三回,得四百三十二爲從方,又列不及一十二寸,三因,得三十六爲廉法,以帶從平方開之

−31104
432
36
0

,得內周二十四寸,加不及,卽外周,合問.

○缶甁堆垜[27]門 十九問

[179] 술병이 네모뿔처럼 쌓인 한 무더기가 있는데, 아래 너비가 5개, 길이가 12개이다. 모두 얼마나 되는가?

답 : 160개.

풀이법에 따라서 길이를 놓고, 너비를 빼면, 7개가 남는데, 그 절반인 3개 반에 반개를 더한 4개를 길이에 더하면, 모두 16개이며, 길이 5개로 곱하면, 80이 된다. 별도로 너비에 1을 더하면, 6이 되고, 그것으로 곱하면, 480개가 되는데, 3으로 나눠주면, 문제에 들어맞는다.

27) "부병퇴타(缶甁堆垜)"는 "장군(또는 질장구), 병 등이 무더기로 쌓인 것"이라는 뜻이다.

今有酒瓶一垜,底濶五箇,長一十二箇. 問積若干?
答曰,一百六十箇.
法曰,置長,減濶,餘七介,折半,得三介半,添半介,作四介,併入長,共十六介,以濶五介乘之,得八十,別以濶添一,作六,乘之,四百八十介,却以三歸,合問.

[180] 평첨초가 네모뿔처럼 쌓인 한 무더기가 있는데, 각 면의 아랫변이 7개이다. 모두 얼마나 되는가?

답 : 28개.

풀이법에 따라서 한 변 7개를 놓고, 꼭대기의 1개를 더하면, 8이 되는데 한 변 7개로 곱해서 반으로 나눠주면, 문제에 들어맞는다.

今有平尖草一垜,每面底脚七箇. 問積若干?
答曰,二十八箇.
法曰,置濶七介,加頂一介,作八,以濶七介乘之,折半,合問.

[181] 삼각형 과일이 네모뿔처럼 쌓인 한 무더기가 있는데, 각 면의 아래 너비가 18개이다. 모두 얼마나 되는가?

답 : 1,140개.

풀이법에 따라서 너비 18개를 놓고, 따로 너비에 1개를 더하여 곱하면, 342개가 되며, 다시 너비에 2개를 더하여 곱하면, 6,840개가 되어 6으로 나눠주면, 문제에 들어맞는다.

주해 세로를 x라고 하면, 풀이법에서 말하는 공식은 부피 V가 $V=\frac{x(x+1)(x+2)}{6}$가 된다는 것이다.

> 今有三角果一垜,底濶每面一十八箇. 問積若干?
>
> 答曰,一千一百四十箇.
>
> 法曰,置濶一十八介,別以濶添一介,乘之,得三百四十二介,再以濶添二介乘之,得六千八百四十介,以六歸之,合問.

[182] 사각형 과일이 네모뿔처럼 쌓인 한 무더기가 있는데, 각 면의 아래 너비가 18개이다. 모두 얼마나 되는가?

답 : 2,109개.

풀이법에 따라서 너비 18개를 놓고, 따로 너비에 1개를 더하여 곱하면, 342개가 되며, 다시 너비에 반개를 더하여 곱하면, 6,327개가 되어 3으로 나눠주면, 문제에 들어맞는다.

> 今有四角果一垜,每面底濶一十八箇. 問積若干?
>
> 答曰,二千一百九箇.
>
> 法曰,置濶一十八介,別以濶添一介,乘之,得三百四十二介,再以濶添半介乘之,得六千三百二十七,以三歸,合問.

[183] 정사각형으로 묶여진 화살의 바깥 둘레가 28개이다. 모두 얼마나 되는가?

답 : 64개.

풀이법에 따라서 바깥 둘레 28개를 놓고, 다시 바깥 둘레에 8개를 더한 36개로 곱하면, 1,008개가 되는데, 나뉨수로 삼으며, 16으로 나누면, 63개가 되고, 중심의 1개를 더하면, 문제에 들어맞는다.

今有方箭,外周二十八箇. 問積若干?

答曰,六十四箇.

法曰,置外周二十八介,又以外周加八介,共三十六介,乘之,得一千八介爲實,以十六除之,得六十三介,加中心一介,合問.

[184] 원형으로 묶여진 화살의 바깥 둘레가 24개이다. 모두 얼마나 되는가?

답 : 61개.

풀이법에 따라서 바깥 둘레 24개를 놓고, 다시 바깥 둘레에 6개를 더한 30개로 곱하면, 720개가 되는데, 나뉨수로 삼으며, 12로 나누고, 중심의 1개를 더하면, 61개가 나와서 문제에 들어맞는다.

今有圓箭,外周二十四箇. 問積若干?

答曰,六十一箇.

法曰,置外周二十四介,別以外周加六介,共三十,相乘,得七百二十爲實,以十二除之,加中心一介,得六十一介,合問.

[185] 삼능물의 바깥 둘레가 21개이다. 모두 얼마나 되는가?
답 : 36개.

풀이법에 따라서 바깥 둘레 21개를 놓고, 다시 바깥 둘레에 9개를 더한 30으로 곱하면, 630이 되는데, 나뉨수로 삼으며, 18로 나누면, 35가 되고, 중심의 1개를 더하면, 문제에 들어맞는다.

今有三稜物,外周二十一箇. 問積若干?
答曰,三十六箇.
法曰,置外周二十一介,別以外周加九介,共三十,相乘,得六百三十爲實,以十八除之,得三十五,加中心一介,合問.

[186] 이래 너비가 7개인 이등변삼각형 묶음(규타), 아래 너비가 9개, 윗 너비가 3개인 작은 사다리꼴 묶음(소제타), 아래 너비가 12개, 윗 너비가 6개인 큰 사다리꼴 묶음(대제타)이 있다. 모두 합한 개수는 얼마나 되는가?
답 : 133개.

풀이법에 따라서 세 묶음의 위아래 너비를 더하면, 모두 38개가 되는데, 높이 7개로 곱해서, 반으로 나눠주면, 문제에 들어맞는다.

今有圭垛一束,底濶七箇,小梯垛一束,底濶九箇,上濶三箇,大梯垛一束,底濶十二箇,上濶六箇. 問共積若干?
答曰,一百三十三箇.
法曰,倂三垛上下廣,共三十八箇,以高七箇乘,折半,合問.

[187] 정사각형으로 묶여진 화살 64개가 있다. 바깥 둘레는 얼마나 되는가?

답 : 바깥 둘레 28개.

풀이법에 따라서 쌓여 있는 개수를 놓아 1을 빼고, 16으로 곱하면, 1,008이 되는데, 나뉨수로 삼으며, 8을 종방, 1을 우로 하여 대종평방법으로 근을 구하면, 바깥둘레가 나와서 문제에 들어맞는다.

> 今有方箭,六十四箇. 問外周若干?
> 答曰,外周二十八箇.
> 法曰,置積,內減一,以十六乘之,得一千八爲實,以八爲從方,以一爲隅,以帶從平方開之,得外周,合問.

[188] 원형으로 묶여진 화살 61개가 있다. 바깥 둘레는 얼마나 되는가?

답 : 24개.

풀이법에 따라서 쌓여 있는 개수를 놓아 1을 빼고, 12로 곱하면, 720이 되는데, 나뉨수로 삼으며, 6을 종방, 1을 우법으로 하여 대종평방법으로 근을 구하면, 바깥둘레가 나와서 문제에 들어맞는다.

> 今有圓箭,六十一箇. 問外周若干?
> 答曰,二十四箇.
> 法曰,置積,內減一箇,以十二乘之,得七百二十爲實,以六爲從方,以一爲隅法,以帶從平方開之,得外周,合問.

[189] 삼능물 21개가 있다. 바깥 둘레는 얼마나 되는가?

답 : 21개.

풀이법에 따라서 쌓여 있는 개수를 놓아 1을 빼고, 18로 곱하면, 630이 되는데, 나뉨수로 삼으며, 9를 종방, 1을 우법으로 하여 대종평방법으로 근을 구하면, 바깥둘레가 나와서 문제에 들어맞는다.

今有三稜物,三十六箇. 問外周若干?

答曰,二十一箇.

法曰,置積,內減一箇,以十八乘之,得六百三十爲實,以九爲從方,以一爲隅法,以帶從平方開之,得外周,合問.

[190] 평첨초가 네모뿔처럼 쌓인 한 무더기가 있는데, 모두 28개이다. 한 변은 얼마나 되는가?

답 : 7개.

풀이법에 따라서 쌓여 있는 개수를 놓아 두 배하여 나뉨수로 삼고, 1을 우법으로 하여 대종평방법으로 근을 구하면, 문제에 들어맞는다.

今有平尖草,積二十八箇. 問底面若干?

答曰,七箇.

法曰,置積,倍之爲實,以一爲隅法,以帶從平方開之,合問.

[191] 술병이 네모뿔처럼 쌓인 한 무더기가 있는데, 모두 160개이다. 너비가 길이보다 7개 모자란다고 한다. 길이와 너비는 각각 얼마나 되는가?

답 : 길이 12개, 아래 너비 5개.

풀이법에 따라서 쌓여 있는 개수를 놓아 3배하여 나뉨수로 삼고, 모자라는 값을 놓아 1을 더하고 반으로 나눈 4를 다시 모자라는 값에 더하면, 11이 되는데, 종방으로 삼고, 별도로 종방을 놓아 1을 더한 12를 종렴으로 삼으며, 1을 우법으로 삼아서 대종입방법으로 근을 구하면, 너비가 나오고, 차이를 더하면 문제에 들어맞는다.

今有酒瓶一垜,積一百六十箇. 只云,濶五箇不及長七箇. 問長濶各若干?

答曰,長一十二箇,底濶五箇.

法曰,置積,三回爲實,列不及,加一,折半,得四,又加不及,共十一爲從方,別列從方,加一,共十二爲從廉,以一爲隅法,帶從立方開之,得濶,加差,合問.

[192] 삼각형 과일이 네모뿔처럼 쌓인 한 무더기가 있는데, 모두 1,140개이다. 아래 너비는 얼마나 되는가?

답 : 18개.

풀이법에 따라서 쌓여 있는 개수를 놓아 6으로 곱하면, 6,840이 되는데, 나뉨수로 삼으며, 2를 종방, 3을 종렴, 1을 우법으로 하여

$\begin{array}{r}-480\\11\\12\\1\end{array}$ 이라는 식의 근을 대종입방법으로 구하면, 한 변이 나와서 문제에 들어맞는다.

今有三角果一垛,積一千一百四十箇. 問底濶若干?

答曰,一十八箇.

法曰,置積,六回,得六千八百四十爲實,以二爲從方,以三爲從廉,以一爲隅法 $\begin{array}{r}-480\\11\\12\\1\end{array}$,以帶從立方開之,得一面,合問.

[193] 사각형 과일이 네모뿔처럼 쌓인 한 무더기가 있는데, 모두 2,109개이다. 아래 너비 한 변은 얼마나 되는가?

답 : 18개.

풀이법에 따라서 쌓여 있는 개수를 놓고 3으로 곱하여 나뉨수로 삼으며, 반개를 종방, 1개 반을 종렴, 1을 우법으로 하여 $\begin{array}{r}-6327\\0.5\\1.5\\1\end{array}$ 이라는 식의 근을 대종입방법으로 구하면, 문제에 들어맞는다.

今有四角果一垜,積二千一百九箇. 問底濶一面若干?
答曰,一十八箇.
法曰,置積,三回爲實,以半箇爲從方,以一箇半爲從廉,以一爲隅法

$\begin{array}{c} -6327 \\ 0.5 \\ 1.5 \\ 1 \end{array}$, 以帶從立方開之,合問.

[194] 삼각과일과 사각과일이 있는데, 모두 6,665개가 쌓여 있다. 삼각과일의 한 변은 사각과일의 변보다 7개가 모자란다고 한다. 각각의 변은 몇 개씩이나 되는가?

답 : 삼각과일의 밑변 18개, 사각과일의 밑변 25개.

풀이법에 따라서 함께 쌓인 개수를 늘어놓고 6을 곱하면, 39,990가 되는데, 연적으로 삼는다. 차이 7개를 두 무더기(직대)의 높이 차이로 삼고, 다시 7개에 1을 더한 8을 장차로 삼고, 길이, 너비의 두 차이 7개 반과 8개를 서로 곱한 60을 방법으로 삼고, 다시 길이, 너비의 두 차이를 서로 더한 15개 반을 염법으로 삼고, 1을 우법으로 삼으면, $\begin{array}{c} 0 \\ 60 \\ 15.5 \\ 1 \end{array}$이 되는데, 왼쪽에 놓아둔다. 한편, 높이 차이 7개를 방법 60과 곱한 420을 적으로 삼는다. 다시 높이의 차이 7개를 염법 15개 반과 곱한 108개 반을 방법으로 삼고, 다시 높이 차이 7개를 우법 1과 곱한 7을 염법으로 삼으면, $\begin{array}{c} 420 \\ 108.5 \\ 7 \\ 0 \end{array}$이 되고, 왼쪽에 놓아둔 것에 덧붙이면, $\begin{matrix}420\\168.5\\22.5\\1\end{matrix}$이 되며, 두 배하면(두 배한 것은 함께 쌓인 개수의 6배인데, 곧 삼각과일 1, 사각과일 2이기 때문이다), $\begin{matrix}840\\337\\45\\2\end{matrix}$이 되는데, 다시 놓아둔다. 또 삼각과일을 작은 무더기로 삼아서, 1을 너비의 차이, 2를 길이의 차이로 삼아 서로 곱한 2를 방법으로 삼고, 다시 길이, 너비의 두 차이 1, 2를 서로 더한 3을 염법으로 삼고, 1을 우법으로 삼으면, $\begin{matrix}0\\2\\3\\1\end{matrix}$이 되며, 다시 놓아둔 것에 더하면, $\begin{matrix}840\\339\\48\\3\end{matrix}$이 되는데, 연석과 더불어 서로 소거하면, 개방식이 나오고, 내종입방법으로 근을 구하면, 삼각과자의 한 변 18개가 나오며, 모자라는 수를 더하면, 곧 사각과일의 변이 되어 문제에 들어맞는다.

주해 이와 유사한 문제는 「산학계몽」에서도 찾아볼 수 있으나, 동시에 양자의 풀이법 문체 사이에는 상당한 차이가 있다.

今有三角,四角果子各一,共積六千六百六十五箇. 只云,三角果一面不及四角果一面七箇. 問各面若干?
答曰,三角底面一十八箇,四角底面二十五箇.
法曰,列共積六之,得三萬九千九百九十,爲衍積. 乃以差七箇爲直臺之高差,又七箇加一,得八,爲長差,乃長濶兩差七箇半,八箇相乘,得六十,爲方法,又長濶兩差相併,得十五箇半,爲廉法,以一算爲隅法

$\begin{matrix}0\\60\\15.5\\1\end{matrix}$,寄左,却以高差七箇乘方法六十,得四百二十,爲積. 又以高差七箇乘廉法十五箇半,得一百八箇半,爲方法. 又以高差七箇乘隅法一,得七爲廉法 $\begin{matrix}420\\108.5\\7\\0\end{matrix}$,加入於寄左,得 $\begin{matrix}420\\168.5\\22.5\\1\end{matrix}$,就倍之(倍之者共積六回,則三角一,四角二故也),得 $\begin{matrix}840\\337\\45\\2\end{matrix}$,再寄,又以三角爲小直臺,乃以一爲濶差,以二爲長差,相乘,得二爲方法,又長濶兩差一二相併,得三爲廉法,以一爲隅法 $\begin{matrix}0\\2\\3\\1\end{matrix}$,加入再寄,得 $\begin{matrix}840\\339\\48\\3\end{matrix}$,乃與衍積相消,得開方式,以帶從立方開之,得三角果一面一十八箇,加不及,卽四角果一面,合問.

[195] 삼각과일과 사각과일이 있는데, 모두 4,133개가 쌓여 있다. 사각과일의 한 변은 삼각과일의 변보다 4개가 모자란다고 한다. 각각의 변은 몇 개씩이나 되는가?

답 : 삼각과일의 밑변 22개, 사각과일의 밑변 18개.

풀이법에 따라서 함께 쌓인 개수를 늘어놓고 6을 곱하면, 24,798이 되는데, 연적으로 삼는다. 변의 차이 4개를 두 무더기의 높이 차이로 삼고, 다시 4개에 1을 더한 5를 너비의 차이로 삼고, 다시 4개에 2를 더한 6을 길이의 차이로 삼고, 이어서 길이, 너비의 두 차이 5개와 6개를 서로 곱한 30을 방법으로 삼고, 다시 길이, 너비의 두 차이를 서로 더한 11을 염법으로 삼고, 1을 우법으로 삼으면, $\begin{matrix}0\\30\\11\\1\end{matrix}$이 되는데, 왼쪽에 놓아둔다. 한편, 높이 차이 4개를 방법 30과 곱한 120을 적으로 삼는다. 다시 높이의 차이 4개를 염법 11과 곱한 44를 방법으로 삼고, 다시 높이 차이 4개를 우법 1과 곱한 4를 염법으로 삼으면, $\begin{matrix}120\\44\\4\\0\end{matrix}$ 이 되고, 왼쪽에 놓아둔 것에 덧붙이면, $\begin{matrix}120\\74\\15\\1\end{matrix}$ 이 되는데, 삼각 하나의 값으로 삼아서 다시 놓아둔다. 또 사각과일을 작은 무더기로 삼아서, 반개를 너비의 차이, 21을 길이의 차이로 삼아 서로 곱한 반개를 방법으로 삼고, 다시 길이, 너비의 두 차이 반개, 1개를 서로 더한 1개 반을 염법으로 삼고, 1을 우법으로 삼으면, $\begin{matrix}0\\0.5\\1.5\\1\end{matrix}$이 되고, 두 배한 $\begin{matrix}0\\1\\3\\2\end{matrix}$는 사각 둘의 값이 되며, 다시 놓아둔 것에 더하면, $\begin{matrix}120\\75\\18\\3\end{matrix}$ 이 되는데, 연적과 더불어 서로 소거하면, $\begin{matrix}-24678\\75\\18\\3\end{matrix}$ 라는 개방식이 나오고, 대종입방법으로 근을 구하면, 사각과자의 한 변이 나오며, 모자라는 수를 더하면, 문제에 들어맞는다.

今有三角,四角果各一,共積四千一百三十三箇. 只云,四角底子一面不及三角底子一面四箇. 問各若干?

答曰,三角底面二十二箇,四角底面一十八箇.

法曰,列共積六之,得二萬四千七百九十八爲衍積. 以面差四箇爲直臺之高差,又四箇加一,得五,爲濶差,又四箇加二,得六,爲長差,乃長濶兩差五箇,六箇相乘,得三十,爲方法,又長濶兩差相倂,得十一爲廉法,以一算爲隅法 $\begin{array}{c}0\\30\\11\\1\end{array}$,寄左,却以高差四箇乘方法三十,得一百二十爲積. 又以高差四箇乘廉法十一,得四十四爲方法. 又以高差四箇乘隅法一,得四爲廉法 $\begin{array}{c}120\\44\\4\\0\end{array}$,加入寄左,得 $\begin{array}{c}120\\74\\15\\1\end{array}$ 爲三角一叚數,再寄,又以四角爲小直臺,乃以半箇爲濶差,以一爲長差,相乘,得半箇爲方法,又長濶兩差半箇,一箇相倂,得一箇半爲廉法,以一爲隅法 $\begin{array}{c}0\\0.5\\1.5\\1\end{array}$,倍之,得 $\begin{array}{c}0\\1\\3\\2\end{array}$ 爲四角二叚數,加入再寄,得 $\begin{array}{c}120\\75\\18\\3\end{array}$,乃與衍積相消,得開方式 $\begin{array}{c}-24678\\75\\18\\3\end{array}$,以帶從立方開之,得四角面,加差,合問.

[196] 삼각의 작은 네모뿔 무더기와 사각의 큰 네모뿔 무더기가 각각 하나씩 있는데, 모두 2,669개이다. 삼각, 사각의 두 변을 서로 더한 것이 32개라고 한다. 각각의 변은 몇 개씩이나 되는가?

답 : 삼각의 변 14개, 사각의 변 18개.

풀이법에 따라서 더한 것 세 자리를 늘어놓는데, 가운데 자리에 반개를 더하고, 아래 자리에 1개를 더하면, $\begin{matrix}32\\32.5\\33\end{matrix}$이 되고, 세 자리를 서로 곱하면, 34,320이 되는데, 정적으로 삼는다. 다시 더한 것 셋, 즉 $\begin{matrix}32\\32.5\\33\end{matrix}$을 늘어놓고, 서로 둘씩 짝 지워서 곱하여(상위와 중위, 중위와 하위, 하위와 상위를 서로 곱함) 세 값을 더하면, 3,168개 반이 되는데, 음수의 종방으로 삼는다. 다시 더한 것 셋을 더한 97개 반을 양수의 종렴으로 삼고, 산가지 하나를 음수의 우법으로 삼으면, $\begin{matrix}34320\\-3168.5\\97.5\\-1\end{matrix}$이 되는데, 두 배로 하면(배로 하면, 사각 둘의 값이 됨), $\begin{matrix}68640\\-6337\\185\\-2\end{matrix}$이 되는데, 사각 둘의 값으로 삼아서 왼쪽에 놓고, 다시 2를 양수의 종방, 3을 양수의 종렴, 1을 양수의 우법으로 삼으면, $\begin{matrix}0\\2\\3\\1\end{matrix}$이 되는데, 삼각 하나의 값으로 삼아서, 왼쪽에 놓은 것과 부호가 다른 것은 빼고, 같은 것은 더하면, $\begin{matrix}68640\\-6335\\185\\-1\end{matrix}$이 되는데, 다시 놓아둔다. 전체 개수를 놓아 6을 곱하고, 다시 놓은 것과 서로 소거하면, $\begin{matrix}52626\\-6335\\198\\-1\end{matrix}$라는 개방식이 나오고, 입방번법으로 근을 구하면, 삼각의 변이 나오며, 합에서 빼주면, 곧 사각이 되어 문제에 들어맞는다.

다른 풀이법에 따라서 더한 것 세 자리를 늘어놓는데, 가운데 자리에 한 개를 더하고, 아래 자리에 2개를 더하면, $\begin{array}{c}32\\33\\34\end{array}$가 되고, 세 자리를 서로 곱하면, 35,904가 되는데, 정적으로 삼는다. 다시 더한 것 셋, 즉 $\begin{array}{c}32\\33\\34\end{array}$를 늘어놓고, 서로 둘씩 짝 지워서 곱하여(상위와 중위, 중위와 하위, 하위와 상위를 서로 곱함) 세 값을 더하면, 3,266이 되는데, 음수의 종방으로 삼는다. 다시 더한 것 셋을 더한 99를 종렴으로 삼고, 산가지 하나를 음수의 우법으로 삼으면, $\begin{array}{r}35904\\-3266\\99\\-1\end{array}$이 되는데, 삼각 하나가 쌓인 값으로 삼아서 왼쪽에 놓고, 다시 1을 양수의 종방, 3을 양수의 종렴, 2를 양수의 우법으로 삼으면, $\begin{array}{c}0\\1\\3\\2\end{array}$이 되는데, 사각 둘이 쌓인 값으로 삼아서, 왼쪽에 놓은 것과 부호가 다른 것은 빼고, 같은 것은 더하면, $\begin{array}{r}35904\\-3265\\102\\1\end{array}$이 되는데, 다시 놓아둔다. 전체 개수를 놓아 6을 곱하여 다시 놓은 것과 서로 소거하면, $\begin{array}{r}19890\\-3265\\102\\1\end{array}$라는 개방식이 나오고, 입방번법으로 근을 구하면, 역시 사각의 변이 나온다.

今有三角小垜,四角大垜各一,共積二千六百六十九箇. 只云,三角,四角兩面相併,得三十二箇. 問各若干?

答曰,三角面一十四箇,四角面一十八箇.

法曰,張和三位,中位添半箇,下位添一箇 $\begin{matrix}32\\32.5\\33\end{matrix}$,三位相乘,得三萬四千三百二十爲正積. 又列三和 $\begin{matrix}32\\32.5\\33\end{matrix}$,維乘以上位乘中位,中位乘下位,下位乘上位,三位併之,得三千一百六十八箇半爲負從方. 又三和併之,得九十七箇半爲正從廉,以一算爲負隅法 $\begin{matrix}34320\\-3168.5\\97.5\\-1\end{matrix}$,就倍之(倍者四角二段數[28]也),得 $\begin{matrix}68640\\-6337\\185\\-2\end{matrix}$ 爲四角二段之數,寄左,又以二爲正從方,以三爲正從廉,以一爲正隅法 $\begin{matrix}0\\2\\3\\1\end{matrix}$,爲三角一段之數,與寄左,異減同加,得 $\begin{matrix}68640\\-6335\\185\\-1\end{matrix}$,再寄,列共積,六之,與再寄相消,得開方之式 $\begin{matrix}52626\\-6335\\198\\-1\end{matrix}$,以立方飜法開之,得三角面,減和,卽四角,合問.

一法,張和三位,中位添一,下位添二 $\begin{matrix}32\\33\\34\end{matrix}$,三位相乘,得三萬五千九百四爲正積. 又列三和 $\begin{matrix}32\\33\\34\end{matrix}$,維乘以上位乘中位,中位乘下位,下位乘上位,三位併之,得三千二百六十六爲負從方. 又三和併之,得九十九爲正從廉,以一算爲負隅法 $\begin{matrix}35904\\-3266\\99\\-1\end{matrix}$,爲一段三角積,寄左,又以一爲正從方,

28) 원문의 "故"는 "數"를 오기한 것.

以三爲正從廉,以二爲正隅法 $\begin{matrix}0\\1\\3\\2\end{matrix}$,爲二段四角積,與寄左異減同加,得 $\begin{matrix}35904\\-3265\\102\\1\end{matrix}$,再寄,列共積,六之,與再寄相消,得開方之式 $\begin{matrix}19890\\-3265\\102\\1\end{matrix}$,以立方飜法開之,亦得四角一面.

[197] 삼각의 큰 네모뿔 무더기와 사각의 작은 네모뿔 무더기가 각각 하나씩 있는데, 모두 4,133개이다. 삼각, 사각의 두 변을 서로 더한 것이 40개라고 한다. 각각의 변은 몇 개씩이나 되는가?

답 : 삼각의 변 22개, 사각의 변 18개.

풀이법에 따라서 더한 것 세 자리를 늘어놓는데, 가운데 자리에 한 개를 더하고, 아래 자리에 2개를 더하면, $\begin{matrix}40\\41\\42\end{matrix}$가 되고, 세 자리를 서로 곱하면, 68,880이 되는데, 정적으로 삼는다. 다시 더한 것 셋, 즉 $\begin{matrix}40\\41\\42\end{matrix}$를 늘어놓고, 서로 둘씩 짝 지워서 곱하여(상위와 중위, 중위와 하위, 하위와 상위를 서로 곱함) 세 값을 더하면, 5,042가 되는데, 음수의 종방으로 삼는다. 다시 더한 것 셋을 더한 123을 양수의 종렴으로 삼고, 산가지 하나를 음수의 우법으로 삼으면, $\begin{matrix}68880\\-5042\\123\\-1\end{matrix}$이 되는데, 삼각 하나가 쌓인 값으로 삼아서 왼쪽에 놓고, 다시 2를 양수의 종방, 3을 양수의 종렴, 1을 양수의 우법으로 삼으면, $\begin{matrix}0\\0.5\\1.5\\1\end{matrix}$이 되고, 두 배하면, $\begin{matrix}0\\1\\3\\2\end{matrix}$이 되는데, 사각 둘이 쌓인 값으로 삼아서, 왼쪽에 놓은 것과 부호가 다른 것은 빼고, 같은 것은 더하면, $\begin{matrix}68880\\-5041\\126\\1\end{matrix}$이 되는데, 다시 놓아둔다. 전체 개수를 놓아 6을 곱하면, 24,798(이는 사각 둘, 삼각 하나의 값임)이 되는데, 다시 놓은 것과 서로 소거하면, $\begin{matrix}44082\\-5041\\126\\1\end{matrix}$라는 개방식이 나오고, 입방번법으로 근을 구하면, 역시 사각과일의 변 18개가 나오고, 합에서 빼주면, 곧 삼각의 값이 되어 문제에 들어맞는다.

今有三角大垛,四角小垛各一,共積四千一百三十三箇. 只云,三角,四角兩面相併,得四十箇. 問各面若干?

答曰,三角面二十二箇,四角面一十八箇.

法曰,張和三位,中位添一,下位添二 $\begin{matrix}40\\41\\42\end{matrix}$,三位相乘,得六萬八千八百八十爲正積. 又列三和 $\begin{matrix}40\\41\\42\end{matrix}$,維乘以上位乘中位,中位乘下位,下位乘上位,三位併之,得五千四十二爲負從方. 又三和併之,得一百二十三爲正從廉,以一算爲負隅 $\begin{matrix} 68880 \\ -5042 \\ 123 \\ -1 \end{matrix}$,爲三角一段之數,寄左. 又以二爲正從方,以三爲正從廉,以一爲正隅 $\begin{matrix} 0 \\ 0.5 \\ 1.5 \\ 1 \end{matrix}$,就倍之 $\begin{matrix} 0 \\ 1 \\ 3 \\ 2 \end{matrix}$,爲四角二段數,與寄左,異減同加,得 $\begin{matrix} 68880 \\ -5041 \\ 126 \\ 1 \end{matrix}$,再寄,列共積,六之,得二萬四千七百九十八(此四角二段,三角一段數),與再寄相消,得開方之式 $\begin{matrix} 44082 \\ -5041 \\ 126 \\ 1 \end{matrix}$,以立方飜法開之,得四角果一面十八箇,以減和,餘卽三角,合問.

○倉囤積粟門 二十六問

[198] 정사각형 대 모양의 창고(방창)가 있는데, 한 변이 25자이고, 높이도 25자이다.(저장할 수 있는 곡식의) 부피는 얼마인가?

답 : 6,250섬.

풀이법에 따라서 변을 제곱하고, 다시 높이로 곱하여 나뉨수로 삼고, 섬의 환산비율(곡법)인 2자 5치로 나눠주면, 답이 나온다.

今有方倉,方二十五尺,高二十五尺. 問積米若干?
答曰,六千二百五十石.
法曰,方自乘,又以高乘之爲實,以斛法二尺五寸除,合問.

[199] 직사각형 대 모양의 창고(장창)가 있는데, 길이가 15자, 너비가 12자이고, 높이가 9자이다. 부피는 얼마인가?

답 : 648섬.

풀이법에 따라서 길이와 너비를 서로 곱하고, 다시 높이로 곱하여 나뉨수로 삼고, 섬의 환산비율로 나눠주면, 답이 나온다.

今有長倉,長十五尺,闊十二尺,高九尺. 問積米若干?

答曰,六百四十八石.

法曰,長闊相乘,又以高乘之爲實,以斛法二尺五寸除,合問.

[200] 원통 모양의 창고(원창)가 있는데, 둘레가 24자이고, 높이가 12자이다. 부피는 얼마인가?

답 : 230섬 4말.

풀이법에 따라서 둘레를 제곱하고, 다시 높이로 곱한 다음, 원의 비율(원법)인 12로 나눠서 얻은 576을 나뉨수로 삼고, 섬의 환산비율(곡법)인 2자 5치로 나눠주면, 답이 나온다.

今有圓倉,周二十四尺,高一十二尺. 問積米若干?

答曰,二百三十石四斗.

法曰,周自乘,再以高乘之,以圓法十二除之,得五百七十六爲實,以斛法二尺五寸除之,合問.

[201] 평지, 벽(에 붙여서), 그리고 모퉁이의 안쪽과 바깥쪽 등 모두 네 군데에 쏟아 부은 쌀이 있는데, 각각 아래 둘레가 45자이고, 높이가 12자이다. 각각의 부피는 얼마인가?

답 : 평지에 쏟아 부은 쌀 270섬, 벽에 붙여서 쏟아 부은 쌀 540섬, 모퉁이 안쪽에 쏟아 부은 쌀 1,080섬, 모퉁이 바깥쪽에 쏟아 부은 쌀 360섬.

풀이법에 따라서 각각의 아래 둘레를 제곱하여 놓고, 각각의 높이로 곱한 다음, 평지는 36, 벽에 붙인 것(의벽)은 18, 모퉁이의 안쪽(내각)은 9, 그리고 모퉁이의 바깥쪽(외각)은 27로 나누고, 각각을 섬의 환산비율로 나눠주면, 각각의 답이 나온다.

주해 이 속에는 평지, 의벽, 내각, 외각이라는 네 가지 경우에 대한 문제들이 하나로 결합되어 있다. 이것들은 「구장산술」 상공 장에서도 찾아볼 수 있는 소위 '위속술(委粟術)' 계열의 문제들이며, 모두 생활 속에서 발견되는 원뿔 관련 문제라고 하겠다. 네 경우에 대해서, 각각 그 순서대로, 아래 면의 반지름을 $r_1 - r_4$, 부피를 $V_1 - V_4$라고 하면, 부피들은 다음과 같이 정리되어 풀이법과 일치됨을 확인할 수 있을 것이다.

▒ 평지:

$$2\pi\ r_1 = 45,\quad r_1 \simeq \frac{15}{2},\ V_1 \simeq \frac{3 \times \left(\frac{15}{2}\right)^2 \times 12}{3} = \frac{45^2 \times 12}{36}$$

▒ 의벽:

$$\pi\ r_2 = 45,\quad r_2 \simeq 15,\quad V_2 \simeq \frac{3 \times 15^2 \times 12}{6} = \frac{45^2 \times 12}{18}$$

▒ 내각 :

$$\frac{\pi\ r_3}{2} = 45,\ r_3 \simeq 30,\ V_3 \simeq \frac{3\times 30^2\times 12}{12} = \frac{45^2\times 12}{9}$$

▒ 외각 :

$$\frac{3\pi\ r_4}{2} = 45,\ r_4 \simeq 10,\ V_4 \simeq \frac{9\times 10^2\times 12}{12} = \frac{45^2\times 12}{27}$$

今有平地,倚壁,内角,外角四所堆米,各下周四十五尺,高一十二尺. 問各所積米若干?

答曰,平地堆米二百七十石,倚壁堆米五百四十石,内角堆米一千八十石,外角堆米三百六十石.

法曰,各列下周自乘,各以高乘之,平地三十六除之,倚壁十八除之,内角九除之,外角二十七除之,各以斛法除之,各得合問.

[202] 정사각뿔대 모양의 움(방교)이 있는데, 윗변이 4자, 아랫변이 8자이고, 깊이가 6자이다. 부피는 얼마인가?

답 : 89섬 1말 5되.

풀이법에 따라서 윗변을 제곱하고, 아랫변을 제곱하고, 다시 위 아래의 변을 서로 곱하여 세 값을 더하고, 깊이로 곱한 다음, 다시 정사각뿔대 모양의 움의 비율(방교법)인 3으로 나눠서 나뉨수로 삼고, 섬의 환산비율로 나눠주면, 답이 나온다.

今有方窖,上方四尺,下方八尺,深六尺. 問積米若干?
答曰,八十九石一斗五升.
法曰,上方自乘,下方自乘,又上下方相乘,併三位,以深乘之,却以方窖法三歸之爲實,以斛法而一,合問.

[203] 원뿔대 모양의 움(원교)이 있는데, 위 둘레가 9자, 아래 둘레가 12자이고, 깊이가 6자이다. 부피는 얼마인가?

답 : 22섬 2말.

풀이법에 따라서 위 둘레를 제곱하고, 아래 둘레를 제곱하고, 위 아래 둘레를 서로 곱하여 세 값을 더하고, 깊이로 곱한 다음, 원뿔대 모양의 움의 비율(원교법)인 36으로 나누고, 섬의 환산비율로 나눠주면, 답이 나온다.

今有圓窖,上周九尺,下周十二尺,深六尺. 問積米若干?
答曰,二十二石二斗.
法曰,上周自乘,下周自乘,上下周相乘,併三位,以深乘之,以圓窖法三十六除之,以斛法而一,合問.

[204] 배로 된 창고(선창)가 있는데, 남쪽 머리 너비가 12자, 허리 너비가 13자, 바닥 너비가 10자, 북쪽 머리 너비가 14자, 허리 너비가 15자, 바닥 너비가 12자, 깊이가 5자, 길이가 18자이다. 부피는 얼

마인가?

답 : 468섬.

풀이법에 따라서 남북의 머리 너비를 더하여 반으로 나누면, 13자가 되는데, 위 너비로 삼고, 다시 남북의 허리 너비를 더하여 반으로 나누면, 14자가 되는데, 가운데 너비로 삼고, 다시 남북의 바닥 너비를 더하여 반으로 나누면, 11자가 되는데, 아래 너비로 삼은 다음, 삼광전법을 써서 위아래 너비를 더하여 반으로 나누면, 12자가 되는데, 가운데 너비에 더한 26자를 길이의 반으로 곱하고, 다시 깊이로 곱해서 나뉨수로 삼고, 섬의 환산비율로 나눠주면, 답이 나온다.

今有船倉,南頭面廣一十二尺,腰廣一十三尺,底廣一十尺,北頭面廣一十四尺,腰廣一十五尺,底廣一十二尺,深五尺,長一十八尺.問積米若干?

答曰,四百六十八石.

法曰,併南北面廣,折半得十三尺爲上廣,又併南北腰廣,折半得十四尺爲中廣,又併南北底廣,折半得十一尺爲下廣,乃用三廣田法,就併上下廣,折半得十二尺加中廣,共二十六尺,以半長乘之,再以深乘之爲實,以解法而一,合問.

[205] 돗자리 5장이 있는데, 길이·너비가 서로 같고, 먼저 한 장으로 작은 곳집을 만들어 보니, 쌀 2섬 5말이 쌓였다. 5장에 쌓을 수 있는 부피는 얼마인가?

답 : 62섬 5말.

풀이법에 따라서 돗자리 5장을 제곱하고, 2섬 5말로 곱하면, 답이 나온다.

今有蘆席五領,長濶相同,先以一領作囤盛米二石五斗. 問五領盛米若干?
答曰,六十二石五斗.
法曰,置席五領自乘,以二石五斗乘之,合問.

[206] 쌀 62섬 5말이 있어서 돗자리 곳집을 써서 쌓으려고 하는데, 먼저 한 장으로 작은 곳집을 만들어 보니, 쌀 2섬 5말이 쌓였다. 써야 할 돗자리는 몇 장인가?

답 : 5장.

풀이법에 따라서, 전체 쌀의 양을 놓고, 1장에 쌓는 쌀의 양으로 나눠서 제곱근을 구하면, 답이 나온다.

今有米六十二石五斗,用蘆席囤盛之,先以一席作囤盛米二石五斗. 問用席若干?
答曰,五領.
法曰,置總米,以一領盛米除之爲實,平方開之,合問.

[207] 쌀 230섬 4말이 있어서 원통 모양의 창고를 만들어 저장하려

고 하는데, 높이가 12자이다. 둘레는 얼마인가?

답 : 24자.

풀이법에 따라서 전체 쌀의 양을 놓아 섬의 환산비율인 2자 5치로 곱하고, 다시 원의 비율인 12를 곱한 다음, 높이로 나누어 나뉨수로 삼고, 제곱근을 구하면, 답이 나온다. 벽에 붙여서, 또는 모퉁이의 안쪽이나 바깥쪽에 쌀을 쏟아 부은 경우의 풀이법도 역시 이와 비슷하다.

今有米二百三十石四斗,欲作圓倉貯之,高一十二尺. 問周若干?
答曰,二十四尺.
法曰,置總米,以斛法二尺五寸乘之,又以圓法十二乘之,以高除之爲實,平方開之,合問. 米堆倚壁,內角,外角法亦倣此.

[208] 쌀 236섬 8말이 있어서 원통 모양의 창고를 만들어 저장하려고 하는데, 윗변이 6자, 깊이가 12자이다. 아랫변은 얼마인가? 대의 부피를 구하는 법도 마찬가지이니 자세한 것은 개방문을 참조할 것.

답 : 아랫변 8자.

풀이법에 따라서 쌀의 양을 놓아 섬의 환산비율로 곱하고, 다시 정사각뿔대 모양의 움의 비율인 3을 곱한 다음, 깊이로 나눠주면, 148이 나오는데, 윗변을 제곱한 값을 뺀 나머지 112자를 실로 삼고, 윗변을 종방으로 삼아서 대종평방법으로 근을 구하면, 답이 나온다.

> 今有米二百三十六石八斗,欲作方窖貯之,上方六尺,深一十二尺. 問下方若干? 臺法同詳見開方門.
> 答曰,下方八尺.
> 法曰,置米,以斛法乘之,又以方窖法三乘之,以深除之,得一百四十八,內減上方自乘數,餘一百一十二尺爲實,以上方爲從方,以帶從平方開之,合問.

[209] 쌀 6,250섬이 있어서 정사각형 대 모양의 창고를 만들어 저장하려고 하는데, 높이가 25자이다. 한 변은 얼마인가?

답 : 25자.

풀이법에 따라서 전체 쌀의 양을 놓아 섬의 환산비율인 2자 5치로 곱하고, 높이로 나누어 나뉨수로 삼고, 제곱근을 구하면, 답이 나온다.

> 今有米六千二百五十石,欲作方倉貯之,高二十五尺. 問方若干?
> 答曰,二十五尺.
> 法曰,置總米,以斛法二尺五寸乘之,以高除之爲實,以平方開之,合問.

[210] 쌀 648섬이 있어서 직사각형 대 모양의 창고를 만들어 저장하려고 하는데, 길이가 너비보다 3자 길고, 높이가 9자라고 한다. 길이와 너비는 각각 얼마인가?

답 : 길이 15자, 너비 12자.

풀이법에 따라서 쌀의 양을 놓아 섬의 환산비율로 곱하고, 높이로 나누면, 180자가 되는데 나뉨수로 삼고, 길이와 너비의 차이 3자를 종방으로 삼아서 대종평방법으로 근을 구하면, 너비가 나오고, 차이를 더해주면, 곧 길이가 된다.

今有米六百四十八石,欲作長倉貯之. 只云,長比濶多三尺,高九尺. 問長濶各若干?
答曰,長一十五尺,濶一十二尺.
法曰,置米,以斛法乘之,以高除之,得一百八十尺爲實,以長多濶三尺爲從方,以帶從平方開之,得濶,加差,卽長也.

[211] 정사각형 대 모양의 창고가 있는데, 부피가 2,700자이고, 변이 높이보다 3자가 길다고 한다. 각각 얼마인가?

답 : 변 15자, 높이 12자.

풀이법에 따라서 부피를 늘어놓아 실로 삼고, 차이를 제곱하여 종방으로 삼고, 차이의 두 배를 종렴으로 삼고, 1을 우로 삼아서

−2700
9
6
1

과 같이 하여 대종입방법으로 근을 구하면, 높이가 나오며, 차이를 더해주면, 곧 변이 되어 문제에 들어맞는다.

다른 풀이법에 따라서 부피를 늘어놓아 실로 삼고, 차이를 종렴

으로 삼고, 1을 양수의 우로 삼아서 $\begin{array}{c} -2700 \\ 0 \\ -3 \\ 1 \end{array}$ 과 같이 하여 입방번법으로 근을 구하면, 변이 나오고, 차이를 빼면, 곧 높이가 된다.

今有方倉,積二千七百尺. 只云,方多高三尺. 問各若干?

答曰,方一十五尺,高一十二尺.

法曰,列積爲實,差自之,爲從方,倍差爲從廉,以一爲隅,以帶從立方開之 $\begin{array}{c} -2700 \\ 9 \\ 6 \\ 1 \end{array}$,得高,加差,卽方,合問.

一法,列積爲實,以差爲從廉,以一爲正隅,以立方飜法開之 $\begin{array}{c} -2700 \\ 0 \\ -3 \\ 1 \end{array}$,得方,減差,卽高.

[212] 정사각형 대 모양의 창고가 있는데, 부피가 2,160자이고, 높이는 변보다 3자가 길다. 각각 얼마인가?

답 : 변 12자, 높이 15자.

풀이법에 따라서 부피를 늘어놓아 실로 삼고, 차이를 제곱하여 양수의 종방으로 삼고, 차이의 두 배를 음수의 종렴으로 삼고, 1을 양수의 우로 삼아서 $\begin{array}{c} -2160 \\ 9 \\ -6 \\ 1 \end{array}$ 과 같이 하여 입방번법으로 근을 구하면, 높이가 나온다.

다른 풀이법에 따라서 부피를 늘어놓아 실로 삼고, 차이를 종렴으로 삼고, 1을 우법으로 삼아서 $\begin{matrix} -2160 \\ 0 \\ 3 \\ 1 \end{matrix}$ 과 같이 하여 대종입방법으로 근을 구하면, 변이 나오고, 차이를 더하면, 높이가 나와서 문제에 들어맞는다.

今有方倉,積二千一百六十尺,高多方三尺. 問各若干?

答曰,方一十二尺,高一十五尺.

法曰,列積爲實,差自之,爲從方正,倍差爲從廉負,以一爲正隅,以立方飜法開之 $\begin{matrix} -2160 \\ 9 \\ -6 \\ 1 \end{matrix}$,得高.

一法,列積爲實,以差爲從廉,以一爲隅法,以帶從立方開之 $\begin{matrix} -2160 \\ 0 \\ 3 \\ 1 \end{matrix}$, 得方,加差,得高,合問.

[213] 정사각형 대 모양의 창고가 있는데, 부피가 2,700자이고, 변과 높이의 합이 27자라고 한다. 변과 높이는 각각 얼마인가?

답 : 변 15자, 높이 12자.

풀이법에 따라서 부피를 늘어놓아 실로 삼고, 합을 제곱하여 양수의 종방으로 삼고, 차이의 두 배를 음수의 종렴으로 삼고, 1을 양수의 우법으로 삼아서 $\begin{matrix} -2700 \\ 729 \\ -54 \\ 1 \end{matrix}$ 과 같이 하여 입방번법으로 근을 구하면, 높이가 나온다.

다른 풀이법에 따라서 부피를 늘어놓아 실로 삼고, 합을 음수의 종렴으로 삼고, 1을 양수의 우법으로 삼아서 $\begin{matrix}-2700\\0\\-27\\1\end{matrix}$ 과 같이 하여 입방번법으로 근을 구하면, 변이 나오고, 합을 빼면, 곧 높이가 나와서 문제에 들어맞는다.

今有方倉,積二千七百尺. 只云,方高相和,得二十七尺. 問方高各若干?

答曰,方一十五尺,高一十二尺.

法曰,列積爲實,和自之,爲從方正,倍差爲從廉負,以一爲隅法正,以立方飜法開之 $\begin{matrix}-2700\\729\\-54\\1\end{matrix}$,得高.

一法,列積爲實,以和爲從廉負,以一爲隅法正,以立方飜法開之 $\begin{matrix}-2700\\0\\-27\\1\end{matrix}$,得方,減和,卽高,合問.

[214] 정사각형 대 모양의 창고가 있는데, 부피가 2,160자이고, 변과 높이의 합이 27자라고 한다. 변과 높이는 각각 얼마인가?

답 : 변 12자, 높이 15자.

풀이법에 따라서 부피를 늘어놓아 실로 삼고, 합을 제곱하여 양수의 종방으로 삼고, 차이의 두 배를 음수의 종렴으로 삼고, 1을 양수의 우법으로 삼아서 $\begin{array}{c}-2160\\729\\-54\\1\end{array}$ 과 같이 하여 입방번법으로 근을 구하면, 높이가 나온다.

다른 풀이법에 따라서 부피를 늘어놓아 실로 삼고, 합을 음수의 종렴으로 삼고, 1을 양수의 우법으로 삼아서 $\begin{array}{c}-2160\\0\\-27\\1\end{array}$ 과 같이 하여 입방번법으로 근을 구하면, 변이 나오고, 합을 빼면, 곧 높이가 나와서 문제에 들어맞는다.

今有方倉,積二千一百六十尺.　只云,方高相和,得二十七尺.問方高各若干?

答曰,方一十二尺,高一十五尺.

法曰,列積爲實,和自之,爲從方正,倍差爲從廉負,以一爲正隅,以立方飜法開之 $\begin{array}{c}-2160\\729\\-54\\1\end{array}$,得高.

一法,列積爲實,以和爲從廉負,以一爲正隅,以立方飜法開之 $\begin{array}{c}-2160\\0\\-27\\1\end{array}$,得方,減和,卽高,合問.

[215] 직사각형 대 모양의 창고가 있는데, 부피가 6,048자이고, 높이가 길이보다 16자 모자라고, 너비보다 6자 모자란다고 한다. 길이, 너비, 높이는 각각 얼마인가?

답 : 길이 28자, 너비 18자, 높이 12자.

풀이법에 따라서 부피를 늘어놓아 실로 삼고, 두 차이를 서로 곱한 96을 종방으로 삼고, 두 차이를 서로 더한 22를 종렴으로 삼고, 1을 우법으로 삼아서 $\begin{array}{c}-6048\\96\\22\\1\end{array}$ 과 같이 하여 대종입방법으로 근을 구하면, 높이가 나오고, 16자를 더하면, 곧 길이가 되고, 6자를 더하면, 곧 너비가 나와서 문제에 들어맞는다.

今有長倉,積六千四十八尺. 只云,高比長不及一十六尺,又高比濶不及六尺. 問長濶高各若干?

答曰,長二十八尺,濶一十八尺,高一十二尺.

法曰,列積爲實,以兩差相乘,得九十六爲從方,以兩差相倂,得二十二爲從廉,以一爲隅法,以帶從立方開之 $\begin{array}{c}-6048\\96\\22\\1\end{array}$,得高,就加十六尺,卽長,六尺,卽濶,合問.

[216] 직사각형 대 모양의 창고가 있는데, 부피가 6,048자이고, 길이가 높이보다 16자 길고, 너비보다도 역시 10자 길다고 한다. 길이, 너비, 높이는 각각 얼마인가?

답 : 길이 28자, 너비 18자, 높이 12자.

풀이법에 따라서 부피를 늘어놓아 실로 삼고, 두 차이를 서로 곱한 160을 양수의 종방으로 삼고, 두 차이를 서로 더한 26을 음수의 종렴으로 삼고, 1을 우법으로 삼아서 $\begin{array}{c} -6048 \\ 160 \\ -26 \\ 1 \end{array}$ 과 같이 하여 입방번법으로 근을 구하면, 길이가 나오고, 각각의 차이를 빼주면, 곧 답이 나와서 문제에 들어맞는다.

今有長倉,積六千四十八尺. 只云,長比高多一十六尺,又長比濶亦多一十尺. 問長濶高各若干?

答曰,長二十八尺,濶一十八尺,高一十二尺.

法曰,列積爲實,以兩差相乘,得一百六十爲從方正,以兩差相併,得二十六爲從廉負,以一爲正隅,以立方飜法開之 $\begin{array}{c} -6048 \\ 160 \\ -26 \\ 1 \end{array}$,得長,各減其差,卽得,合問.

[217] 직사각형 대 모양의 창고가 있는데, 부피가 6,048자이고, 너비가 길이보다 10자 모자라지만, 높이보다는 6자 길다고 한다. 길이, 너비, 높이는 각각 얼마인가?

답 : 길이 28자, 너비 18자, 높이 12자.

풀이법에 따라서 부피를 늘어놓아 실로 삼고, 두 차이를 서로 곱한 16을 높이와 길이의 차이로 삼아서 높이와 너비의 차이 6자를 곱하면, 96이 되는데, 종방으로 삼고, 다시 높이와 길이의 차이 16자와 높이와 너비의 차이 6자를 더한 22를 종렴으로 삼고, 1을 우법으로 삼아서 $\begin{matrix}-6048\\96\\22\\1\end{matrix}$ 과 같이 하여 대종입방법으로 근을 구하면, 높이가 나오고, 각각의 차이를 차례로 더해주면, 문제에 들어맞는다.

> 今有長倉,積六千四十八尺. 只云,濶比長不及一十尺,又濶比高多六尺. 問長濶高各若干?
>
> 答曰,長二十八尺,濶一十八尺,高一十二尺.
>
> 法曰,列積爲實,以兩差相併,得一十六尺爲高長差,以高濶差六尺乘之,得九十六爲從方,又高長差一十六尺,高濶差六尺併之,得二十二爲從廉,以一爲隅法,以帶從立方開之 $\begin{matrix}-6048\\160\\-26\\1\end{matrix}$,得高,遞加各差,合問.

[218] 직사각형 대 모양의 창고가 있는데, 부피가 6,048자이고, 길이와 너비의 합이 46자이고, 높이와 너비의 합이 30자라고 한다. 길이, 너비, 높이는 각각 얼마인가?

답 : 길이 28자, 너비 18자, 높이 12자.

풀이법에 따라서, 부피를 늘어놓아 실로 삼고, 두 합을 서로 곱하여 양수의 종방으로 삼고, 다시 두 합을 서로 더하여 음수의 종렴으로 삼고, 1을 우법으로 삼아서 $\begin{matrix}-6048\\1380\\-76\\1\end{matrix}$ 과 같이 하여 입방번적법으로 근을 구하면, 너비가 나오고, 두 합을 놓아 너비를 빼주면, 각각 나와서 문제에 들어맞는다.

今有長倉,積六千四十八尺. 只云,長濶相和四十六尺,又高濶相和三十尺. 問長濶高各若干?

答曰,長二十八尺,濶一十八尺,高一十二尺.

法曰,列積爲實,兩和相乘爲從方正,又兩和相併,爲從廉負,以一爲隅法正,以立方飜積法開之 $\begin{matrix}-6048\\1380\\-76\\1\end{matrix}$,得濶,置兩和減濶各得,合問.

[219] 직사각형 대 모양의 창고가 있는데, 부피가 6,048자이고, 길이와 너비의 합이 46자이고, 길이와 높이의 합이 40자라고 한다. 길이, 너비, 높이는 각각 얼마인가?

답 : 길이 28자, 너비 18자, 높이 12자.

풀이법에 따라서 부피를 늘어놓아 실로 삼고, 두 합을 서로 곱하여 양수의 종방으로 삼고, 다시 두 합을 서로 더하여 음수의 종렴으로 삼고, 1을 우법으로 삼아서 $\begin{matrix}-6048\\1840\\-86\\1\end{matrix}$ 과 같이 하여 입방번적법으로 근을 구하면, 길이 28자가 나오고, 각각 합에서 빼주면, 문제에 들어맞는다.

今有長倉,積六千四十八尺. 只云,長濶相和四十六尺,又長高相和四十尺. 問長濶高各若干?

答曰,長二十八尺,濶一十八尺,高一十二尺.

法曰,列積爲實,以兩和相乘爲正從方,以兩和相併,爲負從廉,以一爲正隅,以立方飜積法開之 $\begin{matrix}-6048\\1840\\-86\\1\end{matrix}$,得長二十八尺,各減其和,合問.

[220] 직사각형 대 모양의 창고가 있는데, 부피가 6,048자이고, 높이와 길이의 합이 40자이고, 높이와 너비의 합이 30자라고 한다. 길이, 너비, 높이는 각각 얼마인가?

답 : 길이 28자, 너비 18자, 높이 12자.

풀이법에 따라서 부피를 늘어놓아 실로 삼고, 두 합을 서로 곱한 1,200을 양수의 종방으로 삼고, 다시 두 합을 서로 더한 70을 음수의 종렴으로 삼고, 1을 우법으로 삼아서 $\begin{array}{c} -6048 \\ 1200 \\ -70 \\ 1 \end{array}$ 과 같이 하여 감종입방법으로 근을 구하면, 높이가 나오고, 각각 합에서 빼주면, 문제에 들어맞는다.

今有長倉,積六千四十八尺. 只云,高長相和四十尺,又高濶相和三十尺. 問長濶高各若干?
答曰,長二十八尺,濶一十八尺,高一十二尺.
法曰,列積爲實,以兩和相乘,得一千二百爲正從方,以兩和相併,得七十爲負從廉,以一爲正隅,以減從立方開之 $\begin{array}{c} -6048 \\ 1200 \\ -70 \\ 1 \end{array}$,得高,各減其和,合問.

[221] 직사각형 대 모양의 창고가 있는데, 부피가 6,048자이고, 길이와 높이의 합이 40자이고, 높이와 너비의 차이가 6자라고 한다. 길이, 너비, 높이는 각각 얼마인가?

답 : 길이 28자, 너비 18자, 높이 12자.

풀이법에 따라서 부피를 늘어놓아 실로 삼고, 합과 차이를 서로 더한 46은 곧 길이와 너비의 합이 되는데, 길이와 높이의 합으로 곱하여 양수의 종방으로 삼고, 다시 두 합을 서로 더한 86을 음수의 종렴으로 삼고, 1을 우법으로 삼아서 $\begin{array}{c} -6048 \\ 1840 \\ -86 \\ 1 \end{array}$ 과 같이 하여 입방번적법으로 근을 구하면, 길이가 나오고, 차와 합을 더하거나 빼주면, 문제에 들어맞는다. 높이와 너비의 합과 길이와 너비의 차이로 구하는 법도 역시 마찬가지로서 먼저 높이를 구하고, 높이와 너비의 합과 길이와 높이의 차이로 구하는 법도 역시 마찬가지로서 먼저 너비를 구한다.

今有長倉,積六千四十八尺. 只云,長高和四十尺,高濶差六尺. 問長濶高各若干?

答曰,長二十八尺,濶一十八尺,高一十二尺.

法曰,列積爲實,乃和差相併,得四十六,卽長濶和也,以長高和乘之爲從方正,以兩和相併,得八十六爲從廉負,以一爲正隅,以立方飜積法開之 $\begin{array}{c} -6048 \\ 1840 \\ -86 \\ 1 \end{array}$,得長,加減差和,合問. 高濶和長濶差法亦同,先得高,高濶和長高差法亦同,先得濶.

[222] 직사각형 대 모양의 창고가 있는데, 부피가 6,048자이고, 길이와 너비의 합이 46자이고, 높이와 너비의 차이가 6자라고 한다. 길이, 너비, 높이는 각각 얼마인가?

답 : 길이 28자, 너비 18자, 높이 12자.

풀이법에 따라서 부피를 늘어놓아 실로 삼고, 합과 차이를 서로 뺀 길이와 높이의 합 40자를 길이와 너비의 합으로 곱하면, 1,840자가 되는데, 양수의 종방으로 삼고, 다시 두 합을 서로 더한 86을 음수의 종렴으로 삼고, 1을 우법으로 삼아서 $\begin{array}{c} -6048 \\ 1840 \\ -86 \\ 1 \end{array}$ 과 같이 하여 입방번적법으로 근을 구하면, 길이가 나오고, 차와 합을 더하거나 빼주면, 문제에 들어맞는다. 길이와 높이의 합과 길이와 너비의 차이로 구하는 법도 역시 마찬가지로서 먼저 높이를 구하고, 길이와 너비의 합과 길이와 높이의 차이로 구하는 법도 역시 마찬가지로서 먼저 너비를 구한다.

今有長倉,積六千四十八尺. 只云,長濶相和四十六尺,高濶相差六尺. 問長濶高各若干?

答曰,長二十八尺,濶一十八尺,高一十二尺.

法曰,列積爲實,乃和差相減,得長高和四十尺,以長濶和乘之,得一千八百四十尺爲從方正,以兩和相併,得八十六爲從廉負,以一爲正隅,以立方飜積法開之 $\begin{array}{c} -6048 \\ 1840 \\ -86 \\ 1 \end{array}$,得長,加減差和,合問. 長高和長濶差法亦同,先得高,長濶和長高差法亦同,先得濶.

[223] 직사각형 대 모양의 크고 작은 창고가 각각 하나씩 있는데, 부피의 합이 8,656자이고, 작은 창고의 병면은 을면보다 3자 모자라

고, 을면은 갑면보다 4자 모자라고, 큰 창고의 병면은 을면보다 3자 모자라고, 을면은 갑면보다 5자 모자라며, 또한 작은 창고의 병면은 큰 창고의 병면보다 2자 모자란다고 한다. 각면은 얼마인가?

답 : 큰 창고의 갑면 22자, 을면 17자, 병면 14자, 작은 창고의 갑면 19자, 을면 15자, 병면 12자.

풀이법에 따라서 큰 창고의 을병 차이 3자, 갑병 차이 8자를 늘어놓고, 각각에 크고 작은 창고의 병면 차이 2자를 더하면, 을병 차이 5자, 갑병 차이 10자가 나오며, 서로 곱하면, 50이 되고, 다시 크고 작은 창고의 병면 차이 2자로 곱해주면, 100이 되는데, 부피의 합에서 뺀 나머지 8,556자를 실로 삼고, ○별도로 5자, 10자를 놓아 더하면, 15가 되는데, 크고 작은 장고의 병면 차이 2자로 곱하면, 30이 되고, ○또 5자, 10자를 놓아 곱하면, 50이 되며, ○다시 작은 창고의 을병 차이 3자, 갑병 차이 7자를 놓아 서로 곱하면, 21이 되는데, ○세 값을 더한 101을 종방으로 삼고, ○다시 큰 창고의 두 차이 5자, 10자를 서로 더하면, 15가 되고, ○다시 작은 창고의 두 차이 3자, 7자를 서로 더하면, 10이 되며, ○두 값을 서로 더한 25에 다시 크고 작은 창고의 병면 차이 2자를 더하면, 27이 되는데, 종렴으로 삼고, 2를 우법으로 삼아서 $\begin{array}{c}-8556\\101\\27\\2\end{array}$ 과 같이 하여 대종입방법으로 근을 구하면, 작은 창고의 병면 12자가 나오고, 각각의 차이를 차례로 더해주면, 문제에 들어맞는다.

今有大小長倉各一,共積八千六百五十六尺. 只云,小長倉丙面不及乙面三尺,乙面不及甲面四尺,大長倉丙面不及乙面三尺,乙面不及甲面五尺,又云,小長倉丙面不及大長倉丙面二尺. 問各面若干?

答曰,大長倉甲面二十二尺,乙面一十七尺,丙面一十四尺,小長倉甲面一十九尺,乙面一十五尺,丙面一十二尺.

法曰,列大倉乙丙差三尺,甲丙差八尺,各加大小丙面差二尺,得乙丙差五尺,甲丙差十尺,相乘,得五十,又以大小丙面差二尺乘之,得一百,以減共積,餘八千五百五十六尺爲實○另列五尺十尺相倂,得一十五,以大小丙面差二尺乘之,得三十○又列五尺十尺相乘,得五十○又列小倉乙丙差三尺,甲丙差七尺,相乘,得二十一○三位倂之,得一百一爲從方○又列大倉兩差五尺十尺相倂,得十五○又列小倉兩差三尺七尺相倂,得十○二位相倂,得二十五,又加大小丙差二尺,共得二十七爲從廉,以二爲隅法,以帶從立方法開之 $\begin{array}{c}-8556\\101\\27\\2\end{array}$,得小長倉丙面一十二尺,遞加各差,合問.

「구일집」 제 5 권(「九一集」 卷之五)

남양 홍정하 지음(南陽 洪正夏 著)

○ 句股互隱門 七十八問

[224] 밑변이 24자, 높이가 45자이다. 빗변은 얼마인가?
답 : 빗변 51자.

풀이법에 따라서 밑변을 제곱하면, 576이 되고, 높이를 제곱하면, 2,025가 되며, 두 수를 더하면, 2,601이 되는데, 나뉨수로 삼아서 제곱근을 구하면, 빗변이 나오니, 문제에 들어맞는다.

주해 여기서 문제로 삼은 직각삼각형의 세 변의 길이는 24, 45, 51로서 8 : 15 : 17의 비례를 나타낸다. 이 삼각형은 저자 홍정하가 매우 애용한 사례로서 이 문제와 다음 문제([225])를 위시하여 [227]-[230], [235-263], [265], [269-274], [278], [283-284], [286], [289] 등에서 찾아볼 수 있다.

今有句二十四尺,股四十五尺. 問弦若干?
答曰,弦五十一尺.
法曰,句自乘,得五百七十六,股自乘,得二千二十五,二數相併,得二千六百一尺爲實,以開平方法除之,得弦,合問.

[225] 밑변이 24자, 빗변이 51자이다. 높이는 얼마인가?

답 : 높이 45자.

풀이법에 따라서 빗변을 제곱하면, 2,601이 되고, 거기서 밑변의 제곱 576을 빼면, 2,025자가 남는데, 나뉨수로 삼아서 제곱근을 구하면, 높이 45자가 나와서 문제에 들어맞는다.

今有句二十四尺,弦五十一尺. 問股若干?

答曰,股四十五尺.

法曰,弦自乘,得二千六百一,內減句自乘五百七十六,餘二千二十五尺爲實,以開平方法除之,得股四十五尺,合問.

[226] 밑변이 $6\frac{2}{3}$ 자, 높이가 8자이다. 빗변은 얼마인가?

답 : 빗변 $10\frac{76}{189}$ 자.

풀이법에 따라서 통분하여 분자에 더한 것을 제곱하면, 400이 되고, 높이를 제곱하여 밑변의 분모를 제곱한 값과 곱하면, 576이 되고, 둘을 더하면, 976이 되며, 밑변의 분모를 제곱한 값 9를 우로 삼아서 제곱근을 구하면, 빗변이 나와서 문제에 들어맞는다.

주해 빗변을 x라고 하면, 다음의 식이 성립된다.

$$x=\sqrt{\left(\frac{20}{3}\right)^2+8^2},$$

$$9x^2-976=0$$

이 식의 근을 [307], [309], [315]에서 사용된 이른 바 "가차산명분(加借算命分)"을 통해서 구하면, 답에 제시된 대분수를 얻게 된다(紀志剛(2000: 72)을 참조).

> 今有句六尺三分尺之二,股八尺. 問弦若干?
> 答曰,弦十尺一百八十九分尺之七十六.
> 法曰,通分納子,自之,得四百,股自之,以句分母自乘數乘之,得五百七十六,併之,得九百七十六,以句分母自之數九爲隅,平方開之,得弦,合問.

[227] 높이가 45자, 빗변이 51자이다. 밑변과 내접 정사각형(의 변) 및 원(의 지름)은 얼마나 되는가?

답 : 밑변 24자, 원지름 18자, 정사각형의 변 $15\frac{45}{69}$ 자.

풀이법에 따라서 빗변을 제곱하면, 2,601이 되고, 높이의 제곱 2,025를 빼면, 576자가 남는데, 실로 삼아서 제곱근을 구하면, 밑변이 나온다. 밑변과 높이를 놓아 서로 곱하고, 2배하면, 2,160자가 되는데, 나뉨수로 삼고, 밑변, 높이, 빗변을 더한 120을 나눗수로 삼아서 나눠주면, 내접원의 지름이 나오고, 다시 밑변과 높이를 놓아 서로 곱하면, 1,080자가 되는데, 나뉨수로 삼고, 밑변과 높이를 더한 69자를 나눗수로 삼아서 나눠주면, 내접 정사각형의 변이 나오는데, 맞아떨어지지 않는 것은 나눗수 분의 몇이라고 부르면, 문제에 들어맞는다.

주해 이 문제는 「구장산술」 "구고"장의 15번째와 16번째 문제를 결합시킨 형태를 취하고 있다. 문제에서 말하는 도형들을 그래프로 나타내면, 다음과 같다.

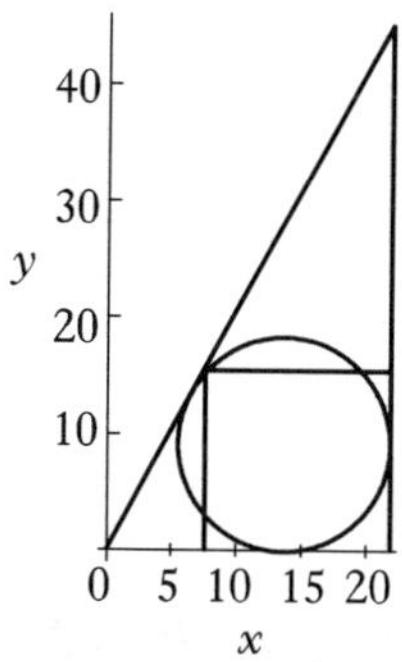

직각삼각형의 밑변, 높이, 빗변을 각각 a, b, c 라고 하고, 내접 정사각형의 변을 x, 원의 반지름을 r 이라고 하면, 먼저, 정사각형의 변은

$$(a-x): x = x: (b-x),$$

$$x^2 = (a-x)(b-x) = x^2 - (a+b)x + ab,$$

$$\therefore\ x = \frac{ab}{a+b}$$

와 같이 구해지고, 원의 반지름은

$$\frac{r(a+b+c)}{2} = \frac{ab}{2},$$

$$\therefore\ r = \frac{ab}{a+b+c}$$

로 나오므로, 지름은 곧 $\frac{2ab}{a+b+c}$ 가 되는데, 풀이법은 바로 이 공식들을 적용한 것이다.

今有股四十五尺,弦五十一尺. 問句及中容方圓若干?
答曰,句二十四尺,圓徑一十八尺,方面一十五尺六十九分尺之四十五.
法曰,弦自乘,得二千六百一,內減股自乘,得二千二十五,餘五百七十六尺爲實,平方開之,得句. 置句股,相乘,倍之,得二千一百六十尺爲實,併句股弦,共一百二十爲法,除之,得容圓徑,又置句股,相乘,得一千八十尺爲實,併句股,共六十九尺爲法,除之,得容方面,不盡者以法命之,合問.

[228] 연 두 줄기가 연못 한가운데에서 자라고 있는데, 물위로 올라온 길이가 6자이고, 다른 한 줄기가 바람 때문에 대각선으로 연못 둑까지 닿은 것이 24자라고 한다. 수심과 연의 길이는 각각 얼마인가?
답 : 수심 45자, 연의 길이 51자.

풀이법에 따라서, 연못 둑까지의 거리 24자를 밑변으로 삼아 제곱하면, 576자가 되고, 별도로 물위로 올라온 6자를 제곱한 36자를 빼면 540이 남는데, 나뉨수로 삼고, 차이 6자를 2배한 12자를 나눗수로 삼아서 나눠주면, 수심이 나오고, 차이를 더해주면, 연의 길이가 나와서 문제에 들어맞는다.

다른 풀이법에 따라서, 밑변 24자를 놓아 제곱하면, 576자가 되는데, 나뉨수로 삼고, 높이와 빗변의 차이 6자를 나눗수로 삼아서 나눠주면, 높이와 빗변의 합 96자가 나오고, 차이 6자를 더하고, 반으로 나누면, 빗변 51자가 나오는데, 곧 연의 길이가 되며, 차이 6자를 빼면, 높이 45자가 나오는데, 곧 수심이 되어 문제에 들어맞는다.

주해 이 문제는 「구장산술」 "구고"장의 6번째 문제를 연상시킨다. 풀이법의 계산은, 연못의 깊이를 x라고 놓으면, 길이가 24, x, $x+6$인 세 변이 직각삼각형을 이루므로 다음과 같이 근을 구할 수 있다는 것이다.

$$(x+6)^2 = x^2 + 24^2$$

$$x^2 + 12x + 36 = x^2 + 576$$

$$\therefore\ x = \frac{540}{12} = 45.$$

문제에서 말하는 내용을 그래프로 나타내면, 다음과 같다.

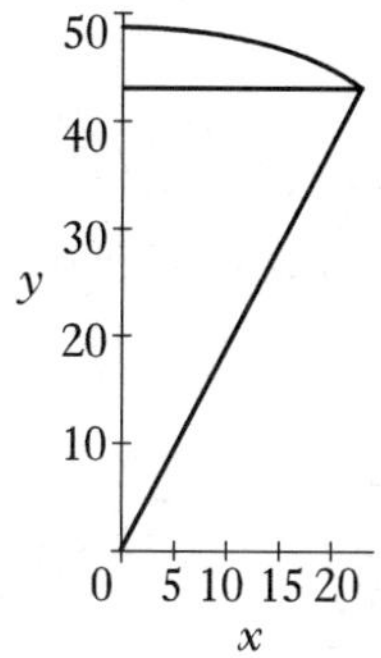

今有蓮二莖生池中,出水長六尺,一莖爲風所觸斜至岸二十四尺. 問水深,蓮長各若干?
答曰,水深四十五尺,蓮長五十一尺.
法曰,置去岸二十四尺爲句,自乘,得五百七十六尺,另以出水六尺爲股,較自乘,得三十六尺,減之,餘五百四十爲實,以較六尺倍,作一十二尺爲法除之,得水深,加較,得蓮長,合問.
一法,置句二十四尺,自乘,得五百七十六爲實,以股弦差六尺爲法除之,得股弦和九十六尺,加差六尺,折半,得弦五十一尺,卽蓮長也,減差六尺,得股四十五尺,卽水深也,合問.

[229] 높이가 45자인데, 빗변이 밑변보다 27자 길다고 한다. 밑변과 빗변은 각각 얼마인가?

답 : 밑변 24자, 빗변 51자.

풀이법에 따라서 높이를 제곱하면, 2,025가 되고, 차이를 제곱하면, 729가 되며, 두 값을 서로 빼면, 1,296자가 남는데, 나뉨수로 삼고, 차이를 2배한 54를 나눗수로 삼아서 나눠주면, 밑변이 나오고, 차이를 더해주면, 빗변이 나와서 문제에 들어맞는다.

다른 풀이법에 따라서 높이의 제곱 2,025를 나뉨수로 삼고, 밑변과 높이를 놓아 서로 곱하고, 2배하면, 2,160자가 되는데, 나뉨수로 삼고, 밑변과 빗변의 차이 27자를 나눗수로 삼아서 나눠주면, 밑변과 빗변의 합 75자가 나오고, 차이를 더한 다음, 반으로 나눠주면, 빗변 51자가 나오며, 차이를 빼주면, 또한 밑변이 나온다.

今有股四十五尺. 只云,弦多句二十七尺. 問句弦各若干?
答曰,句二十四尺,弦五十一尺.
法曰,置股,自乘,得二千二十五,較自乘,得七百二十九,二位相減,餘一千二百九十六尺爲實,倍較,得五十四爲法除,得句,加較,得弦,合問.
一法,置股,自乘,得二千二十五爲實,以句弦差二十七尺爲法除之,得句弦和七十五尺,加差,折半,得弦五十一尺,減差,亦得句.

[230] 빗변이 51자인데, 높이가 밑변보다 21자 길다고 한다. 밑변과 높이는 각각 얼마인가?
답 : 밑변 24자, 높이 45자.

풀이법에 따라서 빗변을 놓아 제곱하면, 곧 2개의 밑변과 높이의 곱과 1개의 밑변과 높이의 차이의 제곱이 되며, 2배하면, 5,202가 되고, 차이의 제곱 441자를 빼면, 4,761자가 남는데, 실로 삼아서 제곱근을 구하면, 밑변과 높이의 합 69자가 나오고, 차이를 더해주고, 반으로 나누면, 높이가 나오고, 차이를 빼면, 밑변이 나와서 문제에 들어맞는다.

다른 풀이법에 따라서 빗변을 놓아 제곱하면, 2,601이 되고, 이러한 밑변 제곱, 높이 제곱의 값은 크고 작은 정사각형 밭의 넓이 계산법과 같은데, 차이 제곱 441자를 빼면, 2,160이 남는데, 나뉨수로 삼고, 차이의 2배인 42를 종방으로 삼고, 2를 우법으로 삼아서 대종평방법으로 근을 구하면, 밑변이 나오고, 차이를 더하면, 역시 높이가 나온다.

주해 먼저, 풀이법 가운데 두 번째는 밑변을 x라고 놓으면,

$$\begin{aligned} &x^2 + (x+21)^2 - 51^2 \\ &\quad = 2x^2 + 42x - 2160 \\ &\quad = 2(x^2 + 21x - 1080) \\ &\quad = 2(x-24)(x+45) = 0 \\ &\therefore\ x = 24 \end{aligned}$$

라는 근을 얻는다는 것을 가리킨다. 한편, 첫 번째는 다음과 같이 계산한 것이다.

$$\begin{gathered} 2x(x+21)x + 21^2 = 51^2 = 2601 \\ 4x^2 + 4\times 21x + 441\times 2 = 5202 \\ (2x+21)^2 = 5202 - 441 = 4761 = 69^2 \\ \therefore\ x = 24 \end{gathered}$$

今有弦五十一尺. 只云,股多句二十一尺. 問句股各若干?
答曰,句二十四尺,股四十五尺.
法曰,置弦,自乘,卽二箇句股相乘及一箇句股差自乘數,倍之,得五千二百二尺,內減差自乘四百四十一尺,餘四千七百六十一尺爲實,平方開之,得句股和六十九尺,加差,折半,得股,減差,得句,合問.
一法,置弦,自乘,得二千六百一,此句自乘,股自乘數如大小方田法,內減差自乘四百四十一尺,餘二千一百六十爲實,倍差,得四十二爲從方,以二爲隅法,以帶從平方開之,得句,加差,亦得股.

[231] 문이 열려 있는데, 문지방까지의 거리가 5치이고, 벌어진 틈이 1치이다. 문의 너비는 얼마인가?

답 : 문의 너비 2자 4치 7푼 5리.

풀이법에 따라서 문지방까지의 거리 5치를 밑변으로 삼아서 제곱하면, 25치가 되고, 벌어진 틈 1치의 절반인 5푼을 높이로 삼아서 차이의 제곱 2푼 5리를 빼면, 24치 7푼 5리가 남는데, 나뉨수로 삼고, 차이 5푼을 2배한 1치를 나눗수로 삼아서 나눠주면, 한 변의 문 너비가 나와서 문제에 들어맞는다.

주해 이 문제는「구장산술」"구고"장 10번째 문제의 유제에 해당하며,「구장산술」풀이법에 제시되어 있는 공식은 기본적으로

$$\text{문 전체의 너비} = \frac{\text{문지방까지의 거리}^2 + \left(\frac{\text{틈새}}{2}\right)^2}{\text{틈새}} \times 2$$

$$= \frac{\text{문지방까지의 거리}^2}{\frac{\text{틈새}}{2}} + \frac{\text{틈새}}{2}$$

라는 것이다. 그러나 이와 같은「구장산술」의 풀이법을 적용하거나, 또는 한쪽 문의 너비를 x라고 놓아서

$$x^2 = (x - 0.5)^2 + 5^2 = x^2 - x + 25.25$$

$$\therefore\ x = 25.25\text{치} = 2\text{자 }5\text{치 }2\text{푼 }5\text{리}$$

라고 계산해보면, 이 문제의 답(2자 4치 7푼 5리)과 풀이법이 틀렸다는 것이 이내 드러나고 만다. 즉, "차이의 제곱 2푼 5리를 빼면,

24치 7푼 5리가 남는데"라고 한 것은 마땅히 "더하면, 25치 2푼 5리가 되는데"로 했어야 했던 것이다.

今有開門去閾五寸,不合一寸. 問門廣若干?

答曰,門廣二尺四寸七分五釐.

法曰,以去閾五寸爲句,自乘,得二十五寸,不合一寸折半,得五分爲股,較自乘,得二分五釐,減之,餘二十四寸七分五釐爲實,以較五分倍作,一寸爲法除之,得一邊門廣,合問.

[232] 진흙 벽 속에 들어 있는 둥근 목재의 지름을 알 수 없는데, 톱질해보니, 깊이가 1치일 때, 잘려신 길이가 1자였다. 목재의 지름은 얼마인가?

답 : 목재의 지름 2자 6치.

풀이법에 따라서 잘려진 길이 1자를 놓아 절반인 5치를 밑변으로 삼아서 제곱하면, 25치가 되는데, 나뉨수로 삼고, 깊이 1치를 높이와의 차이로 삼아서 나눠주면, 높이가 나오고, 깊이 1치를 더하면, 목재의 지름이 나와서 문제에 들어맞는다.

다른 풀이법에 따라서 잘려진 길이를 놓아 그 절반을 밑변으로 삼아서 제곱하면, 25치가 되고, 별도로 깊이 1치를 놓아 높이로 삼아서 빗변과의 차이를 제곱하면, 1치가 되는데, 두 값을 서로 뺀 나머지 24치를 나뉨수로 삼고, 차이의 배인 2치를 나눗수로 삼아서 나눠주면, 지름 2자 6치가 나와서 문제에 들어맞는다.

주해 이 문제와 다음 문제([233])는 「구장산술」 "구고"장 9번째 문제의 유제에 해당한다. 지름을 x라고 하면, 다음과 같이 구고술을 적용하여 근을 구할 수 있다.

$$\left(\frac{x}{2}\right)^2 = \left(\frac{x}{2} - 1\right)^2 + 5^2,$$

$$\therefore\ x = 26.$$

문제에서 말하는 내용을 그래프로 나타내면, 다음과 같다.

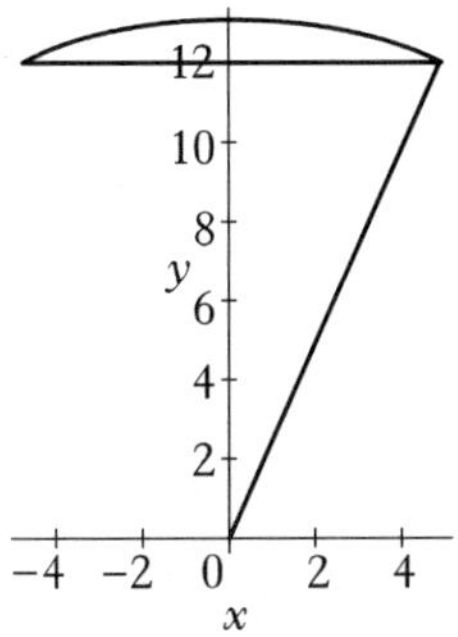

今有圓木泥在壁中,不知徑,以鋸鋸之,深一寸,鋸道長一尺. 問木徑若干?

答曰,木徑二尺六寸.

法曰,置鋸道一尺,折半,得五寸爲句,自乘,得二十五寸爲實,以深一寸爲股較除之爲股,加深一寸,得木徑,合問.

一法,置鋸道,折半爲句,自乘,得二十五寸,另置深一寸爲股,弦差自乘,得一寸,二數相減,餘二十四寸爲實,乃倍差,得二寸爲法,除之,得全徑二尺六寸,合問.

[233] (벽 속에 박힌) 둥근 목재의 지름이 2자 6치인데, 톱질해보니, 나무의 깊이가 8치였다. 잘려진 길이는 얼마인가?

답 : 잘려진 길이 2자 4치.

풀이법에 따라서 목재의 지름을 놓아 절반을 빗변으로 삼아서 제곱하면, 169치가 되고, 별도로 반지름 13을 놓아 톱질한 깊이 8치를 뺀 나머지 5치를 밑변으로 삼아서 제곱하면 25치가 되고, 두 값을 서로 뺀 나머지 144치를 실로 삼아서 제곱근을 구하면, 높이 12치가 나오는데, 이는 잘려진 길이의 반이므로 2배하면, 잘려진 길이 2자 4치가 되어 문제에 들어맞는다.

今有圓木徑二尺六寸,鋸深入木八寸. 問鋸道長若干?
荅曰,鋸道長二尺四寸.
法曰,置木徑,折半爲弦,自乘,得一百六十九寸,另列半徑十三,內減鋸深八寸,餘五寸爲句,自乘,得二十五寸,二位相減,餘一百四十四寸爲實,以平方開之,得股十二寸,此半鋸長,就倍之,得鋸長二尺四寸,合問.

[234] 밑변이 30자인데, 높이와 빗변의 합이 90자라고 한다. 밑변과 높이는 각각 얼마인가?

답 : 높이 40자, 빗변 50자.

풀이법에 따라서 밑변을 놓아 제곱한 900자를 나뉨수로 삼고, 높이와 빗변의 합 90을 나눗수로 삼아서 나뉨수를 나눠주면, 높이와 빗변의 차이 10자가 나오고, 합을 더해서 반으로 나누면, 빗변이 나오고, 합에서 빼면, 곧 높이가 나와서 문제에 들어맞는다.

다른 풀이법에 따라서 밑변을 놓아 제곱하고, 다시 높이와 빗변의 합을 제곱하여 두 값을 서로 뺀 나머지의 절반인 3,600자를 나눔수로 삼고, 별도로 높이와 빗변의 합으로 나눠주면, 높이가 나오고, 합에서 빼면, 빗변이 나와서 문제에 들어맞는다.

주해 첫째 풀이법은, 빗변을 x라고 했을 때,

$$30^2 = x^2 - (90 - x)^2 = (2x - 90) \times 90$$

$$\therefore\ x = \left(\frac{900}{90} + 90\right) \div 2 = 50$$

이 도출되는 계산과정을 가리키고, 둘째 풀이법은 높이를 x라고 했을 때,

$$30^2 = (90 - x)^2 - x^2 = (90 - 2x) \times 90$$

$$\therefore\ x = \frac{8100 - 900}{180} = 40$$

이 도출되는 계산과정을 가리킨다. 이하 연이어 등장하는 대동소이한 유제들에 대해서는 주해를 가급적 생략키로 한다.

今有句三十尺. 只云,股弦和九十尺. 問股弦各若干?
答曰,股四十尺,弦五十尺.
法曰,置句,自乘,得九百尺爲實,以股弦和九十爲法,除之,得股弦差十尺,加和,半之,得弦,減和,卽股,合問.
一法,置句,自乘,又股弦和自乘,二位相減,餘折半,得三千六百尺爲實,另以股弦和除之,得股,以減於和,得弦,合問.

[235] 높이가 45자인데, 밑변과 빗변의 합이 75자라고 한다. 밑변과 빗변은 각각 얼마인가?

답 : 밑변 24자, 빗변 51자.

풀이법에 따라서 높이를 놓아 제곱한 2,025를 나뉟수로 삼고, 밑변과 빗변의 합 75자를 나눗수로 삼아서 나뉨수를 나눠주면, 밑변과 빗변의 차이 27자가 나오고, 합을 더해서 반으로 나누면, 빗변이 나오고, 차이를 빼면, 밑변이 나와서 문제에 들어맞는다.

다른 풀이법에 따라서 빗변을 놓아 제곱하고, 다시 밑변과 빗변의 합을 제곱하여 두 값을 서로 뺀 나머지의 절반인 1,800자를 나뉨수로 삼고, 별도로 밑변과 빗변의 합으로 나눠주면, 밑변이 나오고, 합에서 빼면, 역시 빗변이 나온다.

今有股四十五尺. 只云,句弦和七十五尺. 問句弦各若干?
答曰,句二十四尺,弦五十一尺.
法曰,置股,自乘,得二千二十五爲實,以句弦和七十五尺爲法,除之,得句弦差二十七尺,加和,折半,得弦,內減差,得句,合問.
一法,置股,自乘,又句弦和自乘,二位相減,餘折半,得一千八百尺爲實,另以句弦和除之,得句,以減於和,亦得弦.

[236] 빗변이 51자인데, 밑변과 높이의 합이 69자라고 한다. 밑변과 높이는 각각 얼마인가?

답 : 밑변 24자, 높이 45자.

풀이법에 따라서 빗변을 놓아 제곱하고 2배하면, 5,202자가 되는데, 이는 곧 4개의 밑변과 높이의 곱과 2개의 (밑변과 높이의) 차이의 제곱이 되고, 다시 밑변과 높이의 합을 제곱하면, 4,761자가 되는데, 이는 곧 4개의 밑변과 높이의 곱과 1개의 (밑변과 높이의) 차이의 제곱이 되므로 두 수를 서로 뺀 나머지 441을 실로 삼아서 제곱근을 구하면, 밑변과 높이의 차이 21자가 나오고, 합을 더해서 반으로 나누면, 높이가 나오고, 차이를 빼면, 밑변이 나와서 문제에 들어맞는다.

今有弦五十一尺. 只云,句股和六十九尺. 問句股各若干?
答曰,句二十四尺,股四十五尺.
法曰,置弦,自乘,倍之,得五千二百二尺,此四箇句股相乘及二箇差自乘數,又句股和自乘,得四千七百六十一尺,此四箇句股相乘及一箇差自乘數,二數相減,餘四百四十一爲實,以平方開之,得句股差二十一尺,加和,折半,得股,內減差,得句,合問.

[237] 밑변과 빗변의 차이가 27자, 높이와 빗변의 차이가 6자이다. 밑변, 높이, 빗변은 각각 얼마인가?

답 : 밑변 24자, 높이 45자, 빗변 51자.

풀이법에 따라서 두 차이를 서로 곱해서 2배한 324를 실로 삼고, 제곱근을 구하면, 18자가 나오는데, 곧 밑변과 높이의 합에서 빗변을 뺀 차이(현교교)가 되어서 밑변과 빗변의 차이에 더하면, 높이 45자가 나오고, 높이와 빗변의 차이를 더하면, 밑변 24자가 나오고, 다시 밑변과 빗변의 차이를 더하면, 곧 빗변 51자가 나와서 문제에 들어맞는다.

今有句弦差二十七尺,股弦差六尺. 問句股弦各若干?
答曰,句二十四尺,股四十五尺,弦五十一尺.
法曰,兩差相乘,倍之,得三百二十四爲實,平方開之,得一十八尺,卽弦較較[29],加於句弦差,得股四十五尺,加於股弦差,得句二十四尺,又加句弦差,卽弦五十一尺,合問.

[238] 밑변과 높이의 차이가 21자, 높이와 빗변의 차이가 6자이다. 밑변, 높이, 빗변은 각각 얼마인가?

답 : 밑변 24자, 높이 45자, 빗변 51자.

풀이법에 따라서 두 차이를 서로 곱해서 2배하면, 252가 되고, 다시 높이와 빗변의 차이를 제곱해서 2배하면, 72자가 되는데, 두 값을 더한 324자를 실로 삼고, 제곱근을 구하면, 밑변과 높이의 합에서 빗

29) "현교교(弦較較)"는 밑변과 높이의 합에서 빗변을 뺀 차이를 가리킨다.

변을 뺀 차이 18자가 나오고, 높이와 빗변의 차이를 더하면, 밑변 24자가 나오고, 밑변과 높이의 차이를 더하면, 높이 45자가 나오고, 별도로 두 차이를 더하면, 밑변과 빗변의 차이 27자가 되므로, 밑변을 더해주면, 곧 빗변이 나와서 문제에 들어맞는다.

今有句股差二十一尺,股弦差六尺. 問句股弦各若干?
答曰,句二十四尺,股四十五尺,弦五十一尺.
法曰,兩差相乘,倍之,得二百五十二,又股弦差自乘,倍之,得七十二尺,二數相併,得三百二十四尺爲實,平方開之,得弦較較一十八尺,加股弦差,得句二十四尺,乃加句股差,得股四十五尺,另以兩差相併,得句弦差二十七尺,加句,卽弦,合問.

[239] 밑변과 높이의 차이가 21자, 밑변과 빗변의 차이가 27자이다. 밑변, 높이, 빗변은 얼마인가?

답 : 밑변 24자, 높이 45자, 빗변 51자.

풀이법에 따라서 두 차이를 서로 곱해서 2배하면, 1,134자가 되고, 다시 밑변과 빗변의 차이를 제곱해서 2배하면, 1,452자가 되는데, 두 값을 서로 뺀 나머지 324자를 실로 삼고, 제곱근을 구하면, 밑변과 높이의 합에서 빗변을 뺀 차이 18자가 나오고, 밑변과 빗변의 차이를 더하면, 높이 45자가 나오고, 밑변과 높이의 차이를 빼주면, 밑변 24자가 나오고, 별도로 밑변과 빗변의 차이에 더하면, 빗변이 나오며, 두 차이를 서로 빼면, 높이와 빗변의 차이가 남는데, 높이를 더해주면, 역시 빗변이 나오니 문제에 들어맞는다.

今有句股差二十一尺,句弦差二十七尺. 問句股弦若干?
答曰,句二十四尺,股四十五尺,弦五十一尺.
法曰,兩差相乘,倍之,得一千一百三十四尺,又句弦差自乘,倍之,得一千四百五十二尺,二數相減,餘三百二十四尺爲實,平方開之,得弦較較一十八尺,加句弦差,得股四十五尺,內減句股差,得句二十四尺,另加於句弦差,得弦,兩差相減,餘股弦差,加入股,亦得弦,合問.

[240] 밑변과 빗변의 합이 75자, 높이와 빗변의 합이 96자이다. 밑변, 높이, 빗변은 각각 얼마인가?

답 : 밑변 24자, 높이 45자, 빗변 51자.

풀이법에 따라서 밑변과 빗변의 합 75자를 놓아 높이와 빗변의 합 96자와 곱하고, 2배하면, 14,400이 되는데, 실로 삼아서 제곱근을 구하면, 밑변, 높이, 빗변 세 값의 합(삼화) 120자가 나오고, 높이와 빗변의 합을 빼면, 밑변 24자가 나오고, 다시 세 값의 합에서 밑변과 빗변의 합을 빼면, 높이 45자가 나오며, 다시 세 값의 합에서 밑변 24자와 높이 45자를 빼면, 빗변이 나와서 문제에 들어맞는다.

다른 풀이법에 따라서 밑변과 빗변의 합을 놓아 제곱하면, 5,625가 되고, 다시 높이와 빗변의 합을 제곱하면, 9,216이 되는데, 두 값을 더한 14,841을 실로 삼고, 다시 두 합을 더하여 2배하면, 342가 나오는데, 종방으로 삼고, 1을 우법으로 삼아서 감종평방법으로 근을 구해도, 역시 빗변이 나온다.

今有句弦和七十五尺,股弦和九十六尺. 問句股弦各若干?
答曰,句二十四尺,股四十五尺,弦五十一尺.
法曰,置句弦和七十五尺,以股弦和九十六尺乘而倍之,得一萬四千四百爲實,平方開之,得句股弦三和一百二十尺,內減股弦和,得句二十四尺,又三和內減句弦和,餘得股四十五尺,又三和內減句二十四尺,減股四十五尺,得弦,合問.
一法,置句弦和,自乘,得五千六百二十五,又股弦和自乘,得九千二百一十六,二位相併,得一萬四千八百四十一爲實,又兩和相併,倍之,得三百四十二爲從方,以一爲隅法,以減從平方開,亦得弦.

[241] 밑변과 높이의 합이 69자, 밑변과 빗변의 합이 75자이다. 밑변, 높이, 빗변은 얼마인가?

답 : 밑변 24자, 높이 45자, 빗변 51자.

풀이법에 따라서 밑변과 높이의 합을 놓아 제곱하면, 4,761이 되고, 다시 밑변과 빗변의 합을 제곱하면, 5,625가 되는데, 두 값을 서로 뺀 864자를 실로 삼고, 다시 두 합을 서로 뺀 나머지를 2배하면, 12자가 나오는데, 종방으로 삼고, 1을 우법으로 삼아서 대종평방법으로 근을 구하면, 밑변 24자가 나오고, 밑변과 높이의 합에서 빼면, 높이가 나오며, 다시 밑변과 빗변의 합에서 밑변을 빼면, 빗변이 나와서 문제에 들어맞는다.

今有句股和六十九尺,句弦和七十五尺. 問句股弦若干?
答曰,句二十四尺,股四十五尺,弦五十一尺.
法曰,置句股和,自乘,得四千七百六十一,又句弦和自乘,得五千六百二十五,二位相減,餘八百六十四尺爲實,又兩和相減,餘倍之,得一十二尺爲從方,以一爲隅法,以帶從平方開之,得句二十四尺,以減於句股和,得股,又句弦和減句,卽弦,合問.

[242] 밑변과 높이의 합이 69자, 높이와 빗변의 합이 96자이다. 밑변, 높이, 빗변은 얼마인가?

답 : 밑변 24자, 높이 45자, 빗변 51자.

풀이법에 따라서 밑변과 높이의 합을 놓아 제곱하면, 4,761이 되고, 다시 높이와 빗변의 합을 제곱하면, 9,216이 되는데, 두 값을 서로 뺀 4,455자를 실로 삼고, 다시 두 합을 서로 뺀 나머지 27자를 2배하면, 54자가 나오는데, 종방으로 삼고, 1을 우법으로 삼아서 대종평방법으로 근을 구하면, 높이가 나오고, 밑변과 높이의 합에서 빼면, 밑변이 나오며, 다시 높이와 빗변의 합에서 높이를 빼면, 빗변이 나와서 문제에 들어맞는다.

今有句股和六十九尺,股弦和九十六尺. 問句股弦若干?
答曰,句二十四尺,股四十五尺,弦五十一尺.
法曰,置句股和,自乘,得四千七百六十一,又股弦和自乘,得九千二百一十六,二位相減,餘四千四百五十五尺爲實,又兩和相減,餘二十七尺,倍之,得五十四尺爲從方,以一爲隅法,以帶從平方開之,得股,以減句股和,得句,又股弦和減股,卽弦,合問.

[243] 밑변과 높이의 합이 69자, 높이와 빗변의 차이가 6자이다. 밑변, 높이, 빗변은 얼마인가?

답 : 밑변 24자, 높이 45자, 빗변 51자.

풀이법에 따라서 합과 차이를 서로 더하면, 밑변과 빗변의 합 75자가 되는데, 제곱하고, 다시 밑변과 높이의 합을 제곱하여 두 값을 서로 뺀 864자를 실로 삼고, 두 합을 서로 뺀 나머지를 2배하면, 12자가 되는데, 종방으로 삼아서 대종평방법으로 근을 구하면, 밑변이 나오고, (밑변과 높이의) 합에서 빼면, 높이가 나오며, (높이와 빗변의) 차이를 더해주면, 빗변이 나와서 문제에 들어맞는다.

今有句股和六十九尺,股弦差六尺. 問句股弦若干?
答曰,句二十四尺,股四十五尺,弦五十一尺.
法曰,和差相併,得句弦和七十五尺,自乘,又句股和自乘,二數相減,餘八百六十四尺爲實,兩和相減,餘倍之,得十二尺爲從方,以帶從平方開之,得句,減和,得股,加差,得弦,合問.

[244] 밑변과 높이의 합이 69자, 밑변과 빗변의 차이가 27자이다. 밑변, 높이, 빗변은 얼마인가?

답 : 밑변 24자, 높이 45자, 빗변 51자.

풀이법에 따라서 합과 차이를 서로 더하면, 높이와 빗변의 합 96자가 되는데, 제곱하고, 다시 밑변과 높이의 합을 제곱하여 두 값을 서로 뺀 4,455자를 실로 삼고, 두 합을 서로 뺀 나머지를 2배하면, 54가 되는데, 종방으로 삼아서 대종평방법으로 근을 구하면, 높이가 나오고, (밑변과 높이의) 합에서 빼면, 밑변이 나오며, (밑변과 빗변의) 차이를 더해주면, 빗변이 나와서 문제에 들어맞는다.

今有句股和六十九尺,句弦差二十七尺. 問句股弦若干?
答曰,句二十四尺,股四十五尺,弦五十一尺.
法曰,和差相併,得股弦和九十六尺,自乘,又句股和自乘,二數相減,餘四千四百五十五尺爲實,兩和相減,倍之,得五十四爲從方,以帶從平方開,得股,減和,得句,加差,卽弦,合問.

[245] 밑변과 빗변의 합이 75자, 밑변과 높이의 차이가 21자이다. 밑변, 높이, 빗변은 얼마인가?

답 : 밑변 24자, 높이 45자, 빗변 51자.

풀이법에 따라서 합과 차이를 서로 더하면, 높이와 빗변의 합 96자가 되는데, 밑변과 빗변의 합과 곱하고, 2배한 14,400을 실로 삼고, 제곱근을 구하면, 밑변, 높이, 빗변 세 값의 합 120이 되는데, 밑변과 빗변의 합을 빼주면, 높이가 나오고, 밑변과 높이의 차이를 빼면, 밑변이 나오며, 밑변과 빗변의 합을 빼면, 빗변이 나와서 문제에 들어맞는다.

今有句弦和七十五尺,句股差二十一尺. 問句股弦若干?
答曰,句二十四尺,股四十五尺,弦五十一尺.
法曰,和差相併,得股弦和九十六尺,以句弦和相乘,倍之,得一萬四千四百爲實,平方開之,得句股弦三和一百二十,內減句弦和,得股,內減句股差,得句,以減句弦和,得弦,合問.

[246] 밑변과 빗변의 합이 75자, 높이와 빗변의 차이가 6자이다. 밑변, 높이, 빗변은 얼마인가?

답 : 밑변 24자, 높이 45자, 빗변 51자.

풀이법에 따라서 합과 차이를 서로 빼면, 밑변과 높이의 합 69자가 되는데, 제곱하고, 다시 밑변과 빗변의 합을 제곱하여 두 값을 서로 뺀 864자를 실로 삼고, 두 합을 서로 뺀 나머지를 2배하면, 12자가 되는데, 종방으로 삼아서 대종평방법으로 근을 구하면, 밑변이 나오고, (밑변과 빗변의) 합에서 빼면, 빗변이 나오며, (높이와 빗변의) 차이를 빼면, 높이가 나와서 문제에 들어맞는다.

今有句弦和七十五尺,股弦差六尺. 問句股弦若干?

答曰,句二十四尺,股四十五尺,弦五十一尺.

法曰,和差相減,得句股和六十九尺,自乘,又句弦和自乘,二數相減,餘八百六十四尺爲實,兩和相減,倍之,得十二尺爲從方,以帶從平方開之,得句,減和,得弦,內減差,卽得股,合問.

[247] 높이와 빗변의 합이 96자, 밑변과 빗변의 차이가 27자이다. 밑변, 높이, 빗변은 얼마인가?

답 : 밑변 24자, 높이 45자, 빗변 51자.

풀이법에 따라서 합과 차이를 서로 빼면, 밑변과 높이의 합 69자가 되는데, 제곱하고, 다시 높이와 빗변의 합을 제곱하여 두 값을 서로 뺀 4,455자를 실로 삼고, 두 합을 서로 뺀 나머지를 2배하면, 54가 되는데, 종방으로 삼아서 대종평방법으로 근을 구하면, 높이가 나오고, (높이와 빗변의) 합에서 빼면, 빗변이 나오며, (밑변과 빗변의) 차이를 빼면, 밑변이 나와서 문제에 들어맞는다.

今有股弦和九十六尺,句弦差二十七尺. 問句股弦若干?
答曰,句二十四尺,股四十五尺,弦五十一尺.
法曰,和差相減,得句股和六十九尺,自乘,又股弦和自乘,二數相減,餘四千四百五十五尺爲實,兩和相減,倍之,得五十四爲從方,以帶從平方開,得股,減和,得弦,內減差,卽句,合問.

[248] 높이와 빗변의 합이 96자, 밑변과 높이의 차이가 21자이다. 밑변, 높이, 빗변은 얼마인가?

답 : 밑변 24자, 높이 45자, 빗변 51자.

풀이법에 따라서 합과 차이를 서로 빼면, 밑변과 빗변의 합 75자가 되는데, 제곱하고, 다시 높이와 빗변의 합을 제곱하여 두 값을 서로 뺀 14,841자를 실로 삼고, 다시 밑변과 빗변의 합과 높이와 빗변의 합의 두 합을 서로 더한 171을 2배하면, 342자가 되는데, 종방으로 삼아서 감종평방법으로 근을 구하면, 빗변 51자가 나오고, 높이와 빗변의 합에서 빼면, 높이가 나오며, 밑변과 높이의 차이를 빼면, 밑변이 나와서 문제에 들어맞는다.

今有股弦和九十六尺,句股差二十一尺. 問句股弦若干?
答曰,句二十四尺,股四十五尺,弦五十一尺.
法曰,和差相減,得句弦和七十五尺,自乘,又股弦和自乘,二數相減,餘一萬四千八百四十一尺爲實,又兩和,句弦和,股弦和相併,得一百七十一,倍之,得三百四十二尺爲從方,以減從平方開之,得弦五十一尺,以減於股弦和,得股,內減句股差,得句,合問.

[249] 직각삼각형 밭의 넓이가 540자이다. 빗변이 51자라고 한다. 밑변과 높이는 얼마인가?

답 : 밑변 24자, 높이 45자.

풀이법에 따라서 넓이를 놓아 4배하면, 2,160자가 되는데, 빗변의 제곱 2,601자에서 뺀 나머지 441을 실로 삼아서 제곱근을 구하면, 밑변과 높이의 차이 21자가 나온다. 별도로 넓이를 놓아 2배하여 실로 삼고, 차이를 종방으로 삼아서 대종평방법으로 근을 구하면, 밑변이 나오고, 차이를 더하면, 높이가 나와서 문제에 들어맞는다.

다른 풀이법에 따라서 넓이를 놓아 2배하고, 제곱하면, 1,166,400자가 되는데, 실로 삼고, 별도로 빗변을 놓아 제곱한 2,601자를 종방으로 삼아서 감종평방법으로 근을 구하면, 밑변의 제곱인 576자가 되므로, 실로 삼아서 제곱근을 구하면, 밑변 24자가 나오고, 넓이의 배를 밑변으로 나누면, 역시 높이가 나온다.

今有句股田積五百四十尺. 只云,弦五十一尺. 問句股若干?

答曰,句二十四尺,股四十五尺.

法曰,置積,四因,得二千一百六十尺,以減於弦自乘二千六百一尺,餘四百四十一爲實,平方開之,得句股差二十一尺. 另列積,倍之爲實,以差爲從方,以帶從平方開,得句,加差,得股,合問.

一法,置積,倍之,自乘,得一百一十六萬六千四百尺爲實,另置弦自乘二千六百一爲從方,以減從平方開之,得句冪五百七十六尺,就爲實,以平方開之,得句二十四尺,以句除倍積,亦得股.

[250] 직각삼각형 밭의 넓이가 540자이다. 밑변과 높이의 차이가 21자라고 한다. 밑변, 높이, 빗변은 각각 얼마인가?

답 : 밑변 24자, 높이 45자, 빗변 51자.

풀이법에 따라서 넓이를 2배 하여 실로 삼고, 차이 21자를 종방으로 삼아서 대종평방법으로 근을 구하면, 밑변이 나오고, 차이를 더하면, 높이가 나오며, 밑변과 높이를 각각 제곱하여 더한 다음, 제곱근을 구하면, 빗변이 나와서 문제에 들어맞는다.

주해 밑변을 x라고 하면,

$$\frac{x(x+21)}{2} - 540$$

$$x^2 + 21x - 1080 = (x-24)(x+45) = 0$$

$$\therefore \ x = 24$$

로 드러나며, 이는 풀이법의 계산과정과 일치한다. 따라서 "넓이를 2배 하여 실로 삼고, 차이 21자를 종방으로 삼아서 대종평방법으로 근을 구하면"이라는 구절에서 실은 2차 방정식의 상수항, 종방은 1차 항을 각각 가리키는 것을 알 수 있다.

今有句股田積五百四十尺. 只云,句股差二十一尺. 問句股弦各若干?

答曰,句二十四尺,股四十五尺,弦五十一尺.

法曰,倍積爲實,以差二十一尺爲從方,以帶從平方開之,得句,加差,爲股,乃句股各自乘,併之,平方開,得弦,合問.

[251] 직각삼각형의 넓이가 540자이다. 밑변과 빗변의 차이가 27자라고 한다.(밑변, 높이, 빗변은) 각각 얼마인가?

답 : 밑변 24자, 높이 45자, 빗변 51자.

풀이법에 따라서 넓이를 놓아 2배하고, 제곱하면, 1,166,400자가 되는데, 실로 삼고, 차이를 제곱한 729자를 종렴으로 삼고, 다시 차이를 2배한 54를 우법으로 삼아서

−1166400
0
729
54

과 같이 하여 대종입방법으로 근을 구하면, 밑변 24자가 나오고, 차이를 더하면, 빗변 51자가 나오며, 별도로 넓이의 배 1,080자를 놓아 실로 삼아서 밑변으로 나눠주면, 높이가 나와서 문제에 들어맞는다.

今有句股積五百四十尺. 只云,句弦差二十七尺. 問各若干?
答曰,句二十四尺,股四十五尺,弦五十一尺.
法曰,置積,倍之,自乘,得一百一十六萬六千四百尺爲實,差自乘,得七百二十九尺爲從廉,又差倍之,得五十四爲隅法,以帶從立方開之

−1166400
0
729
54

,得句二十四尺,加差,得弦五十一尺,另列倍積,得一千八十尺爲實,以句除之,得股,合問.

[252] 직각삼각형의 넓이가 540자이다. 높이와 빗변의 차이가 6자라고 한다.(밑변, 높이, 빗변은) 각각 얼마인가?

답 : 밑변 24자, 높이 45자, 빗변 51자.

풀이법에 따라서 넓이를 놓아 2배하고, 제곱하면, 1,166,400자가 되는데, 실로 삼고, 차이를 제곱한 36자를 종렴으로 삼고, 다시 차이를 2배한 12를 우법으로 삼아서 $\begin{array}{c} -1166400 \\ 0 \\ 36 \\ 12 \end{array}$ 와 같이 하여 대종입방법으로 근을 구하면, 높이가 나오고, 차이를 더하면, 곧 빗변이 나오며, 넓이의 배를 높이로 나눠주면, 밑변이 나와서 문제에 들어맞는다.

今有句股積五百四十尺. 只云,股弦差六尺. 問各若干?

答曰,句二十四尺,股四十五尺,弦五十一尺.

法曰,置積,倍之,自乘,得一百一十六萬六千四百尺爲實,以差自乘,得三十六尺爲從廉,又差倍之,得十二尺爲隅法,以帶從立方開之 $\begin{array}{c} -1166400 \\ 0 \\ 36 \\ 12 \end{array}$,得股,加差,卽弦,以股除倍積,得句,合問.

[253] 직각삼각형의 넓이가 540자이다. 밑변과 높이의 합이 69자라고 한다.(밑변, 높이, 빗변은) 각각 얼마인가?

답 : 밑변 24자, 높이 45자, 빗변 51자.

풀이법에 따라서 넓이를 놓아 2배하면, 1,080자가 되는데, 실로 삼고, 합 69자를 종방으로 삼아서 감종평방법으로 근을 구하면, 밑변 24자가 나오고, 합에서 빼주면, 곧 높이가 나오며, 밑변과 높이 각각을 제곱하여 더한 것을 실로 삼아서 제곱근을 구하면, 빗변 51자가 나와서 문제에 들어맞는다.

今有句股積五百四十尺. 只云,句股和六十九尺. 問各若干?
答曰,句二十四尺,股四十五尺,弦五十一尺.
法曰,置積,倍之,得一千八十尺爲實,以和六十九尺爲從方,以減從平方開之,得句二十四尺,以減於和,餘四十五尺,卽股,乃句股各自乘,二數相倂爲實,平方開之,得弦五十一尺,合問.

[254] 직각삼각형의 넓이가 540자이다. 높이와 빗변의 차이가 6자라고 한다. 밑변, 높이, 빗변은 각각 얼마인가?

답 : 밑변 24자, 높이 45자, 빗변 51자.

풀이법에 따라서 넓이를 놓아 2배하면, 1,080자가 되고, 합 75자를 곱하면, 81,000자가 되는데, 다시 2배한 162,000을 실로 삼고, 합을 제곱한 5,625를 양수의 종방으로 삼고, 1을 음수의 우법으로 삼아서 $\begin{array}{c} -162000 \\ 5625 \\ 0 \\ -1 \end{array}$ 과 같이 하여 입방감종법으로 근을 구하면, 높이 45자가 나오고, 넓이를 놓아 2배한 1,080자를 높이로 나눠주면, 밑변 24자가 나오며, 별도로 합 75자를 놓아 밑변을 빼면, 나머지 51자가 곧 빗변이 되어 문제에 들어맞는다.

今有句股積五百四十尺. 只云,句弦和七十五尺. 問句股弦各若干?

答曰,句二十四尺,股四十五尺,弦五十一尺.

法曰,置積,倍之,得一千八十尺,以和七十五尺乘之,得八萬一千尺,又倍之,得一十六萬二千爲實,以和自乘,得五千六百二十五尺爲從方正,以一爲隅法負,以立方減從法開之 $\begin{array}{c}-162000\\5625\\0\\-1\end{array}$,得股四十五尺,列積,倍之,得一千八十尺,以股除之,得句二十四尺,另列和七十五尺,內減句,餘五十一尺,卽弦,合問.

[255] 직각삼각형의 넓이가 540자이다. 높이와 빗변의 차이가 6자라고 한다. 밑변, 높이, 빗변은 각각 얼마인가?

답 : 밑변 24자, 높이 45자, 빗변 51자.

풀이법에 따라서 넓이를 놓아 2배하면, 1,080자가 되고, 합을 곱하면, 207,360자가 되는데, 실로 삼고, 합을 제곱한 9,216을 양수의 종방으로 삼고, 1을 음수의 우법으로 삼아서 $\begin{array}{c}-207360\\9216\\0\\-1\end{array}$ 과 같이 하여 입방감종법으로 근을 구하면, 밑변 24자가 나오고, 넓이의 2배를 밑변으로 나눠주면, 높이 45자가 나오며, 합에서 높이를 빼면, 빗변이 나와서 문제에 들어맞는다.

今有句股積五百四十尺. 只云,股弦和九十六尺. 問句股弦各若干?

答曰,句二十四尺,股四十五尺,弦五十一尺.

法曰,置積,倍之,得一千八十尺,以和乘之,得二十萬七千三百六十尺爲實,以和自乘,得九千二百一十六爲從方正,以一爲隅法負,以減從立方法開之 $\begin{array}{c}-207360\\9216\\0\\-1\end{array}$,得句二十四尺,以句除倍積,得股四十五尺,於和內減股,得弦,合問.

[256] 직각삼각형의 넓이가 540자이다. 밑변, 높이, 빗변을 모두 더한 합이 120자라고 한다. 밑변, 높이, 빗변은 각각 얼마인가?

답 : 밑변 24자, 높이 45자, 빗변 51자.

풀이법에 따라서 넓이를 놓아 4배하면, 2,160자를 나뉨수로 삼고, 세 값의 합 120을 나눗수로 삼아서 나뉨수를 나눠주면, 밑변과 높이의 합에서 빗변을 뺀 빗변과 합의 차이(현화교) 18자가 나오는데, 세 값의 합에서 뺀 나머지 102자의 절반이 곧 빗변이 된다. 세 값의 합에서 빗변을 빼면, 밑변과 높이의 합 69자가 나오는데, 종방으로 삼고, 넓이를 놓아 2배한 것을 실로 삼아서 감종평방법으로 근을 구하면, 밑변이 나오고, 밑변과 높이의 합에서 빼주면, 곧 높이가 나와서 문제에 들어맞는다.

다른 풀이법에 따라서 세 값의 합을 제곱하면, 14,400이 되고, 4개의 직각삼각형의 넓이 2,160을 빼면, 12,240이 남는데, 절반인 6,120을 실로 삼고, 세 값의 합 120을 나눗수로 삼아서 나뉨수를 나눠줘도 역시 빗변이 나온다.

今有句股積五百四十尺. 只云,句股弦相和一百二十尺. 問句股弦各若干?

答曰,句二十四尺,股四十五尺,弦五十一尺.

法曰,置積,四因,得二千一百六十尺爲實,以三和一百二十爲法除之,得弦和較,句股和內減弦一十八尺,以減於三和,餘一百二尺,折半,卽弦也. 又三和內減弦,得句股和六十九尺爲從方,列積,倍之爲實,以減從平方開之,得句,減句股和,卽股,合問.

一法,置三和,自乘,得一萬四千四百,內減四段句股積二千一百六十,餘一萬二千二百四十,折半,得六千一百二丨爲實,以三和一百二丨爲法除之,亦得弦也.

[257] 직각삼각형의 넓이가 540자이다. 밑변과 빗변의 곱이 1,224자라고 한다. 밑변, 높이, 빗변은 얼마인가?

답 : 밑변 24자, 높이 45자, 빗변 51자.

풀이법에 따라서 넓이를 놓아 2배하고, 제곱하면, 1,166,400자가 되고, 또 말한 값을 제곱하면, 1,498,176이 되는데, 두 값을 서로 뺀 나머지 331,776자를 실로 삼아서 삼승방법으로 근을 구하면, 밑변이 나오고, 넓이의 2배를 나누면, 높이가 나오며, 말한 값을 놓아 밑변으로 나눠주면, 빗변이 나와서 문제에 들어맞는다.

今有句股積五百四十尺. 只云,句乘弦,得一千二百二十四尺. 問句股弦若干?

答曰,句二十四尺,股四十五尺,弦五十一尺.

法曰,置積,倍之,自乘,得一百一十六萬六千四百尺,又云數自乘,得一百四十九萬八千一百七十六,二數相減,餘三十三萬一千七百七十六尺爲實,以三乘方法開之,得句,以除倍積,得股,列云數,以句除,得弦,合問.

[258] 직각삼각형의 넓이가 540자이다. 높이와 빗변의 곱이 2,295자라고 한다. 밑변, 높이, 빗변은 얼마인가?

답 : 밑변 24자, 높이 45자, 빗변 51자.

풀이법에 따라서 넓이를 놓아 2배하고, 제곱하면, 1,166,400자가 되고, 또 말한 값을 제곱하면, 5,267,025가 되는데, 두 값을 서로 뺀 나머지 4,100,625를 실로 삼아서 삼승방법으로 근을 구하면, 높이 45자가 나오고, 넓이를 놓아 2배하고, 높이로 나누면, 밑변 24자가 나오며, 별도로 말한 값을 놓아 높이로 나눠주면, 빗변 51자가 나와서 문제에 들어맞는다.

今有句股積五百四十尺. 只云,股乘弦,得二千二百九十五尺. 問句股弦若干?

答曰,句二十四尺,股四十五尺,弦五十一尺.

法曰,置積,倍之,自乘,得一百一十六萬六千四百尺,又云數自乘,得五百二十六萬七千二十五,二數相減,餘四百一十萬○○六百二十五爲實,以三乘方法開之,得股四十五尺,列積,倍之,以股除之,得句二十四尺,另列云數,以股除之,得弦五十一尺,合問.

[259] 밑변과 빗변의 곱이 1,224자이고, 높이와 빗변의 곱이 2,295자라고 한다. 밑변, 높이, 빗변은 얼마인가?

답 : 밑변 24자, 높이 45자, 빗변 51자.

풀이법에 따라서 밑변과 빗변의 곱을 제곱하면, 1,498,176이 되고, 따로 높이와 빗변의 곱을 제곱하면, 5,267,025가 되는데, 두 값을 서로 더한 6,765,301을 실로 삼아서 삼승방법으로 근을 구하면, 빗변 51자가 나오고, 밑변과 빗변의 곱을 놓아 빗변으로 나누면, 밑변 24자가 나오며, 별도로 높이와 빗변의 곱을 놓아 빗변으로 나눠주면, 높이 45자가 나와서 문제에 들어맞는다.

今有句乘弦,得一千二百二十四尺,股乘弦,得二千二百九十五尺. 問句股弦若干?

答曰,句二十四尺,股四十五尺,弦五十一尺.

法曰,置句弦積,自乘,得一百四十九萬八千一百七十六,另置股弦積,自乘,得五百二十六萬七千二十五,二數相倂,得六百七十六萬五千三百○一爲實,以三乘方法開之,得弦五十一尺,,列句弦積,以弦除之,得句二十四尺,另列股弦積,以弦除之,得股四十五尺,合問.

[260] 직각삼각형의 넓이가 540자이다. 밑변과 빗변의 차이와 밑변과 빗변의 합의 곱이 2,025자라고 한다.(밑변, 높이, 빗변은) 각각 얼마인가?

답 : 밑변 24자, 높이 45자, 빗변 51자.

풀이법에 따라서 말한 값 2,025를 놓아 실로 삼아서 제곱근을 구하면, 높이가 나오고, 넓이의 2배를 놓아 높이로 나누면, 밑변이 나오며, 밑변과 높이를 각각 제곱해서 더한 다음, 제곱근을 구하면, 빗변이 나와서 문제에 들어맞는다.

今有句股積五百四十尺. 只云,句弦差乘句弦和,得二千零二十五尺. 問各若干?
答曰,句二十四尺,股四十五尺,弦五十一尺.
法曰,置云數二千○二十五爲實,平方開之,得股,列倍積,以股除之,得句,乃句股各自乘,相併,平方開,得弦,合問.

[261] 직각삼각형의 넓이가 540자이다. 높이와 빗변의 차이와 높이와 빗변의 합의 곱이 576자라고 한다.(밑변, 높이, 빗변은) 각각 얼마인가?
답 : 밑변 24자, 높이 45자, 빗변 51자.

풀이법에 따라서 말한 값 576자를 놓아 실로 삼아서 제곱근을 구하면, 밑변이 나오고, 넓이의 2배를 놓아 밑변으로 나누면, 높이가 나오며, 밑변과 높이를 각각 제곱해서 더한 다음, 제곱근을 구하면, 빗변이 나와서 문제에 들어맞는다.

今有句股積五百四十尺. 只云,股弦差乘股弦和,得五百七十六尺. 問各若干?
答曰,句二十四尺,股四十五尺,弦五十一尺.
法曰,置云數五百七十六尺爲實,平方開之,得句,列倍積,以句除之,得股,乃句股各自乘,相併,平方開,得弦,合問.

[262] 직각삼각형의 넓이가 540자이다. 밑변과 높이의 차이와 밑변과 높이의 합의 곱이 1,449자라고 한다.(밑변, 높이, 빗변은) 각각 얼마인가?

답 : 밑변 24자, 높이 45자, 빗변 51자.

풀이법에 따라서 넓이를 놓아 2배하면, 1,080이 되고, 다시 제곱하면, 1,166,400이 되는데, 실로 삼고, 말한 값 1,449자를 을종으로 삼고, 1을 정종, 곧 우법으로 삼아서

−1166400	적
0	갑종
1449	을종
0	병종
1	정종

과 같이 하여 대종삼승방법으로 근을 구하면, 밑변 24자가 나오고, 넓이의 2배를 밑변으로 나누면, 높이가 나오며, 밑변과 높이를 각각 제곱해서 더한 다음, 제곱근을 구하면, 빗변이 나와서 문제에 들어맞는다.

今有句股積五百四十尺. 只云,句股差乘句股和,得一千四百四十九尺. 問各若干?

答曰,句二十四尺,股四十五尺,弦五十一尺.

法曰,置積,倍之,得一千○八十,又自乘,得一百一十六萬六千四百爲實,以云數一千四百四十九尺爲乙從,以一爲丁從,卽隅法也,以帶從三乘方法開之

−1166400	積
0	甲從
1449	乙從
0	丙從
1	丁從

得句二十四尺,以句除倍積,得股,乃句股各自乘,相併,平方開,得弦也.

[263] 직각삼각형의 넓이가 540자이다. 높이를 밑변으로 나누면, 1자 8치 7푼 5리가 된다고 한다. 밑변, 높이, 빗변은 얼마인가?
답 : 밑변 24자, 높이 45자, 빗변 51자.

풀이법에 따라서, 넓이를 놓아 2배하면, 1,080이 되고, 말한 값 1자 8치 7푼 5리로 곱하면, 2,025가 되는데, 실로 삼고, 제곱근을 구하면, 높이 45자가 나오고, 넓이를 놓아 2배하고, 높이로 나누면, 밑변 24자가 나오며, 밑변과 높이를 각각 제곱해서 더한 다음, 제곱근을 구하면, 빗변 51자가 나와서 문제에 들어맞는다.

다른 풀이법에 따라서 넓이를 놓아 2배하면, 1,080이 되고, 말한 값 1자 8치 7푼 5리로 나눠주면, 576이 되는데, 실로 삼고, 제곱근을 구해도 역시 밑변이 나온다.

今有句股積五百四十尺. 只云,句除股,得一尺八寸七分五釐. 問句股弦若干?
答曰,句二十四尺,股四十五尺,弦五十一尺.
法曰,置積,倍之,得一千八十尺,以云數一尺八寸七分五釐乘之,得二千○二十五爲實,平方開之,得股四十五尺,列積,倍之,以股除,得句二十四尺,乃句股各自乘,併之,平方開,得弦五十一尺,合問.
一法,置積,倍之,得一千八十尺,以云數一尺八寸七分五釐除之,得五百七十六爲實,平方開之,亦得句也.

[264] 직각삼각형의 넓이가 486자이다. 밑변을 높이로 나누면, 7치 반이 된다고 한다. 밑변, 높이, 빗변은 얼마인가?

답 : 밑변 27자, 높이 36자, 빗변 45자.

풀이법에 따라서 넓이를 놓아 2배하면, 972가 되고, 말한 값 7치 5푼으로 곱하면, 729가 되는데, 실로 삼고, 제곱근을 구하면, 밑변 27자가 나오고, 넓이의 2배를 놓아 밑변으로 나누면, 높이 36자가 나오며, 밑변과 높이를 각각 제곱해서 더한 다음, 제곱근을 구하면, 빗변 45자가 나와서 문제에 들어맞는다.

다른 풀이법에 따라서 넓이를 놓아 2배하면, 972가 되고, 말한 값 7치 5푼으로 나눠주면, 1,296이 되는데, 실로 삼고, 제곱근을 구해도 역시 높이가 나온다.

주해 여기서 문제로 삼은 직각삼각형의 세 변의 길이는 27, 36, 45로서 3 : 4 : 5의 비례를 나타낸다. 이 삼각형 역시 홍정하가 매우 애용한 사례로서 이 문제를 위시하여 [266]-[268], [275-277], [279-282], [285], [287-288], [290]-[291] 등에 등장한다.

今有句股積四百八十六尺. 只云,股除句,得七寸半. 問句股弦若干?

答曰,句二十七尺,股三十六尺,弦四十五尺.

法曰,置積,倍之,得九百七十二,以云數七寸五分乘之,得七百二十九爲實,平方開之,得句二十七尺,列倍積,以句除之,得股三十六尺,乃句股各自乘,併之,平方開,得弦四十五尺,合問.

一法,置積,倍之,得九百七十二,以云數七寸五分除之,得一千二百九十六爲實,平方開之,亦得股也.

[265] 직각삼각형의 넓이가 540자이다. 빗변을 밑변으로 나누면, 2자 1치 2푼 반이 된다고 한다. 밑변, 높이, 빗변은 얼마인가?

답 : 밑변 24자, 높이 45자, 빗변 51자.

풀이법에 따라서 넓이를 놓아 2배하고, 제곱하면, 1,166,400이 되는데, 실로 삼고, 다시 말한 값 2자 1치 2푼 5리를 제곱하고, 1자를 빼면, 나머지가 3자 5치 1푼 5리 6호 2사 5홀이 되는데, 우법으로 삼아서

$$\begin{array}{l} -1166400 \\ \quad\quad\quad 0 \\ \quad\quad\quad 0 \\ \quad\quad\quad 0 \\ \quad\quad\quad 0.3515625 \end{array}$$

와 같이 하여 대종삼승방법으로 근을 구하면, 밑변 24자가 나오고, 넓이를 놓아 2배한 것을 나눔수로 삼아서 밑변으로 나누면, 높이 45자가 나오며, 별도로 말한 값 2자 1치 2푼 5리를 놓아 밑변으로 곱하면, 빗변 51자가 나와서 문제에 들어맞는다.

다른 풀이법에 따라서 넓이를 놓아 2배하고, 제곱해서 왼쪽에 놓아두고, 다시 말한 값을 제곱하고, 1자를 빼면, 나머지가 3자 5치 1푼 5리 6호 2사 5홀이 되는데, 왼쪽에 놓아둔 값과 곱하면, 4,100,625가 되는데, 실로 삼아서 4차 방정식 또는 2차 평방법으로 근을 구해도 역시 높이가 나오며, 넓이의 2배를 놓아 말한 값으로 곱하면, 높이와 빗변의 곱이 나온다.

今有句股積五百四十尺. 只云,句除弦,得二尺一寸二分半. 問句股弦若干?

答曰,句二十四尺,股四十五尺,弦五十一尺.

法曰,置積,倍之,自乘,得一百一十六萬六千四百尺爲實,又云數二尺一寸二分五釐,自乘,內減一尺,餘三尺五寸一分五釐六毫二絲五忽爲隅法,以帶從三乘方法開之 $\begin{array}{l} -1166400 \\ 0 \\ 0 \\ 0 \\ 0.3515625 \end{array}$,得句二十四尺,列積,倍之爲實,以句除之,得股四十五尺,另列云數二尺一寸二分五釐,以句乘之,得弦五十一尺,合問.

一法,置積,倍之,自乘,寄左,又云數自乘,內減一尺,餘三尺五寸一分五釐六毫二絲五忽,以乘寄左,得四百一十萬六百二十五爲實,以三乘方開之,或二次平方開,亦得股也,列倍積,以云數乘之,得股弦相乘數.

[266] 직각삼각형의 넓이가 486자이다. 빗변을 높이로 나누면, 1자 2치 반이 된다고 한다. 밑변, 높이, 빗변은 얼마인가?

답 : 밑변 27자, 높이 36자, 빗변 45자.

풀이법에 따라서 넓이를 놓아 2배하고, 제곱하면, 944,784가 되는데, 실로 삼고, 다시 말한 값의 제곱 1자 5치 6푼 2리 반에서 1자를 뺀 나머지 5치 6푼 2리 5호를 우법으로 삼아서 $\begin{array}{l} -944784 \\ 0 \\ 0 \\ 0 \\ 0.5625 \end{array}$ 와 같이 하여 삼승방법으로 근을 구하면, 높이 36자가 나오고, 넓이의 2배를 놓아 높이로 나누면, 밑변이 나오며, 별도로 말한 값을 놓아 높이로 곱하면, 빗변 45자가 나와서 문제에 들어맞는다.

다른 풀이법에 따라서 넓이의 2배를 제곱하여 왼쪽에 놓아두고, 다시 말한 값을 제곱하고, 1자를 뺀 나머지 5치 6푼 2리 5호를 왼쪽에 놓아둔 값과 곱하면, 531,741이 되는데, 실로 삼아서 삼승방법으로 근을 구해도 역시 밑변이 나온다.

또 다른 풀이법에 따라서 넓이를 놓아 2배하고, 말한 값을 곱하면, 밑변과 빗변의 곱이 나오는데, 그 다음에 밑변과 빗변의 곱에 의한 풀이법을 이용하도록 한다.

今有句股積四百八十六尺. 只云,股除弦,得一尺二寸半. 問句股弦若干?

答曰,句二十七尺,股三十六尺,弦四十五尺.

法曰,置積,倍之,自乘,得九十四萬四千七百八十四爲實,又云數自乘,得一尺五寸六分二釐半,內減一尺,餘五寸六分二釐五毫爲隅法,以三乘方開之 $\begin{array}{r} -944784 \\ 0 \\ 0 \\ 0 \\ 0.5625 \end{array}$,得股三十六尺,列倍積,以股除之,得句,另列云數,以股乘之,得弦四十五尺,合問.

一法,倍積自乘,寄左,又云數自乘,內減一尺,餘五寸六分二釐五毫,以乘寄左,得五十三萬一千七四百四十一爲實,以三乘方開,得句.

一法,列積,倍之,以云數乘,得句弦相乘數,乃用句弦相乘之法.

[267] 직각삼각형의 넓이가 486자이다. 밑변을 빗변으로 나누면, 6치가 된다고 한다. 밑변, 높이, 빗변은 얼마인가?

답 : 밑변 27자, 높이 36자, 빗변 45자.

풀이법에 따라서 넓이를 놓아 2배하면, 972가 되고, 말한 값 6치로 나누면, 높이와 빗변의 곱 1,620이 되는데, 제곱하면, 2,624,400이 되며, 다시 넓이의 2배를 제곱하면, 944,784가 되는데, 두 값을 서로 뺀 나머지 1,679,616을 실로 삼아서 삼승방법 또는 2차 평방법으로 근을 구하면, 높이 36자가 나오고, 넓이의 2배를 놓아 높이로 나누면, 밑변 27자가 나오며, 이어서 밑변을 놓아 말한 값 6치로 나눠주면, 빗변 45자가 나와서 문제에 들어맞는다.

今有句股積四百八十六尺. 只云,弦除句,得六寸. 問句股弦各若干?

答曰,句二十七尺,股三十六尺,弦四十五尺.

法曰,置積,倍之,得九百七十二,以云數六寸爲法除之,得股弦相乘數一千六百二十,就自乘,得二百六十二萬四千四百,又倍積,自乘,得九十四萬四千七百八十四,二位相減,餘一百六十七萬九千六百一十六尺爲實,以三乘方開之,或二次平方開,得股三十六尺,列倍積,以股除之,得句二十七尺,乃列句,以云數六寸除之,得弦四十五尺,合問.

[268] 직각삼각형의 넓이가 486자이다. 높이를 빗변으로 나누면, 8치가 된다고 한다. 밑변, 높이, 빗변은 얼마인가?

답 : 밑변 27자, 높이 36자, 빗변 45자.

풀이법에 따라서 넓이를 놓아 2배하면, 972가 되고, 말한 값 8치로 나누면, 밑변과 빗변의 곱 1,215자가 되는데, 제곱하면, 1,476,225가 되며, 다시 넓이의 2배를 제곱하면, 944,784가 되는데, 두 값을 서로 뺀 나머지 531,441자를 실로 삼아서 삼승방법 또는 2차 평방법으로 근을 구하면, 밑변 27자가 나오고, 넓이의 2배를 놓아 높이로 나누면, 높이 36자가 나오며, 이어서 높이를 놓아 말한 값 8치로 나눠주면, 빗변 45자가 나와서 문제에 들어맞는다.

今有句股積四百八十六尺. 只云,弦除股,得八寸. 問句股弦若干?

答曰,句二十七尺,股三十六尺,弦四十五尺.

法曰,列積,倍之,得九百七十二,以云數八寸爲法除之,得句弦相乘數一千二百一十五尺,就自乘,得一百四十七萬六千二百二十五,又倍積,自乘,得九十四萬四千七百八十四,二位相減,餘五十三萬一千四百四十一尺爲實,以三乘方開,或二次平方開,得句二十七尺,列倍積,以句除之,得股三十六尺,乃列股,以云數八寸除之,得弦四十五尺,合問.

[269] 밑변이 24자이다. 높이와 빗변을 곱하면, 2,295자라고 한다. 높이와 빗변은 각각 얼마인가?

답 : 높이 45자, 빗변 51자.

풀이법에 따라서 높이와 빗변의 곱을 놓아 제곱하면, 5,267,025가 되는데, 실로 삼고, 다시 밑변의 제곱을 종방으로 삼고, 1을 우로 삼아서 $\begin{matrix} -5267025 \\ 576 \\ 1 \end{matrix}$ 과 같이 하여 대종평방법으로 근을 구하면, 높이의 제곱 2,025가 나오고, 실로 삼아서 제곱근을 구하면, 높이 45자가 나오며, 높이와 밑변의 곱을 늘어놓아 높이로 나누면, 빗변 51자가 나와서 문제에 들어맞는다. 높이가 얼마이고, 밑변과 빗변의 곱이 얼마라는 문제의 풀이법도 역시 이와 마찬가지로서 먼저 밑변의 제곱을 구하도록 한다.

今有句二十四尺. 只云,股乘弦,得二千二百九十五尺. 問股弦各若干?

答曰,股四十五尺,弦五十一尺.

法曰,置股弦積,自乘,得五百二十六萬七千二十五爲實,又句自乘爲從方,一爲隅,帶從平方開之 $\begin{matrix} -5267025 \\ 576 \\ 1 \end{matrix}$,得股冪二千○二十五,就爲實,以平方開之,得股四十五尺,列股弦積,以股除之,得弦五十一尺,合問. 若問股若干,句乘弦若干之法亦倣此,先得句冪也.

[270] 밑변과 높이의 차이가 21자이다. 밑변과 빗변을 곱하면, 1,224자라고 한다. 밑변, 높이, 빗변은 각각 얼마인가?

답 : 밑변 24자, 높이 45자, 빗변 51자.

풀이법에 따라서 밑변과 빗변의 곱을 놓아 제곱하면, 1,498,176이 되는데, 실로 삼고, 다시 차이의 제곱 441을 을종, 차이의 2배 42를 병종, 2를 정종, 곧 우로 삼아서

−1498176	적
0	갑종
441	을종
42	병종
2	정종

과 같이 하여 대

종삼승방법으로 근을 구하면, 밑변 24자가 나오고, 차이를 더하면, 높이 45자가 나오고, 밑변과 빗변의 곱을 늘어놓아 밑변으로 나누면, 빗변이 나와서 문제에 들어맞는다.

今有句股差二十一尺. 只云,句乘弦,得一千二百二十四尺. 問句股弦各若干?

答曰,句二十四尺,股四十五尺,弦五十一尺.

法曰,置句弦積,自乘,得一百四十九萬八千一百七十六爲實,又差自乘,得四百四十一爲乙從,倍差,得四十二爲丙從,以二爲丁從,卽隅,以帶從

	−1498176	積
	0	甲從
三乘方開之	441	乙從,得句二十四尺,加差,得股四十五尺,列
	42	丙從
	2	丁從

句弦積,以句除之,得弦,合問.

[271] 밑변과 높이의 차이가 21자이다. 높이와 빗변을 곱하면, 2,295자라고 한다. 밑변, 높이, 빗변은 각각 얼마인가?

답 : 밑변 24자, 높이 45자, 빗변 51자.

풀이법에 따라서 높이와 빗변의 곱을 놓아 제곱하면, 5,267,025가 되는데, 실로 삼고, 다시 차이의 제곱 441을 양수의 을종, 차이의 2배 42를 음수의 병종, 2를 양수의 정종, 곧 우로 삼아서

−5267025	적
0	갑종
441	을종과 같이 하여 삼승방번법으로 근을 구하면, 높이 45
−42	병종
2	정종

자가 나오고, 차이를 빼면, 밑변이 나오고, 높이와 빗변의 곱을 늘어놓아 높이로 나눠주면, 빗변이 나와서 문제에 들어맞는다.

今有句股差二十一尺. 只云,股乘弦,得二千二百九十五尺. 問句股弦各若干?

答曰,句二十四尺,股四十五尺,弦五十一尺.

法曰,置股弦積,自乘,得五百二十六萬七千二十五爲實,又差自乘,得四百四十一爲乙從正,倍差,得四十二爲丙從負,以二爲丁從正,卽隅,以三

	−5267025	積
	0	甲從
乘方飜法開之	441	乙從,得股四十五尺,內減差,卽句,列股弦
	−42	丙從
	2	丁從

積,以股除,得弦,合問.

[272] 높이와 빗변의 차이가 6자이다. 밑변과 빗변을 곱하면, 1,224자라고 한다. 밑변, 높이, 빗변은 각각 얼마인가?

답 : 밑변 24자, 높이 45자, 빗변 51자.

풀이법에 따라서 밑변과 빗변의 곱을 놓아 제곱하면, 1,498,176이 되는데, 실로 삼고, 다시 차이의 제곱 36을 음수의 종렴, 차이의

	−1498176	적	
2배 12를 양수의 우법으로 삼아서	0	종방	과 같이 하여 입
	−36	종렴	
	12	우법	

방번법으로 근을 구하면, 빗변 51자가 나오고, 차이를 빼면, 곧 높이가 나오고, 밑변과 빗변의 곱을 늘어놓아 빗변으로 나누면, 밑변이

나와서 문제에 들어맞는다. 밑변과 빗변의 차이와 밑변과 빗변의 곱을 주고 구하라는 경우의 풀이법도 마찬가지로서 먼저 빗변을 구하도록 한다.

今有股弦差六尺. 只云,句乘弦,得一千二百二十四尺. 問句股弦各若干?

答曰,句二十四尺,股四十五尺,弦五十一尺.

法曰,置句弦積,自乘,得一百四十九萬八千一百七十六爲實,又差自乘,得三十六爲從廉負,倍差,得一十二爲隅法正,以立方飜法開之

−1498176	積
0	從方
−36	從廉
12	隅法

,得弦五十一尺,內減差,卽股,列句弦積,以弦除之,得句,合問. 問句弦差若干,股乘弦若干之法倣此,先得弦.

[273] 높이와 빗변의 합이 96자이다. 밑변과 빗변을 곱하면, 1,224자라고 한다. 밑변, 높이, 빗변은 각각 얼마인가?

답 : 밑변 24자, 높이 45자, 빗변 51자.

풀이법에 따라서 밑변과 빗변의 곱을 놓아 제곱하면, 235,008이 되는데, 실로 삼고, 다시 합의 제곱 9,216을 종방, 1을 우법으로 삼아서

−235008
9216
0
1

과 같이 하여 대종입방법으로 근을 구하면, 밑변 24자가 나오고, 곱을 밑변으로 나누면, 빗변이 나오고, 합에서 빗변을 빼주면, 높이가 나와서 문제에 들어맞는다. 밑변과 빗변의 합과 높이

와 빗변의 곱을 주고 구하라는 경우의 풀이법도 마찬가지로서 먼저 높이를 구하도록 한다.

今有股弦和九十六尺. 只云,句乘弦,得一千二百二十四尺. 問句股弦各若干?

答曰,句二十四尺,股四十五尺,弦五十一尺.

法曰,置句弦積,以和乘之而又倍之,得二十三萬五千〇〇八爲實,又和自乘,得九千二百一十六爲從方,以一爲隅法,以帶從立方開之

−235008
9216
0
1

,得句二十四尺,以句除積,得弦,於和內減弦,卽股,合問. 問句弦和若干,股乘弦若干之法倣此,先得股.

[274] 밑변과 높이의 합이 69자이다. 높이와 빗변을 곱하면, 2,295자라고 한다. (밑변, 높이, 빗변은) 각각 얼마인가?

답 : 밑변 24자, 높이 45자, 빗변 51자.

풀이법에 따라서 높이와 빗변의 곱을 놓아 제곱하면, 5,267,025가 되는데, 실로 삼고, 다시 합의 제곱 4,761을 양수의 을종, 합의 2배인 138을 음수의 병종, 2를 양수의 정종, 즉 우로 삼아서

−5267025
0
4761
−138
2

와 같이 하여 삼승방번법으로 근을 구하면, 높이 45자가 나오고, 높이와 밑변의 곱을 놓아 높이로 나누면, 빗변 51자가 나오

고, 합에서 높이를 빼주면, 나머지 24자가 곧 밑변이 되어서 문제에 들어맞는다. 밑변과 높이의 합과 밑변과 빗변의 곱을 주고 구하라는 경우의 풀이법도 마찬가지로서 먼저 밑변을 구하도록 한다.

今有句股和六十九尺. 只云,股乘弦,得二千二百九十五尺. 問各若干?

答曰,句二十四尺,股四十五尺,弦五十一尺.

法曰,置股弦積,自乘,得五百二十六萬七千二十五爲實,又和自乘,得四千七百六十一爲乙從正,倍和,得一百三十八爲丙從負,以二爲丁從正,卽隅,以三乘方飜法開之

−5267025
0
4761
−138
2

,得股四十五尺,列股弦積,以股除之,得弦五十一尺,於和內減股,餘二十四尺,卽句,合問. 問句股和若干,句乘弦若干之法倣此○先得句.

[275] 밑변이 27자이다. 빗변을 높이로 나누면, 1자 2치 반이 된다고 한다[30]. (높이와 빗변은) 각각 얼마인가?

답 : 높이 36자, 빗변 45자.

풀이법에 따라서 밑변을 놓아 제곱해서 실로 삼고, 다시 말한 값을 제곱하여 양수의 우로 삼고, 1자를 음수의 우로 삼아서, 큰

30) 빗변이 높이의 1.25배라는 것을 이렇게 단위를 붙여서 표시한 것은, 요즘 시각에서 보면, 물론 어불성설이다. 그러나 이와 같이 일견 불합리한 듯 보이는 단위의 사용이 동시에 소수를 표현하기 위한 엄밀성의 추구를 나타낸다는 점에 현대의 독자들은 유념할 필요가 있다.

것에서 작은 것을 빼면, 나머지 5치 6푼 2리 반이 곧 양수의 우가 되므로 $\begin{array}{c} -729 \\ 0 \\ 0.5625 \end{array}$ 와 같이 하여 대종평방법으로 근을 구하면, 높이가 나오고, 말한 값과 곱해주면, 빗변이 나와서 문제에 들어맞는다. 높이를 빗변으로 나누는 경우의 풀이법도 마찬가지로서 먼저 빗변을 구하도록 한다.

> 今有句二十七尺. 只云,股除弦,得一尺二寸半. 問各若干?
> 答曰,股三十六尺,弦四十五尺.
> 法曰,置句,自乘爲實,又云數自乘爲正隅,以一尺爲負隅,以小減多,餘五寸六分二釐半,卽正隅也,以平方帶從法開之 $\begin{array}{c} -729 \\ 0 \\ 0.5625 \end{array}$, 得股,乘云數,得弦,合問. 弦除股法倣此○先得弦.

[276] 높이가 36자이다. 밑변을 빗변으로 나누면, 6치가 된다고 한다. (밑변과 빗변은) 각각 얼마인가?

답 : 밑변 27자, 빗변 45자.

풀이법에 따라서 높이를 놓아 제곱해서 실로 삼고, 다시 말한 값을 제곱하면, 3치 6푼이 되는데, 음수의 우로 삼고, 1자를 양수의 우로 삼아서, 큰 것에서 작은 것을 빼면, 나머지 6치 4푼이 곧 양수의 우가 되므로 $\begin{array}{c} -729 \\ 0 \\ 0.5625 \end{array}$ 와 같이 하여 대종평방법으로 근을 구하면, 빗변이 나오고, 말한 값과 곱해주면, 밑변이 나와서 문제에 들어맞는다. 빗변을 밑변으로 나누는 경우의 풀이법도 마찬가지로서 먼저 밑변을 구하도록 한다.

今有股三十六尺. 只云,弦除句,得六寸. 問各若干?
答曰,句二十七尺,弦四十五尺.
法曰,置股,自乘爲實,又云數自乘,得三寸六爲負隅,以一尺爲正隅,以小減多,餘六寸四分,卽正隅,以平方帶從法開之 $\begin{matrix} -729 \\ 0 \\ 0.5625 \end{matrix}$,
得弦,乘云數,得句[31],合問. 句除弦法倣此○先得句.

[277] 빗변이 45자이다. 밑변을 높이로 나누면, 7치 반이 된다고 한다. 밑변과 높이는 각각 얼마인가?

답 : 밑변 27자, 높이 36자.

풀이법에 따라서 빗변을 놓아 제곱해서 실로 삼고, 다시 말한 값을 제곱하고, 또 1자를 더하면, 모두 1자 5치 6푼 2리 5호가 되는데, 우법으로 삼아서 $\begin{matrix} -2025 \\ 0 \\ 1.5625 \end{matrix}$ 와 같이 하여 대종평방법으로 근을 구하면, 높이 36자가 나오고, 말한 값과 곱해주면, 밑변 27자가 나와서 문제에 들어맞는다. 높이를 밑변으로 나누는 경우의 풀이법도 마찬가지로서 먼저 밑변을 구하도록 한다.

31) 원문에 "弦"이라고 된 것은 "句"의 잘못이므로 바로 잡는다.

今有弦四十五尺. 只云,股除句,得七寸半. 問句股各若干?
答曰,句二十七尺,股三十六尺.
法曰,置弦,自乘爲實,又云數自乘,又加一尺,共得一尺五寸六分二釐五毫爲隅法,以平方帶從法開之 $\begin{array}{c} -2025 \\ 0 \\ 1.5625 \end{array}$,得股三十六尺,乘云數,得句二十七尺,合問. 只云,句除股法倣此○先得句.

[278] 밑변과 높이의 합이 69자이다. 높이를 밑변으로 나누면, 1자 8치 7푼 반이 된다고 한다. 밑변, 높이, 빗변은 각각 얼마인가?
답 : 밑변 24자, 높이 45자, 빗변 51자.

풀이법에 따라서 빗변을 놓아 제곱해서 나뉨수로 삼고, 다시 말한 값을 놓아 1자를 더하면, 2자 8치 7푼 반이 되는데, 나눗수로 삼아서 나뉨수를 나눠주면, 밑변 24자가 나오고, 합에서 빼면, 높이가 나오고, 앞서와 같은 법을 쓰면, 빗변이 나와서 문제에 들어맞는다. 나머지 경우의 풀이법도 마찬가지이다.

今有句股和六十九尺. 只云,句除股,得一尺八寸七分半. 問句股弦各若干?
答曰,句二十四尺,股四十五尺,弦五十一尺.
法曰,置和爲實,又列云數,加一尺,得二尺八寸七分半爲法,除實,得句二十四尺,以減於和,得股,乃用前法,得弦,合問. 餘皆倣此.

[279] 높이와 빗변의 합이 81자이다. 밑변을 높이로 나누면, 7치 반이 된다고 한다.(밑변, 높이, 빗변은) 각각 얼마인가?

답 : 밑변 27자, 높이 36자, 빗변 45자.

풀이법에 따라서 합을 놓아 제곱해서 실로 삼고, 합의 배를 종방으로 삼고, 다시 말한 값을 제곱한 5치 6푼 2리 5호를 우법으로 삼아서 $\begin{matrix} -6561 \\ 162 \\ 0.5625 \end{matrix}$ 와 같이 하여 대종평방법으로 근을 구하면, 높이가 나오고, 합에서 빼주면, 빗변이 나오고, 높이와 말한 값을 곱하면, 밑변이 나와서 문제에 들어맞는다. 나머지 경우의 풀이법도 마찬가지이다.

今有股弦和八十一尺. 只云,股除句,得七寸半. 問各若干?

答曰,句二十七尺,股三十六尺,弦四十五尺.

法曰,置和,自乘爲實,倍和爲從方,又云數自乘,得五寸六分二釐半爲隅法,以帶從平方開之 $\begin{matrix} -6561 \\ 162 \\ 0.5625 \end{matrix}$,得股,以減於和,得弦,以股乘云數,得句,或用減從之法,合問. 餘皆倣此.

[280] 밑변과 빗변의 합이 72자이다. 밑변을 높이로 나누면, 7치 반이 된다고 한다.(밑변, 높이, 빗변은) 각각 얼마인가?

답 : 밑변 27자, 높이 36자, 빗변 45자.

풀이법에 따라서 합을 늘어놓아 제곱해서 실로 삼아서 왼쪽에 놓아두고, 다시 말한 값을 제곱한 5치 6푼 2리 반을 왼쪽에 놓아둔 것과 곱하면, 2,916이 되는데, 실로 삼는다. 별도로 합을 놓아 말한 값의 제곱과 곱하고, 2배한 81을 종방으로 삼고, 1을 우로 삼아서

$\begin{matrix} -2916 \\ 81 \\ 1 \end{matrix}$과 같이 하여 대종평방법으로 근을 구하면, 밑변 27자가 나오고, 합에서 빼주면, 빗변이 나오고, 밑변을 놓아 말한 값을 나눠주면, 높이가 나와서 문제에 들어맞는다. 나머지 경우의 풀이법도 마찬가지이다.

今有句弦和七十二尺. 只云,股除句,得七寸半. 問各若干?

答曰,句二十七尺,股三十六尺,弦四十五尺.

法曰,置和,自乘爲實,寄左,又云數自乘,得五寸六分二釐半,以乘寄左,得二千九百一十六爲實. 另列和,以云數自乘數乘而倍之,得八十一爲從方,以一爲隅,以帶從平方開 $\begin{matrix} -2916 \\ 81 \\ 1 \end{matrix}$,得句二十七尺,以減和,卽弦,句,以云數除之,得股,合問. 餘皆倣此.

[281] 밑변과 높이의 합이 63자이다. 밑변을 빗변으로 나누면, 6치가 된다고 한다.(밑변, 높이, 빗변은) 각각 얼마인가?

답 : 밑변 27자, 높이 36자, 빗변 45자.

풀이법에 따라서 합을 늘어놓아 제곱한 3,969를 왼쪽에 놓아두고, 다시 밑변과 빗변의 비(여구) 6치를 제곱한 3치 6푼을 왼쪽에 놓아둔 것과 곱하면, 1,428자 8치 4푼이 되는데, 실로 삼는다. 다시 합

을 놓아 밑변과 빗변의 비의 제곱 3치 6푼과 곱하고, 다시 2배한 45자 3치 6푼을 양수의 종방으로 삼고, 다시 밑변과 빗변의 비의 제곱을 2배한 7치 2푼을 음수의 우로 삼고, 1자를 양수의 우로 삼은 다음, 음수의 우와 양수의 우를 큰 것에서 작은 것을 빼면, 나머지 2치 8푼가 곧 양수의 우가 되어서 $\begin{matrix} -1428.84 \\ 45.36 \\ 0.28 \end{matrix}$과 같이 하여 대종평방법으로 근을 구하면, 밑변 27자가 나오고, 합에서 빼주면, 높이 36자가 나오고, 밑변을 놓아 밑변과 빗변의 비로 나눠주면, 빗변 45자가 나와서 문제에 들어맞는다. 나머지 경우의 풀이법도 마찬가지이다. 높이를 빗변으로 나누는 경우에는 의당 감종법을 써야 하며, 먼저 높이를 구하도록 한다.

今有句股和六十三尺. 只云,弦除句,得六寸. 問各若干?

答曰,句二十七尺,股三十六尺,弦四十五尺.

法曰,置和,自乘,得三千九百六十九,寄左,又餘句六寸自乘,得三寸六分,以乘寄左,得一千四百二十八尺八寸四分爲實. 又列和,以餘句自乘數三寸六分乘之而又倍之,得四十五尺三寸六分爲從方正,又餘句自乘數倍之,得七寸二分爲負隅,以一尺爲正隅,乃負隅正隅以小減多,餘二寸八分,卽正隅也,以帶從平方開之 $\begin{matrix} -1428.84 \\ 45.36 \\ 0.28 \end{matrix}$,得句二十七尺,以減於和,卽股三十六尺,列句,以餘句除之,得弦四十五尺,合問.

只云,弦除股,則宜用減從法.先得股.

[282] 직각삼각형의 밑변과 높이의 합이 63자이다. 빗변을 높이로 나누면, 1자 2치 반이라고 한다. 각각 얼마인가?

답 : 밑변 27자, 높이 36자, 빗변 45자.

풀이법에 따라서 합을 놓아 제곱하면, 3,969가 되는데, 실로 삼고, 합을 두 배하면, 126이 되는데, 양수의 종방으로 삼고, 다시 빗변과 높이의 비(여현)를 제곱하면, 1자 5치 6푼 2리 반이 되는데, 양수의 우로 삼고, 2자를 음수의 우로 하여, 양·음수의 우 가운데 많은 데서 적은 것을 뺀 나머지 4치 3푼 7리 5호가 곧 음수의 우가 된다.

$$\begin{array}{c} -3969 \\ 126 \\ -0.4375 \end{array}$$

와 같이 하여 감종평방법으로 근을 구하면, 높이 36자가 나오고, 합에서 빼면, 곧 밑변 27자가 나오며, 높이를 늘어놓고, 빗변과 높이의 비를 곱하면, 빗변이 나와서 문제에 들어맞는다. 빗변을 밑변으로 나누는 문제의 풀이법도 이와 마찬가지로서 의당 대종법을 써야 하며, 먼저 밑변을 구해야 한다.

今有句股和六十三尺. 只云,股除弦,得一尺二寸半. 問各若干?

答曰,句二十七尺,股三十六尺,弦四十五尺.

法曰,置和,自乘,得三千九百六十九爲實,倍和,得一百二十六爲從方正,又餘弦自乘,得一尺五寸六分二厘半爲正隅,以二尺爲負隅,乃正隅,負隅,以小減多,餘四寸三分七厘五毫,卽負隅也. 以減從平方法開之

$$\begin{array}{c} -3969 \\ 126 \\ -0.4375 \end{array}$$

,得股三十六尺,以減於和,卽句二十七尺,列股,以餘弦乘之,得弦,合問. 句除弦法倣此,宜用帶從,則先得句.

[283] 높이와 빗변의 합이 96자이다. 빗변을 밑변으로 나누면, 2자 1치 2푼 반이 된다고 한다.(밑변, 높이, 빗변은) 각각 얼마인가?

답 : 밑변 24자, 높이 45자, 빗변 51자.

풀이법에 따라서 합을 늘어놓아 제곱한 9,216을 왼쪽에 놓아두고, 다시 빗변과 밑변의 비(여현) 2자 1치 2푼 5리를 제곱한 4자 5치 1푼 5리 6호 2사 반에서 1자를 뺀 나머지 3자 5치 1푼 5리 6호 2사 5홀을 곱수(승법)로 하여 왼쪽에 놓아둔 것과 곱하면, 32,400이 되는데, 실로 삼는다. 다시 합을 놓아 곱수와 곱하고, 2배한 675를 종방으로 삼고, 1을 우법으로 삼아서 $\begin{matrix}-32400\\675\\1\end{matrix}$ 과 같이 하여 대종평방법으로 근을 구하면, 높이 45자가 나오고, 합에서 빼주면, 빗변 51자가 나오고, 빗변을 놓아 빗변과 밑변의 비로 나눠주면, 밑변이 나와서 문제에 들어맞는다. 밑변과 빗변의 합과 빗변과 높이의 비를 주고 구하라는 경우에는 먼저 밑변을 구하도록 하며, 나머지 경우의 풀이법도 마찬가지이다.

今有股弦和九十六尺. 只云,句除弦,得二尺一寸二分半. 問各若干?

答曰,句二十四尺,股四十五尺,弦五十一尺.

法曰,置和,自乘,得九千二百一十六,寄左,又餘弦二尺一寸二分五釐自乘,得四尺五寸一分五釐六毫二絲半,內減一尺,餘三尺五寸一分五釐六毫二絲五忽爲乘法,以乘寄左,得三萬二千四百爲實. 又列和,以乘法乘之而倍之,得六百七十五爲從方,以一爲隅法,以帶從平方開之 $\begin{matrix}-32400\\675\\1\end{matrix}$,得股四十五尺,以減和,得弦五十一尺,列弦,以餘弦除之,得句,若問句弦和若干,股除弦若干,則先得句[32],合問. 餘皆倣此.

[284] 밑변과 높이의 차이가 21자이다. 높이를 밑변으로 나누면, 1자 8치 7푼 반이 된다고 한다. (밑변, 높이, 빗변은) 각각 얼마인가?

답 : 밑변 24자, 높이 45자, 빗변 51자.

풀이법에 따라서 차이 21자를 놓아 나뉨수로 삼고, 다시 높이와 밑변의 비(여고)를 놓아 1자를 빼면, 8치 7푼 5리가 되는데, 나눗수로 삼아서 나뉨수를 나눠주면, 밑변 24자가 나오고, 차이를 더하면, 곧 높이 45자가 나와서 문제에 들어맞는다. 나머지 경우의 풀이법도 마찬가지이다.

今有句股差二十一尺. 只云,句除股,得一尺八寸七分半. 問各若干?

答曰,句二十四尺,股四十五尺,弦五十一尺.

法曰,置差二十一尺爲實,又列餘股,與一尺相減,餘八寸七分五釐爲法,除實,得句二十四尺,加差,卽股四十五尺,合問. 餘皆倣此.

[285] 밑변과 빗변의 차이가 18자이다. 밑변을 높이로 나누면, 7치 반이 된다고 한다.(밑변, 높이, 빗변은) 각각 얼마인가?

답 : 밑변 27자, 높이 36자, 빗변 45자.

풀이법에 따라서 차이 18을 늘어놓아 제곱하면, 324가 되는데, 실로 삼고, 별도로 차이를 놓아 밑변과 높이의 비(여구) 7치 5푼을 곱하고, 2배하면, 27이 되는데, 음수의 종방으로 삼고, 1을 양수의 우

32) "若問句弦和若干,股除弦若干,則先得句"라는 구절은 "合問" 다음에 오는 것으로 옮겼다.

법으로 삼아서 $\begin{array}{c}-324\\-27\\1\end{array}$과 같이 하여 평방번법으로 근을 구하면, 높이가 나오고, 높이와 밑변과 높이의 비를 곱하면, 밑변이 나오며, 밑변에 차이를 더하면, 곧 빗변이 나와서 문제에 들어맞는다. 나머지 경우의 풀이법도 마찬가지이다.

今有句弦差一十八尺. 只云,股除句,得七寸半. 問各若干?
答曰,句二十七尺,股三十六尺,弦四十五尺.
法曰,置差十八,自乘,得三百二十四爲實,另列差,以餘句七寸五分乘之而倍之,得二十七爲從方負,以一爲隅法正,以平方飜法開之 $\begin{array}{c}-324\\-27\\1\end{array}$,得股,以股乘餘句,得句,於句加差,卽弦也,合問. 餘皆倣此.

[286] 밑변과 빗변의 차이가 27자이다. 높이를 밑변으로 나누면, 1자 8치 7푼 반이 된다고 한다.(밑변, 높이, 빗변은) 각각 얼마인가?
답 : 밑변 24자, 높이 45자, 빗변 51자.

풀이법에 따라서 차이를 놓아 제곱한 729를 실로 삼고, 차이를 2배한 54를 음수의 종방으로 삼고, 다시 높이와 밑변의 비(여고)의 제곱 3자 5치 1푼 5리 6호 2사 반을 양수의 우법으로 삼아서 $\begin{array}{c}-729\\-54\\3.515625\end{array}$와 같이 하여 평방번법으로 근을 구하면, 밑변이 나오고, 차이를 더하면, 빗변이 나오며, 밑변을 놓아 높이와 밑변의 비로 곱해주면, 높이가 나와서 문제에 들어맞는다. 나머지 경우의 풀이법도 마찬가지이다.

今有句弦差二十七尺. 只云,句除股,得一尺八寸七分半. 問各若干?

答曰,句二十四尺,股四十五尺,弦五十一尺.

法曰,置差,自乘,得七百二十九爲實,倍差,得五十四爲從方負,又餘股自乘,得三尺五寸一分五釐六毫二絲半爲隅法正,以平方飜法開之 $\begin{matrix}-729\\-54\\3.515625\end{matrix}$,得句,加差,卽弦,列句,以餘股乘之,得股,合問. 餘皆倣此.

[287] 높이와 빗변의 차이가 9자이다. 밑변을 높이로 나누면, 7치 반이 된다고 한다.(밑변, 높이, 빗변은) 각각 얼마인가?

답 : 밑변 27자, 높이 36자, 빗변 45자.

풀이법에 따라서 차이를 놓아 제곱한 81자를 실로 삼고, 차이를 2배한 18을 음수의 종방으로 삼고, 다시 밑변과 높이의 비(여구)의 제곱 7치 5푼을 제곱한 5치 6푼 2리 반을 양수의 우법으로 삼아서 $\begin{matrix}-81\\-18\\0.5625\end{matrix}$ 와 같이 하여 다른 것을 빼고, 같은 것을 더하는 평방익적법으로 근을 구하도록 하여 종방은 한 자리 올리고, 우법은 두 자리 올리는데, 초상 30을 자리 위에 놓아 상상이라고 부르고, 상상 30과 곱하면, +16자 8치 7푼 반이 되는데, 종방에서 빼면, -1자 1치 2푼 반이 남고, 상상 30과 곱하면, -33자 7치 반이 되며, 제곱한 실 -81과 더하면, 모두 (-)114자 7치 반이 되는데, 이것이 바로 익적법으로서 실로 삼고, 곧 우법 +5치 6푼 2리 반을 상상 30과 곱한 +16자 8치 7푼 반과 음수의 종방 1자 1치 2푼 5리를 바꾸어 빼면(번감),

15자 7치 5푼이 남는데, 양수의 종방으로 삼으며, 종방을 한 자리 물리고, 우법을 두 자리 물리고, 차상 6자를 상상 30 다음에 놓은 다음, 우법 +5치 6푼 2리 반을 차상 6자와 곱하면, +3자 3치 7푼 반이 되고, 양수의 종방에 더하면, 19자 1치 2푼 5리가 되며, 또 차상 6자와 곱하면, 114자 7치 반이 되는데, 실을 나눠주면, 맞아떨어지면서 높이 36자가 나오고, 차이 9자를 더하면, 빗변 45자가 나오며, 밑변과 높이의 비 7치 5푼을 놓아 높이 36자로 곱해주면, 밑변 27자가 나와서 문제에 들어맞는다. 나머지 경우의 풀이법도 마찬가지이다.

今有股弦差九尺. 只云,股除句,得七寸半. 問各若干?

答曰,句二十七尺,股三十六尺,弦四十五尺.

法曰,置差,自乘,得八十一尺爲實,倍差,得一十八爲從方負,又餘句七寸五分自乘,得五寸六分二釐半爲隅法正,以平方益積法,異減同加,開之 $\begin{matrix} -81 \\ -18 \\ 0.5625 \end{matrix}$,從方進一位,隅法進二位,約初商三十於位上,名曰上商,以與上商三十相呼,得正一十六尺八寸七分半,以減於從方,餘負一尺一寸二分半,乃與上商三十相呼,得負三十三尺七寸半,加入積實負八十一,共得一百一十四尺七寸半,此益積法,仍爲實,卽以隅法正五寸六分二釐半與上商三十相呼,得正一十六尺八寸七分半及與餘負從一尺一寸二分五釐䶊減,則餘一十五尺七寸五分,仍爲正從,乃從方一退,隅法二退,次商六尺於上商三十之次,以隅法正五寸六分二釐半與次商六尺相呼,得正三尺三寸七分半,加入正從,共得一十九尺一寸二分五釐,就與次商六尺相呼,得正一百一十四尺七寸半,除實,恰盡,得股三十六尺,加差九尺,得弦四十五尺,列餘句七寸五分,以股三十六尺乘之,得句二十七尺,合問. 餘皆倣此.

[288] 높이와 빗변의 차이가 9자이다. 높이를 빗변으로 나누면, 8치가 된다고 한다.(밑변, 높이, 빗변은) 각각 얼마인가?

답 : 밑변 27자, 높이 36자, 빗변 45자.

풀이법에 따라서 차이를 놓아 제곱한 81자를 양수의 실로 삼고, 차이를 2배한 18을 음수의 종방으로 삼고, 다시 높이와 빗변의 비(여고) 8치를 제곱한 6치 4푼을 음수의 우법으로 삼고, 1을 양수의 우법으로 삼은 다음, 음수의 우법과 양수의 우법을 많은 것에서 적은 것을 뺀 나머지 3치 6푼을 양수의 우법으로 삼아서

$$\begin{array}{r} 81 \\ -18 \\ 0.36 \end{array}$$

과 같이 하여 평방번적법으로 근을 구하도록 하여 종방은 한 자리 올리고, 우법은 두 자리 올리는데, 초상 40을 자리 위에 놓고, 우법 +3치 6푼을 초상 40과 곱한 +14자 4치를 종방에서 빼면, -3자 6치가 남고, 초상 40과 곱하면, -144자가 되며, 실 +81과 바꾸어 빼면(번감), 63자가 남는데, 이것이 바로 번적법으로서 실로 삼고, 다시 우법 +3치 6푼을 초상 40과 곱한 +14자 4치와 종방으로 남은 -3자 6치를 바꾸어 빼면, 10자 8치가 남는데, 양수의 종방으로 삼으며, 종방을 한 자리 물리고, 우법을 두 자리 물리고, 차상 5자를 초상 40 다음에 놓은 다음, 우법 +3치 6푼을 차상 5자와 곱하면, +1자 8치가 되고, 양수의 종방에 더하면, 12자 6치가 되며, 또 차상 5자와 곱하면, 63이 되는데, 실을 나눠주면, 맞아떨어지면서 빗변 45자가 나오고, 차이 9자를 빼면, 높이 36자가 나오며, 높이와 빗변을 각각 제곱하고, 서로 뺀 다음, 제곱근을 구하면, 밑변이 나와서 문제에 들어맞는다. 나머지 경우의 풀이법도 마찬가지이다.

今有股弦差九尺. 只云,弦除股,得八寸. 問各若干?
答曰,句二十七尺,股三十六尺,弦四十五尺.
法曰,置差,自乘,得八十一尺爲實正,倍差,得一十八爲從方負,又餘股八寸自乘,得六寸四分爲負隅,以一爲正隅,乃負隅,正隅以小減多,餘三寸六分,卽正隅,以平方飜積法開之

$$\begin{array}{c}81\\-18\\0.36\end{array}$$

,從方進一位,隅法進二位,約初商四十於上,以隅法正三寸六分與初商四十相呼,得正十四尺四寸,以減於從方,餘負三尺六寸,乃與初商四十相呼,得負一百四十四尺,及與實正八十一飜減,則餘六十三,此飜積法,仍爲實,又以隅法正三寸六分與初商四十相呼,得正十四尺四寸及與從方,餘負三尺六寸飜減,則餘十尺八寸,仍爲正從,乃從方一退,隅法二退,次商五尺於初商四十之次,以隅法正三寸六分與次商五尺相呼,得正一尺八寸,加入正從,共得一十二尺六寸,就與次商五尺相呼,得六十三,除實,恰盡,得弦四十五尺,內減差九尺,卽股三十六尺,股弦各自乘,相減,平方開,得句,合問. 餘皆倣此.

[289] 밑변과 빗변의 차이가 27자이다. 높이를 밑변으로 나누면, 1자 8치 7푼 반이 된다고 한다. (밑변, 높이, 빗변은) 각각 얼마인가?
답 : 밑변 24자, 높이 45자, 빗변 51자.

풀이법에 따라서 차이를 놓아 제곱한 441을 실로 삼고, 차이를 2배한 42를 음수의 종방으로 삼고, 다시 빗변과 밑변의 비(여현)의 제곱 4자 5치 1푼 5리 6호 2사 반을 양수의 우법으로 삼고, 2자를 음수의 우법으로 삼으면, 양수의 우법과 음수의 우법 가운데 큰 것에서 작은 것을 뺀 2자 5치 1푼 5리 6호 2사 5홀이 곧 양수의 우법이 되니 $\begin{array}{r} -441 \\ -42 \\ 2.515625 \end{array}$ 와 같이 하여 평방번법으로 근을 구하면, 밑변 24자가 나오고, 차이를 더하면, 곧 높이가 되며, 밑변을 놓아 빗변과 밑변의 비로 곱해주면, 빗변이 나와서 문제에 들어맞는다. 빗변과 높이의 비를 주고 구하라는 경우의 풀이법도 이와 마찬가지로서 의당 번적법을 써야 하며, 먼저 높이를 구해야 한다.

今有句股差二十一尺. 只云,句除弦,得二尺一寸二分半. 問各若干?

答曰,句二十四尺,股四十五尺,弦五十一尺.

法曰,置差,自乘,得四百四十一爲實,倍差,得四十二爲從方負,又餘弦自乘,得四尺五寸一分五釐六毫二絲半爲正隅,以二尺爲負隅,乃正隅,負隅以小減多,餘二尺五寸一分五釐六毫二絲五忽,卽正隅也,以平方飜法開之 $\begin{array}{r} -441 \\ -42 \\ 2.515625 \end{array}$,得句二十四尺,加差,卽股,列句,以餘弦乘之,得弦,合問. 只云,股除弦法倣此,宜用飜積法,則先得股也.

[290] 높이와 빗변의 차이가 9자이다. 밑변을 빗변으로 나누면, 6치가 된다고 한다.(밑변, 높이, 빗변은) 각각 얼마인가?

답 : 밑변 27자, 높이 36자, 빗변 45자.

풀이법에 따라서 차이를 놓아 제곱한 81을 실로 삼고, 차이를 2배한 18을 음수의 종방으로 삼고, 다시 밑변과 빗변의 비(여구)의 제곱 3치 6푼을 양수의 우법으로 삼아서 $\begin{array}{r} 81 \\ -18 \\ 0.36 \end{array}$ 과 같이 하여 평방번법으로 근을 구하면, 빗변이 나오고, 차이를 빼면, 곧 높이가 되며, 밑변과 빗변의 비로 곱해주면, 밑변이 나와서 문제에 들어맞는다.

밑변과 빗변의 차이와 높이와 빗변의 비를 주고 구하라는 경우의 풀이법도 이와 마찬가지로서 먼저 빗변을 구해야 한다. 나머지 경우의 풀이법도 마찬가지이다.

今有股弦差九尺. 只云,弦除句,得六寸. 問各若干?

答曰,句二十七尺,股三十六尺,弦四十五尺.

法曰,置差,自乘,得八十一爲實,倍差,得一十八爲從方負,以餘句自乘,得三寸六分爲隅法正,以平方飜積法開 $\begin{array}{c} 81 \\ -18 \\ 0.36 \end{array}$,得弦,減差,卽股,乘餘句,得句,問句弦差,弦除股法倣此,亦先得弦,合問. 餘皆倣此.

[291] 밑변과 높이의 차이가 9자이다. 높이를 빗변으로 나누면, 8치가 된다고 한다.(밑변, 높이, 빗변은) 각각 얼마인가?

답 : 밑변 27자, 높이 36자, 빗변 45자.

풀이법에 따라서 차이를 놓아 제곱한 81을 실로 삼고, 차이를 2배한 18을 음수의 종방으로 삼고, 다시 높이와 빗변의 비(여고)의 제곱 3치 6푼을 양수의 우법으로 삼아서 $\begin{array}{c} -81 \\ 14.4 \\ -0.28 \end{array}$ 과 같이 하여 평방번법으로 근을 구하면, 빗변 45자가 나오고, 높이와 빗변의 비로 곱해주면, 높이가 나오며, 차이를 빼면, 곧 밑변이 나와서 문제에 들어맞는다. 밑변과 빗변의 비를 주고 구하라는 경우의 풀이법도 이와 마찬가지로서 먼저 빗변을 구해야 한다. 나머지 경우의 풀이법도 마찬가지이다.

今有句股差九尺. 只云,弦除股,得八寸. 問各若干?

答曰,句二十七尺,股三十六尺,弦四十五尺.

法曰,置差,自乘,得八十一爲實,列差九尺,以餘股八寸乘之而又倍之,得十四尺四寸爲從方正,又餘股八寸自乘,倍之,得一尺二寸八分爲負隅,以一爲正隅,乃正隅,負隅以小減多,餘二寸八分,卽負隅也,以平方飜積法開之 $\begin{matrix} -81 \\ 14.4 \\ -0.28 \end{matrix}$,得弦四十五尺,乘餘股,得股,內減差,得句,只云,弦除句法倣此,亦先得弦,合問. 餘皆倣此.

[292] 직각삼각형 밭의 길이가 15보, 너비가 10보인데, 꼭대기에서 너비 4보를 잘라냈다. 잘라낸 길이는 얼마인가?

답 : 잘라낸 길이 6보.

풀이법에 따라서 잘라낸 너비를 놓아 원래의 길이를 곱해서 나뉨수로 삼고, 원래의 너비로 나눠주면, 답이 나와서 문제에 들어맞는다.

다른 풀이법에 따라서 원래의 길이를 원래의 너비로 나누면, 작은 길이(소장)가 나오는데, 잘라낸 너비를 곱해도 역시 답이 나온다.

주해 풀이법의 계산과정은 잘라낸 길이를 x라고 하면, 닮

은꼴인 잘라낸 삼각형과 전체 삼각형간의 다음과 같은 비례가 성립된다는 것을 가리킨다.

$$4 : x = 10 : 15,$$

$$\therefore\ x = \frac{4 \times 15}{10} = 6.$$

이 계산과정에서 "작은 길이(소장)"라고 한 것은 다음과 같은 의미이다.

$$x = \frac{4 \times 15}{10} = \text{잘라낸 너비} \times \frac{\text{전체 길이}}{\text{전체 너비}} = \text{잘라낸 너비} \times \text{작은 길이}$$

문제에서 말하는 내용을 그래프로 나타내면, 다음과 같다.

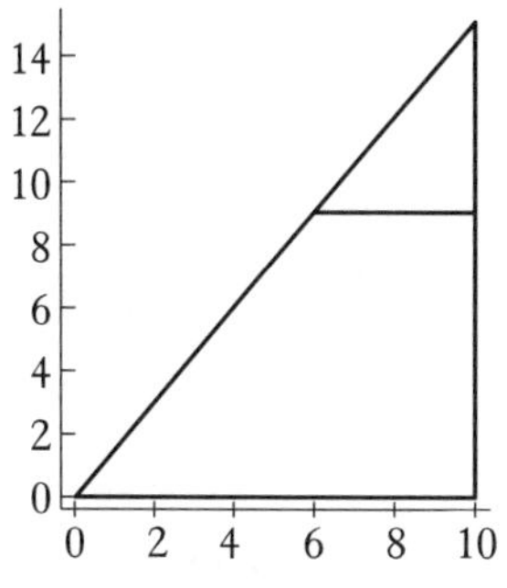

今有句股田,長一十五步,濶一十步. 今從尖截濶四步. 問截長若干?

答曰,截長六步.

法曰,置截濶,以元長乘之爲實,以元濶除之,得,合問.

一法,以元濶除元長,得小長[33],以乘截濶,亦得.

[293] 직각삼각형 밭의 길이가 15보, 너비가 10보인데, 꼭대기에서 길이 6보를 잘라냈다. 잘라낸 너비는 얼마인가?

답 : 잘라낸 너비 4보.

풀이법에 따라서 잘라낸 길이를 놓아 원래의 너비를 곱해서 나뉨수로 삼고, 원래의 길이로 나눠주면, 답이 나와서 문제에 들어맞는다.

今有句股田,長一十五步,濶一十步. 今從尖截長六步. 問截濶若干?

答曰,截濶四步.

法曰,置截長,以元濶乘之爲實,以元長除之,得,合問.

[294] 직각삼각형 밭의 너비가 10보인데, 꼭대기로부터 길이 6보, 너비 4보를 잘라내서 팔았다. 원래의 길이는 얼마인가?

답 : 15보.

풀이법에 따라서 잘라낸 길이를 놓아 원래의 너비를 곱한 60보를 나뉨수로 삼고, 잘라낸 너비를 나눗수로 삼아서 나눠주면, 원래의 길이 15보가 나와서 문제에 들어맞는다. 원래의 길이를 주고 구하라는 경우의 풀이법도 마찬가지이다.

33) "소장(小長)"은 전체 삼각형의 길이와 너비의 비를 가리킨다.

今有句股田,濶一十步. 今從尖截賣其長六步,濶四步. 問元長若干?
答曰,一十五步.
法曰,置截長,以元濶乘之,得六十步爲實,以截濶爲法除之,得元長一十五步,合問. 元長法亦倣此.

[295] 직각삼각형 밭의 길이가 15보인데, 꼭대기로부터 잘라낸 너비의 나머지가 4보, 길이의 나머지가 9보이다. 원래의 너비는 얼마인가?

답 : 10보.

풀이법에 따라서 나머지 너비를 놓아 원래의 길이를 곱한 60보를 나뉨수로 삼고, 원래의 길이를 놓아 나머지 길이를 빼면, 잘라낸 길이 6보가 되는데, 나눗수로 삼아서 나눠주면, 원래의 너비가 나와서 문제에 들어맞는다.

今有句股田,長一十五步. 今從尖截其餘濶四步,餘長九步. 問元濶若干?
答曰,一十步.
法曰,置餘濶,以元長乘之,得六十步爲實,列元長,內減餘長,得截去長六步爲法除之,得元濶,合問.

[296] 직각삼각형 밭의 너비가 10보인데, 꼭대기로부터 잘라낸 너비의 나머지가 4보, 길이의 나머지가 9보이다. 원래의 길이는 얼마인가?

답 : 15보.

풀이법에 따라서 나머지 길이를 놓아 원래의 너비를 곱한 90보를 나뉨수로 삼고, 원래의 너비를 놓아 나머지 너비를 빼면, 6보가 남는데, 나눗수로 삼아서 나눠주면, 원래의 길이가 나와서 문제에 들어맞는다.

今有句股田,濶一十步. 今從尖截其餘濶四步,餘長九步. 問元長若干?

答曰,一十五步.

法曰,置餘長,以元濶乘之,得九十步爲實,列元濶,內減餘濶,得餘六步爲法除之,得元長,合問.

[297] 직각삼각형 밭의 길이가 15보, 너비가 10보인데, 꼭대기로부터 잘라낸 넓이(종첨두절적)가 12보이다. 잘라낸 길이와 잘라낸 너비는 각각 얼마인가?

답 : 잘라낸 길이 6보, 잘라낸 너비 4보.

풀이법에 따라서 잘라낸 넓이를 놓아 2배하고, 원래의 길이를 곱하고, 원래의 너비로 나눈 36보를 실로 삼아서 제곱근을 구하면, 잘라낸 길이가 나오고, 넓이의 2배를 나눠주면, (잘라낸) 너비가 나와서 문제에 들어맞는다.

다른 풀이법에 따라서 잘라낸 넓이를 놓아 2배하고, 원래의 너비를 곱하고, 원래의 길이로 나눈 16보를 실로 삼아서 제곱근을 구해도 역시 잘라낸 너비가 나오는데, 수직으로 잘라낸 넓이(종대두절적)를 주고 구하라는 경우의 풀이법도 마찬가지이며, 잘라낸 아래쪽 넓이로 변형시킨 경우(변작첨적하)의 풀이법도 마찬가지이다.

今有句股田,長一十五步,濶一十步. 今從尖頭截積一十二步. 問所截長濶各若干?

答曰,截長六步,截濶四步.

法曰,置截積,倍之,以元長乘之,以元濶除之,得三十六步爲實,以平方開之,得截長,以除倍積,得濶,合問.

一法,置截積,倍之,以元濶乘之,以元長除之,得一十六步爲實,以平方開之,亦得截濶,從大頭截積倣此,變作尖積下倣此.

[298] 직각삼각형 밭의 넓이가 75보인데, 꼭대기로부터 길이 6보, 너비 4보를 잘라내서 팔았다. 원래의 길이와 너비는 각각 얼마인가?

답 : 원래의 길이 15보, 원래의 너비 10보.

풀이법에 따라서 넓이를 놓아 2배하고, 잘라낸 길이를 곱하고, 잘라낸 너비로 나눈 225를 실로 삼아서 제곱근을 구하면, 원래의 길이가 나오고, 넓이의 2배를 나눠주면, 원래의 너비가 나와서 문제에 들어맞는다.

다른 풀이법에 따라서 넓이를 놓아 2배하고, 잘라낸 너비를 곱하고, 잘라낸 길이로 나눈 100을 실로 삼아서 제곱근을 구해도 역시 원래의 너비가 나오고, 넓이의 2배를 나눠주면, 원래의 길이가 나온다.

今有句股田,積七十五步. 今從尖截賣其長六步,濶四步. 問元長濶各若干?
答曰,元長一十五步,元濶一十步.
法曰,置積,倍之,以截長乘之,以截濶除之,得二百二十五爲實,以平方開之,得元長,以除倍積,得元濶,合問.
一法,置積,倍之,以截濶乘之,以截長除之,得一百爲實,以平方開之,亦得元濶十步,以除倍積,亦得元長也.

[299] 직각삼각형 밭의 넓이가 75보인데, 꼭대기로부터 잘라버렸더니, 남은 길이가 9보, 남은 너비가 4보이다. 원래의 길이와 너비는 각각 얼마인가?

답 : 원래의 길이 15보, 원래의 너비 10보.

풀이법에 따라서 남은 길이를 놓아 남은 너비와 곱한 36보를 다시 남은 길이와 곱하면, 324가 되는데, 실로 삼고, 별도로 원래의 넓이 75보를 놓아 남은 길이와 남은 너비의 곱 36보를 뺀 나머지 39보를 2배하면, 78이 되는데, 종방으로 삼고, 남은 너비를 우법으로 삼아서 $\begin{array}{c}324\\-78\\4\end{array}$와 같이 하여 감종평방법으로 근을 구하면, 꼭대기로부터 잘라버린 길이 6보가 나오고, 남은 길이 9보를 더하면, 곧 원래의 길이 15보가 나오며, 그것으로 넓이의 2배를 나눠주면, 원래의 너비 10보가 나와서 문제에 들어맞는다.

다른 풀이법에 따라서 남은 길이를 놓아 남은 너비와 곱하고, 다시 남은 너비와 곱하면, 144가 되는데, 실로 삼고, 별도로 원래의 넓이를 놓아 남은 길이와 남은 너비의 곱 36보를 뺀 나머지 39보를 2배하면, 78이 되는데, 음수의 종방으로 삼고, 남은 길이 9보를 양수의 우법으로 삼아서 $\begin{array}{c}144\\-78\\9\end{array}$와 같이 하여 감종평방법으로 근을 구하면, 6보가 나오고, 남은 너비 4보를 더하면, 역시 원래의 너비가 나온다. 이등변삼각형 밭이나 사다리꼴 밭 넓이의 경우에도 (풀이법은) 마찬가지이다.

今有句股田,積七十五步. 今從尖截去,其餘長九步,餘濶四步. 問元長濶各若干?

答曰,元長一十五步,元濶一十步.

法曰,置餘長,以餘濶乘之,得三十六步,又以餘長乘之,得三百二十四爲實,另列元積七十五步,內減餘長餘濶相乘數三十六步,餘三十九步,倍之,得七十八爲從方,以餘濶爲隅法,以減從平方開之 $\begin{array}{c}324\\-78\\4\end{array}$,得尖截長六步,加餘長九步,即元長一十五步,以除倍積,得元濶十步,合問.

一法,置餘長,以餘濶乘之,又以餘濶乘之,得一百四十四爲實,另列元積,內減餘長餘濶相乘數三十六步,餘三十九步,倍之,得七十八爲從方負,以餘長九步爲隅法正,以減從平方開之 $\begin{array}{c}144\\-78\\9\end{array}$,得六步,加餘濶四步,亦得元濶. 圭田,梯田截積倣此.

[300] 직각삼각형 옥 한 덩어리가 있어서 정사각형 도장을 만드는데, 도장의 변은 4치이다. 높이와 빗변의 비(여고)가 8치라고 한다. 원래의 밑변은 얼마인가?

답 : 원래의 밑변 6치.

풀이법에 따라서 도장의 변 4치를 놓아 제곱한 16치를 나뉨수로 삼고, 2배하고, 높이와 빗변의 비 8치를 나눗수로 삼아서 나눠주면, 밑변과 빗변의 비(여구) 2치가 나오고, 도장의 변을 더하면, 밑변 6치가 나와서 문제에 들어맞는다. 밑변과 빗변의 비를 주고 구하라는 경우의 풀이법도 마찬가지이다.

今有句股玉一塊,乃作方印,印方四寸. 只云,餘股八寸. 問元句若干?
答曰,元句六寸.
法曰,置印方四寸,自乘,得一十六寸爲實,以餘股八寸爲法,除之,得餘句二寸,加印方,得句六寸,合問. 只云餘句法亦倣此.

[301] 직각삼각형 옥 한 덩어리가 있는데, 길이를 몰라서 정사각형 도장을 만들어 그 나머지 길이를 재보니, 높이와 빗변의 비가 8치, 밑변과 빗변의 비가 2치이다. 도장의 변, 밑변, 높이는 각각 얼마인가?

답 : 도장의 변 4치, 밑변 6치, 높이 1자 2치.

풀이법에 따라서 나머지 높이 8치를 놓아 나머지 밑변 2치와 곱한 16치를 실로 삼아서 제곱근을 구하면, 도장의 변 4치가 나오고, 나머지 밑변 2치를 더하면, 곧 밑변 6치가 나오며, 나머지 높이 8치를 더하면, 곧 높이 1자 2치가 나와서 문제에 들어맞는다.

今有句股玉一塊,不知長短,乃作方印而尺量其餘,則餘股八寸,餘句二寸. 問印方及句股各若干?
答曰,印方四寸,句六寸,股一尺二寸.
法曰,置餘股八寸,以餘句二寸乘之,得一十六寸爲實,以平方開之,得印方四寸,加餘句二寸,卽句六寸,加餘股八寸,卽股一尺二寸,合問.

○ 望海島術門 六問

[302] 나무 한 그루가 서 있는데, 높이를 모른다. 나무 밑둥으로부터 30자 되는 지점에 10자 짜리 막대를 세우고, 막대 뒤로 6자 물러나 다시 4자 짜리 막대를 세웠더니 막대들과 나무를 잇는 기울기가 가지런해졌다. 나무의 높이는 얼마인가?
답 : 나무의 높이 40자.

풀이법에 따라서 막대 높이 10자를 늘어놓아 짧은 막대 4자, 곧 사람의 눈 높이를 뺀 나머지 6자를 막대로부터 눈까지의 거리 30자와 곱하면, 180자가 되는데, 실로 삼고, 뒤로 물러난 6자를 나눗수로 삼아서 나눠주면, 30자가 되고, 막대 높이 10자를 더하면, 나무의 높이 40자가 나와서 문제에 들어맞는다.

주해 나무의 길이를 x, 막대들과 나무를 잇는 기울기가 땅에 닿는 지점과 작은 막대 사이의 길이를 y라고 하면, 이 문제의 풀이과정에 핵심에는 다음과 같은 세 닮은꼴 삼각형간의 연비례가 놓여 있게 된다.

$$4 : y = 10 : y+6 = x : y+36,$$

$$\therefore\ y=4,\ x=40$$

문제에서 말하는 내용을 그래프로 나타내면, 다음과 같다.

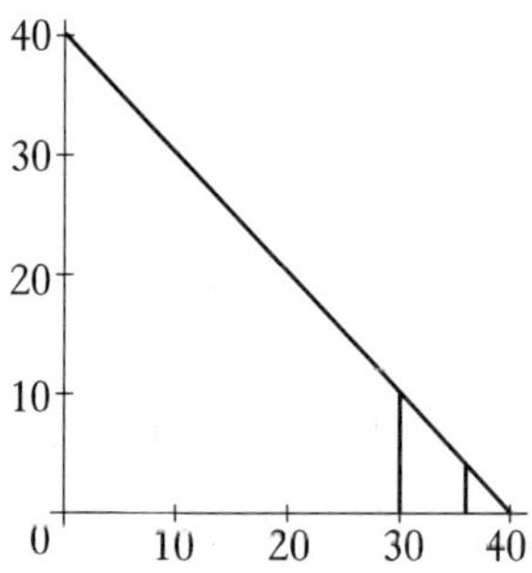

今有立木不知其高,從木脚量遠三十尺,立十尺表,表後退行六尺,又立四尺表,望之,表與木斜平. 問木高若干?
答曰,木高四十尺.
法曰,置表高十尺,內減短表四尺,卽人目也,餘六尺,以乘表竿去目遠三十尺,得一百八十尺爲實,以退行六尺爲法,除之,得三十尺,加表高一十尺,得木高四十尺,合問.

[303] 6자 짜리 막대를 세우고, 뒤로 3자 6치 물러나 다시 7자 2치 짜리 막대를 세운 다음, 눈으로 그 두 막대들을 바라보니 먼 곳과 더불어 기울기가 가지런해졌다. 먼 곳까지의 거리는 얼마인가?

답 : 먼 곳까지의 거리 21자 6치.

풀이법에 따라서 뒷 막대 7자 2치를 놓아 뒤로 물러난 3자 6치와 곱한 259치 2푼을 나뉨수로 삼고, 두 막대의 길이를 서로 뺀 나머지 1자 2치를 나눗수로 삼아서 나눠주면, 21자 6치가 나와서 문제에 들어맞는다.

今有立六尺木,退行三尺六寸,又立七尺二寸木,人目望其二表俱與遠處斜平. 問遠若干?
答曰,木高四十尺.
法曰,置後表七尺二寸,以退行三尺六寸乘之,得二百五十九寸二分爲實,却以二表相減,餘一尺二寸爲法,除之,得二十一尺六寸,合問.

[304] 장막 밖에 있는 소나무의 높이가 20자인데, 장막 속에서 뒤로 12자 물러나 눈을 땅에 대고 소나무 줄기 끝을 바라보니 장막과 더불어 기울기가 가지런해졌다. 장막의 높이는 8자라고 한다. 소나무와 장막 사이의 거리는 얼마인가?

답 : 소나무와 장막 사이의 거리 18자.

풀이법에 따라서 소나무의 높이 20자를 놓아 장막 속에서 뒤로 물러난 12자와 곱한 240을 나뉨수로 삼고, 장막의 높이 8자를 나눗수로 삼아서 나눠주면, 30자가 나오는데, 소나무 밑둥으로부터 사람의 눈이 있는 곳까지의 거리는 곧 높이, 소나무의 길이는 곧 밑변에 해당하며, 물러난 12자를 빼주면, 나머지 18자가 곧 소나무와 장막 사이의 거리가 되어서 문제에 들어맞는다.

今有松在帳外,其高二十尺,今於帳內退行一十二尺,人目着地,取望松梢與帳齊平. 只云,帳高八尺. 問松帳相去若干?
答曰,松帳相去一十八尺.
法曰,置松高二十尺,以帳內退行一十二尺乘之,得二百四十爲實,以帳高八尺爲法,除之,得三十尺,此自松底至人目處之數,卽股,松卽句也,內減退行一十二尺,餘一十八尺,卽松帳相去也,合問.

[305] 물을 사이에 두고 나무가 바라보이는데, 높이를 알 수 없어서 길이가 각각 10자씩인 막대 둘을 앞 뒤 사이의 거리가 20자가 되게 세우고, 앞 막대로부터 6자 물러나 다시 4자 짜리 짧은 막대를 세우니, 막대와 나무가 일직선을 이뤘으며, 뒷 막대로부터 10자 물러나서 바라보니, 역시 나무와 일직선을 이뤘다. 나무의 높이와 가로놓인 물의 너비는 각각 얼마인가?
답 : 나무의 높이 40자, 가로놓인 물의 너비 30자.

풀이법에 따라서 막대 높이 10자를 놓아 짧은 막대 4자를 뺀 나머지 6자를 앞 뒤 사이의 거리 20자와 곱하면, 120이 되는데, 나뉨수로 삼고, 별도로 뒷 막대로부터 물러난 10자를 놓아 앞 막대로부터 물러난 6자를 뺀 나머지 4자를 나눗수로 삼아서 나뉨수를 나눠주면, 30자가 나오고, 막대 높이 10자를 더하면, 나무의 높이 40자가 나오며, 별도로 앞 뒤 사이의 거리 20자를 놓아 앞 막대로부터 물러난 6자를 곱한 120자를 나뉨수로 삼아서 역시 앞의 나눗수 4자로 나눠주면, 가로놓인 물의 너비 30자가 나와서 문제에 들어맞는다.

今有隔水望木,不知其高,乃立二表,各長十尺,前後相去二十尺,從前表退行六尺,又立短表四尺,望表與木齊平,復從後表退行一十尺,望之,亦與木齊平. 問木高及隔水廣各若干?

答曰,木高四十尺,隔水廣三十尺.

法曰,置表高十尺,減短表四尺,餘六尺,以前後相去二十尺乘之,得一百二十爲實,另置後表退行十尺,內減前表退行六尺,餘四尺爲法,除實,得三十尺,加表高十尺,得木高四十尺,另置前後相去二十尺,以前表退行六尺乘之,得一百二十尺爲實,亦以前法四尺除之,得隔水廣三十尺,合問.

[306] 바다에 섬이 있는데, 높이와 거리를 알 수 없어서 높이가 4장인 막대를 세우고, 그로부터 70장 물러나 다시 4자 짜리 짧은 막대를 세운 다음, 눈으로 바라보니, 두 막대와 섬 꼭대기가 일직선을 이뤘으며, 다시 600장 뒤로 물러나서 또 바라보니, 4자 짜리 짧은 막대를 세운 다음, 눈으로 두 막대를 바라보니, 역시 섬 꼭대기와 일직선을 이뤘다. 바다의 섬의 높이와 거리는 각각 얼마인가?

답 : 섬의 높이 6리 4장 (5자=1보, 360보=1리), 섬까지의 거리 116리 120장.

풀이법에 따라서 막대 높이 4장을 놓아 짧은 막대 4자를 뺀 나머지 3장 6자를 두 막대 사이의 거리 600장과 곱하면, 2,160장이 되는데, 나뉨수로 삼고, 별도로 뒷 막대로부터 물러난 72장을 놓아 앞 막대로부터 물러난 70장을 뺀 나머지 2장을 나눗수로 삼아서 나뉨수를 나눠주면, 1,080장이 나오고, 리의 환산율 120장으로 나눠주면, 섬의 높이 6리 4장이 나오며, 다시 막대 사이의 거리 600장을 놓아 앞 막대로부터 물러난 70장을 곱한 42,000장을 나뉨수로 삼아서 역시 앞의 나눗수 2장으로 나눠주면, 21,000장이 나오고, 역시 리의 환산율 120장으로 나눠주면, 섬까지의 거리가 나와서 문제에 들어맞는다.

今有海島,不知其高遠,乃立表四丈,退行七十丈,又立短表四尺,人目望其二表俱與島峯參合,復却退行六百丈,又立表四丈,退行七十二丈,又立短表四尺,人目望其二表,亦俱與島峯參合. 問海島高遠各若干?

答曰,島高六里四丈,五尺爲一步,三百六十步爲一里,島遠一百一十六里一百二十丈.

法曰,置表高四丈,減短表四尺,餘三丈六尺,以二表間相去六百丈乘之,得二千一百六十丈爲實,另置後表退行七十二丈,內減前表退行七十丈,餘二丈爲法,除之,得一千八十丈,加表高四丈,共得一千八十四丈,以每里一百八十丈除之,得島高六里四丈,又置表間相去六百丈,以前表退行七十丈乘之,得四萬二千丈爲實,亦以前法二丈除之,得二萬千丈,亦以每里一百八十丈除之,得島遠,合問.

[307] 바다에 섬이 있는데, 높이와 거리를 알 수 없어서 길이가 각각 3장 5자씩인 막대 둘을 앞 뒤 거리가 1,000보가 되게 세우고, 앞 막대로부터 120보 물러나 다시 5자 짜리 짧은 막대를 세운 다음, 눈으로 바라보니, 두 막대와 섬 꼭대기가 일직선을 이뤘으며, 다시 뒷 막대로부터 124보 물러나 또 5자 짜리 짧은 막대를 세운 다음, 눈으로 두 막대를 바라보니, 역시 섬 꼭대기와 일직선을 이뤘다. 바다의 섬의 높이 및 거리와 섬 꼭대기로부터 앞 막대 밑까지의 빗변은 얼

마인가? 단, 5자=1보, 360보=1리이다.

답 : 섬의 높이 4리 67보, 앞 막대로부터 섬까지의 거리 83리 120보, 섬 꼭대기로부터 앞 막대 아래까지의 빗변 83리 $157\frac{49680}{60075}$보.

풀이법에 따라서 막대 높이 3장 5자를 놓아 짧은 막대 5자를 빼면, 3장이 남고, 5자가 1보라는 점을 감안하면, 6보가 되며, 막대 사이의 거리 1,000보와 곱하면, 6,000보가 되는데, 나뉨수로 삼고, 별도로 앞뒤 막대로부터 물러난 거리들을 서로 뺀 나머지 4보를 나눗수로 삼아서 나뉨수를 나눠주면, 1,500보가 나오고, 막대의 높이 7보를 더한 1,507보를 리의 환산율 360보로 나눠주면, 섬의 높이 4리 67보가 나오며, 다시 막대 사이의 거리 1,000보를 놓아 앞 막대로부터 물러난 120보를 곱한 120,000보를 역시 앞의 나눗수 4보로 나눠주면, 섬까지의 거리 83리 120보가 나오며, 별도로 섬의 높이를 놓아 보로 환산하여 제곱하고, 다시 섬까지의 거리를 보로 환산하여 제곱해서 두 수를 더하면, 902,271,049보가 되는데, 남은 몫의 딱 맞아떨어지지 않는 것은 몫을 두 배하고, 다시 1을 더한 것을 분모로 삼아서 몇 분의 몇 이라고 부르고, 몫의 보수 역시 리의 나눗수로 나눠주면, 문제에 들어맞는다.

주해 앞 막대로부터 섬까지의 거리를 x, 섬의 높이에서 짧은 막대의 길이, 곧 1보를 뺀 길이를 y라고 하면,

$$6x + 1124 \times 6 = 124y,$$

$$6x + 120 \times 6 = 120y,$$

$$\therefore\ x = 30000\text{보} = 83\text{리 } 120\text{보},\ y = 1506\text{보} = 4\text{리 } 66\text{보}$$

로 드러나는데, 이는 풀이법의 계산과정과도 일치한다. 이어서 섬꼭대기로부터 앞 막대 아래까지의 빗변은

$$\sqrt{x^2+(y+1)^2}=\sqrt{30000^2+1507^2}=\sqrt{902271049}$$

으로 나타나는데, 풀이법과 답에서는 이 값을 $30037\frac{49680}{60075}$보, 즉 83리 $157\frac{49680}{60075}$보로 계산하고 있음을 알 수 있다. 사실상 이 대분수의 제곱을 902,271,049에서 빼보아도

$$902271049-\left(30037\frac{49680}{60075}\right)^2=.1431$$

의 극히 작은 오차만을 가질 뿐이다. 실제로 $\sqrt{902271049}$을 계산하기 위하여 통상적인 제곱근 풀이과정을 적용하여 정수 끝자리까지 진행하다보면, 몫의 두 배인 60074와 우수리 49680을 얻게 되는데, 풀이법에서 말하는 "남은 몫의 딱 맞아떨어지지 않는 것은 몫을 두 배하고, 다시 1을 더한 것을 분모로 삼아서 몇 분의 몇 이라고 부르도록 한다"는 분수계산법--이른 바 "가차산명분(加借算命分)"으로 불리는(紀志剛(2000: 72)을 참조)--은 그 값들을 토대로 참값보다 약간 작게 잡는 선에서 안정적으로 조정한 것으로 드러난다. 이 문제처럼 제곱근을 대분수로 표시하는 풀이법은 [226], [309], [315]에도 등장한다.

今有海島,不知其高遠,乃立二表各長三丈五尺,前後相去一千步,從前表退行一百二十步,又立短表五尺,人目望之二表島峯俱與齊平,復從後表退行一百二十四步,又立短表五尺,人目望其二表,亦俱與島峯齊平. 問海島高遠及自島峯頂斜至前表低各若干? 五尺爲一步,三百六十步爲一里.

答曰,島高四里六十七步,島遠前表八十三里一百二十步,弦斜八十三里一百五十七步六萬○○七十五分步之四萬九千六百八十.

法曰,置表高三丈五尺,減短表五尺,餘三丈,以五尺作步,得六步,以表間相去一千步乘,得六千步爲實,另以前後表退行相減,餘四步爲法,除實,得一千五百步,加表高七步,共得一千五百七步,以每里三百六十步除之,得島高四里六十七步,又置表間相去一千步,以前表退行一百二十步乘,得一十二萬步,亦以前法四步除之,得島遠八十三里一百二十步,另置島高通步,自乘,又島遠通步,自乘,二數相併,得九億二百二十七萬一千四十九步,餘實不盡者却將所商倍之,再加一爲分母,命之[34],乃所商元步亦以里法除之,合問.

34) "餘實不盡者却將所商倍之,再加一爲分母,命之"라고 한 것은 "남은 몫의 딱 맞아 떨어지지 않는 것은 몫을 두 배하고, 다시 1을 더한 것을 분모로 삼아서 몇 분의 몇 이라고 부르도록 한다"는 뜻이다.

차종천(車鍾千)

서울대학교 영어영문학과 졸업
서울대학교 대학원 사회학과 수료
미국 위스콘신대 대학원에서 사회학 석 · 박사학위 취득
한림대학교 사회학과 교수 역임
위스콘신대 방문교수
도쿄대학 객원교수
캠브리지대 방문 펠로우
현재 : 성균관대학교 사회학과 교수

역·저서 : 「구장산술 · 주비산경」, 「현대사회통계학」 등 다수
논문 : "Reception and Appropriation of Chinese Mathematics in Joseon Dynasty : With Respect to *Hushilun*" 등 다수

東洋數學大系 XI
九一集 上

2006년 6월 10일 초판 인쇄
2006년 6월 15일 초판 발행

편역자 / 차종천
발행자 / 오판근
발행처 / 교우사

주 소 / 서울 동대문구 제기2동 148-19
전 화 / 925-2861, 929-4865
팩 스 / 925-2860
E-mail / kw2861 @ chollian. net
http: // www. kyowoo. co. kr
등록 / 1994. 3. 24 제7-119호

ISBN 89-8172-615-9 (94410)
89-8172-609-4 (세트)

값 **24,000**원